计算机辅助设计
新形态精品系列

U0685998

AutoCAD

工程绘图
案例教程

微课版

李小青◎主编

王航 陈善飞◎副主编

人民邮电出版社
北　京

图书在版编目（CIP）数据

AutoCAD 工程绘图案例教程：微课版 / 李小青主编.
北京：人民邮电出版社，2025. --（计算机辅助设计新
形态精品系列）. -- ISBN 978-7-115-65374-1

Ⅰ. TB237

中国国家版本馆 CIP 数据核字第 2024Z88823 号

内 容 提 要

本书以 AutoCAD 2022 中文版为技术平台，根据"新工科"专业人才培养目标及规格的要求，由浅入深地详细介绍 AutoCAD 工程绘图的基础知识和应用技巧。本书共 12 章，包括 AutoCAD 绘图基础、绘制基本二维图形、辅助工具、平面图形的编辑、复杂二维绘图与编辑、文字与表格、尺寸标注、块与外部参照、三维实体的绘制与编辑、机械工程绘图案例、电气工程绘图案例、园林设计绘图案例。

本书注重基本方法的学习与实际操作的训练两个方面。为了使读者更快、更深入地理解软件中的概念、命令和功能，能够直观地学习、准确地操作软件，编者精选了大量的案例进行讲解，并列出具体的操作步骤。读者扫描书中的二维码，可以观看对应的微课视频，从而进一步提高学习效率。

本书可作为机械工程、电气工程、园林设计等专业相关课程的教材，也可作为工程绘图技术人员的参考书。

◆ 主　　编　李小青
　　副主编　王　航　陈善飞
　　责任编辑　徐柏杨
　　责任印制　陈　犇

◆ 人民邮电出版社出版发行　　北京市丰台区成寿寺路 11 号
　　邮编　100164　　电子邮件　315@ptpress.com.cn
　　网址　https://www.ptpress.com.cn
　　天津千鹤文化传播有限公司印刷

◆ 开本：787×1092　1/16
　　印张：19.25　　　　　　　　2025 年 1 月第 1 版
　　字数：478 千字　　　　　　2025 年 7 月天津第 2 次印刷

定价：69.80 元

读者服务热线：(010)81055256　印装质量热线：(010)81055316
反盗版热线：(010)81055315

本书是编者结合"新工科"和工程教育专业认证背景，总结多年教学改革实践经验编写而成的。编者本着"强化能力、重在应用"的指导思想，以提高读者的学习兴趣和独立设计能力为目标，以"管用、适用、应用"为原则，以案例为"抓手"，突出本书内容的应用性，从而更好地培养读者的专业技能。

本书注重理论与实践相结合，既清楚地讲解了工程绘图基本概念和基本理论，又列出了AutoCAD 的实践操作步骤，并针对容易出错的地方给出特别提示。书中列出的具体操作步骤可使读者有章可循，众多案例可供读者借鉴，大量练习可使读者学以致用，数百幅示图可让读者一目了然。另外，本书还提供微课视频步步导引，进一步指导读者学得快、画得准、用得熟。

为了更好地提高读者的绘图设计操作能力，本书改进了传统的编写方式，通过案例解构教学内容，引导读者跟着学、实际练，帮助读者快速掌握 AutoCAD 工程绘图的技能。本书的特点具体介绍如下。

（1）注重全面培养。本书在讲解理论知识和实践技能的同时，注重进行价值引领，兼顾技能传授与全面育人。

（2）案例丰富，涵盖领域多。本书将具体案例训练嵌入重要知识点中，案例由简单到复杂，让读者在绘图实践中轻松掌握使用 AutoCAD 绘制工程图的基本方法和操作技巧。在案例的选择上，也兼顾主要领域，满足不同行业读者的需求，这也有利于"新工科"复合型人才的培养。

（3）视频讲解，通俗易懂。本书为重要案例、习题配备了相应的微课视频，读者扫描书中的二维码，即可观看微课跟着学操作。

（4）立体化的配套资源。本书提供电子课件、案例与习题源文件、微课视频、试卷等配套资源。

参加本书编写的人员均为多年从事一线教学的教师或有多年企业工作经验的工程师，李小青担任主编并负责全书的统稿工作，王航、陈善飞担任副主编。

由于编者水平有限，书中难免存在欠妥之处，敬请广大读者提出宝贵意见。

编者

2024 年 8 月

目　录

第3章

辅助工具

第4章

平面图形的编辑

第5章

复杂二维绘图与编辑 117

第6章

文字与表格 152

第 **7** 章

第 **8** 章

第 **9** 章

三维实体的绘制与编辑 240

第 **10** 章

机械工程绘图案例 272

第 1 章

AutoCAD 绘图基础

AutoCAD是由美国Autodesk公司推出的绘图软件，可以用于二维绘图和基本三维设计，深受广大工程技术人员的欢迎，已被广泛应用于土木建筑、装饰装潢、工业制图、园林设计、电子工业、服装加工等领域。本章介绍AutoCAD工程绘图的基础知识，为后续深入学习AutoCAD奠定基础。

知识目标

（1）熟悉工程绘图的一般规定。
（2）熟悉AutoCAD的工作界面。
（3）掌握图形文件管理、基本输入操作方法。

能力目标

（1）认识AutoCAD用户操作界面，能够正确设置AutoCAD的绘图环境。
（2）掌握基本的输入操作方法，熟练平移与缩放图形、管理图形文件等。

素养目标

了解我国的绘图发展历史，遵循国家绘图标准的基本规定。

部分案例预览

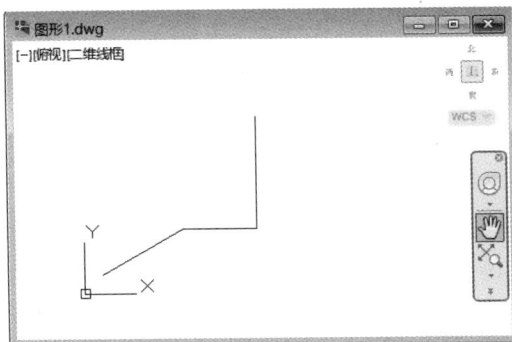

1.1 工程绘图的一般规定

工程绘图是工程技术领域中重要的交流语言，它通过图形符号和文字来表达设计者的意图。在进行工程绘图时，必须遵循一系列的标准和规范，以确保绘图的准确性和一致性。

1.1.1 图纸幅面和格式

1. 图纸幅面尺寸

绘制图样时，应优先采用国家标准规定的 5 种基本幅面；必要时，也允许选用加长幅面。加长幅面的尺寸是由基本幅面的短边扩大整数倍后得出的。如图 1-1 所示，A0、A1、A2、A3 和 A4 为优先选用的基本幅面；A3×3、A3×4、A4×3、A4×4、A4×5 为第二选择的加长幅面；虚线所示为第三选择的加长幅面。具体规格可查阅 GB/T 14689—2008《技术制图 图纸幅面和格式》。

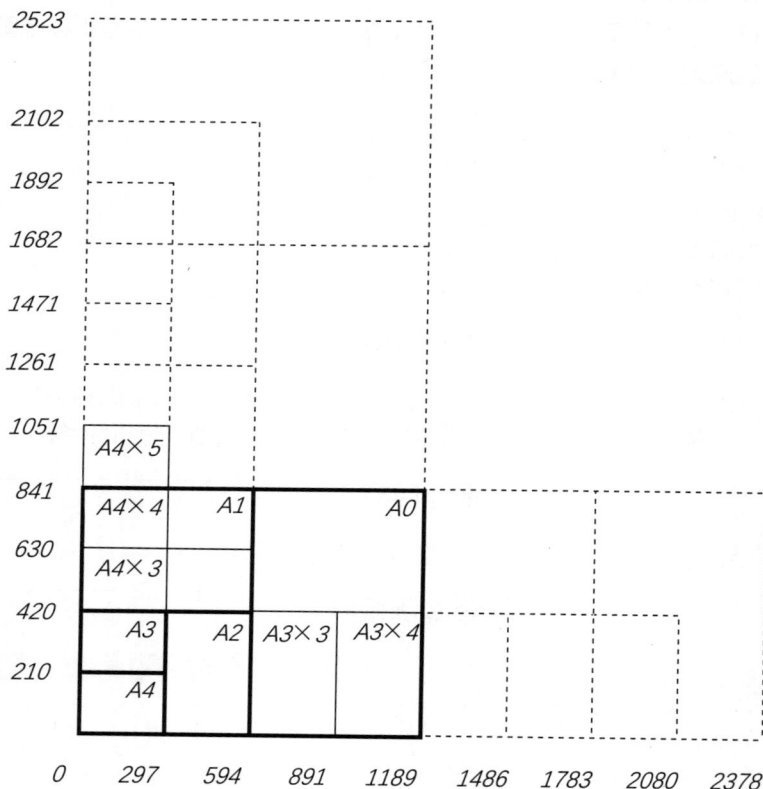

图 1-1 基本幅面及加长幅面的尺寸（单位：mm）

2. 图框格式

在图纸上必须用粗实线画出图框，其格式分为如图 1-2 所示的留装订边和如图 1-3 所示的不留装订边两种。同一产品的图样只能采用一种图框格式。

3. 标题栏

标题栏通常位于图纸的右下角，其格式与尺寸按照 GB/T 10609.1—2008《技术制图 标题栏》的规定，如图 1-4 所示。

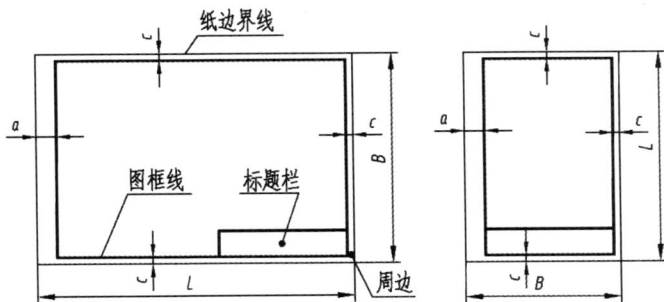

图 1-2　留装订边的图框格式

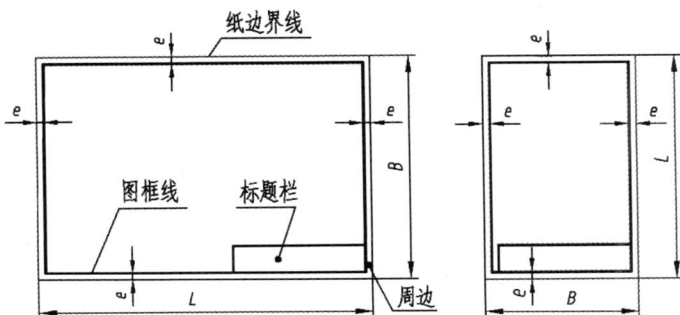

图 1-3　不留装订边的图框格式

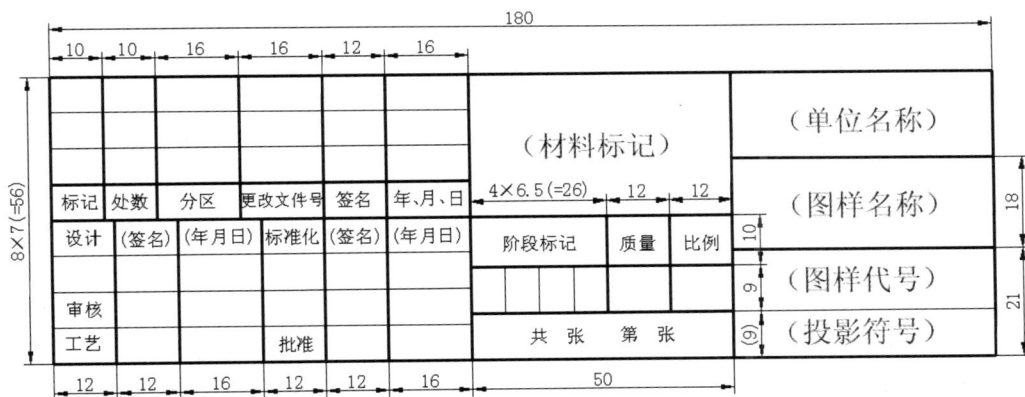

图 1-4　标题栏的格式和尺寸（单位：mm）

1.1.2　比例

图样比例是物体绘图尺寸与其实际尺寸之比，比例分为原值比例、放大比例、缩小比例 3 种。绘图时，应根据实际需要从表 1-1 规定的比例中选取适当的比例。表中 n 为整数，括号外的比例为优先选用的比例。

表 1-1　绘图的比例

原值比例	1∶1		
缩小比例	（1∶1.5）　1∶2　（1∶2.5）　（1∶3）　（1∶4）　1∶5　（1∶6）　1∶1×10^n　1∶10　（1∶1.5×10^n）　1∶2×10^n　（1∶2.5×10^n）　（1∶3×10^n）　（1∶4×10^n）　1∶5×10^n　（1∶6×10^n）		
放大比例	2∶1　2×10^n∶1　2.5∶1　（2.5×10^n∶1）　（4∶1）　（4×10^n∶1）　5∶1　5×10^n∶1		

1.1.3　字体

图样中的文字书写必须做到"字体工整、笔画清楚、间隔均匀、排列整齐"。文字高度（用 *h* 表示，单位为 mm）的公称尺寸系列有 1.8、2.5、3.5、5、7、10、14、20 共 8 种，文字高度代表字的号数。

1. 汉字

汉字应书写为长仿宋体，并应采用国家正式公布推行的《汉字简化方案》中规定的简化字。汉字的高度 *h* 不应小于 3.5 mm，其字宽一般为 $h/\sqrt{2}$。

2. 数字和字母

数字和字母可书写为斜体或直体，注意全图统一。斜体字字头向右倾斜，与水平基准线成 75°，如图 1-5 所示。用作指数、分数、极限偏差、注脚等的数字及字母一般应采用小一号的相同字体。图样中的数学符号、物理量符号、计量单位符号以及其他符号、代号，应分别符合国家有关法规和标准的规定。

图 1-5　数字和字母字体示例

1.1.4　图线

GB/T 17450—1998《技术制图　图线》、GB/T 4457.4—2002《机械制图　图样画法　图线》中规定了绘制各种技术图样的 15 种基本线型和 9 种图线宽度，具体内容可查阅相关标准。

图线宽度的推荐系列尺寸为 0.13、0.18、0.25、0.35、0.5、0.7、1.0、1.4、2，单位为 mm。机械工程图样上采用两类线宽，称为粗线和细线，其宽度比例关系为 2∶1。图 1-6 所示为常用图线举例。

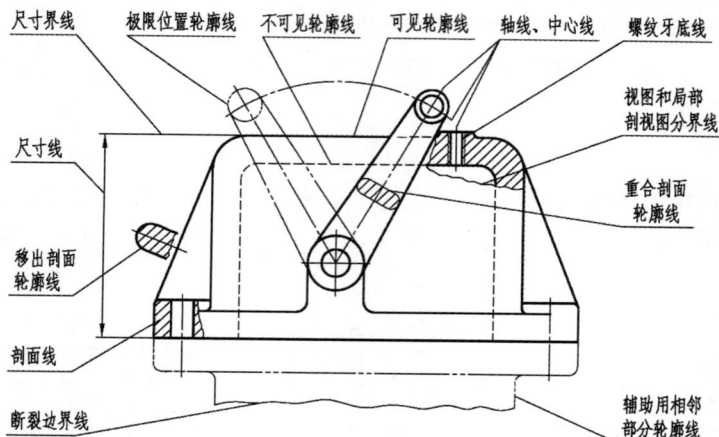

图 1-6　常用图线举例

图线的画法要点如下。

（1）同一图样中同类图线的宽度应基本一致，细虚线、细点画线及细双点画线的线段长度和间隔应大致相等。

（2）两条平行线（包括剖面线）之间的距离应不小于粗实线宽度的两倍，其最小距离不得小于0.7mm。

（3）绘制圆的对称中心线时，圆心应为线段的交点；当绘制细点画线和细双点画线有困难时，可用细实线代替。

（4）对称图形的对称中心线一般应超出图形外 3～5mm，超出量在整幅图中应基本一致。

（5）细虚线、细点画线与其他图线相交时，应在线段处相交，而不应在间隙处相交。

1.1.5　尺寸标注

在图样中，图形表达物体的形状，尺寸表示物体的大小。因此，尺寸标注应该严格遵循国家标准中尺寸注法的有关规定。尺寸标注的要点如下。

（1）物体的真实大小应以图样上所标注的尺寸数值为依据，与图样大小及绘图的准确度无关。

（2）图样中（包括技术要求和其他说明）标注的尺寸以 mm 为单位时，不需要标注计量单位的符号或名称；如果采用其他单位标注尺寸，则必须注明相应的计量单位符号。

（3）图样中所标注的尺寸应为该图样所示物体的最后完工尺寸，否则应另加说明。

（4）物体的同一尺寸一般只标注一次，并应标注在最能清晰反映该结构的图形上。

1.2　AutoCAD 工作界面

启动 AutoCAD 时，默认将进入"草图与注释"工作空间的工作界面，在"草图与注释"工作空间中可以进行各种绘图操作。下面以"草图与注释"工作空间为例，介绍 AutoCAD 2022 的工作界面，如图 1-7 所示。

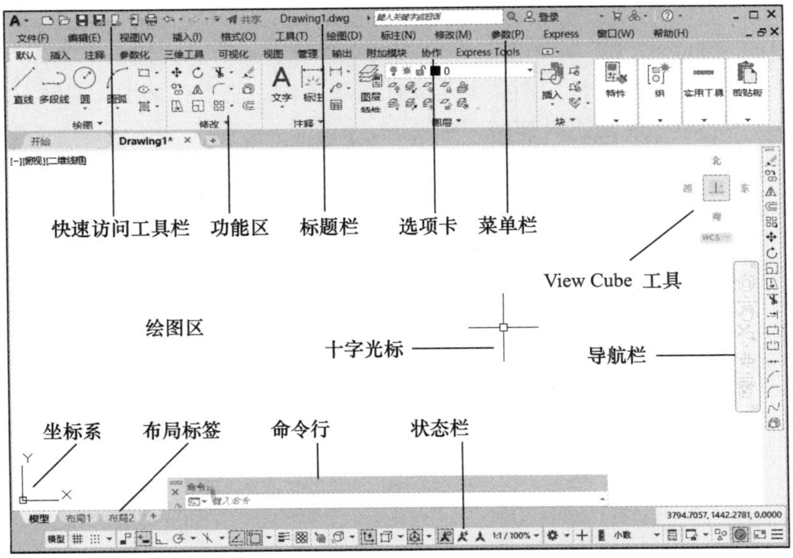

图 1-7　AutoCAD 2022 的工作界面

1. 标题栏

标题栏位于工作界面的最上方，由快速访问工具栏、标题栏、搜索栏以及窗口控制按钮等组成。第一次启动 AutoCAD 2022 时，绘图窗口的标题栏中显示 AutoCAD 2022 启动时创建并打开的图形文件的名称 Drawing1. dwg，如图 1-7 所示。

2. 菜单栏

默认状态下，在 AutoCAD 2022 的工作界面中并没有显示菜单栏，用户单击快速访问工具栏右侧的"自定义快速访问工具栏"下拉按钮 ，在弹出的选项菜单中选择"显示菜单栏"命令，可以将菜单栏显示出来，如图 1-8 所示。

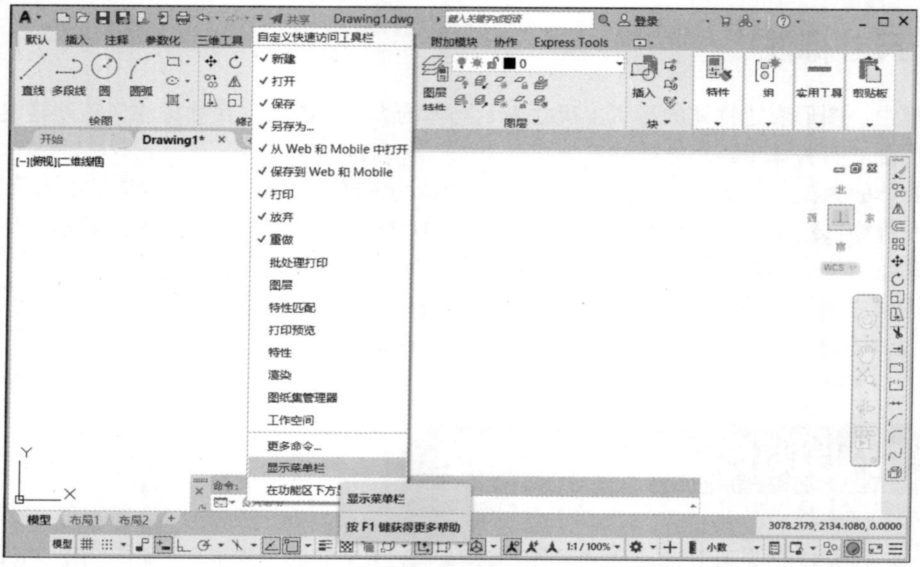

图 1-8　选择"显示菜单栏"命令

3. 功能区

功能区用于显示工作空间中基于任务的按钮和控件，包括"默认""插入""注释""参数化""视图""管理""输出""附加模块"等功能选项，如图 1-9 所示。功能区代替了 AutoCAD 众多的工具栏，以面板的形式将各工具按钮分门别类地集成在选项卡内。用户在调用工具时，只需在功能区中展开相应选项卡，然后单击所需工具按钮即可。

图 1-9　功能区

4. 绘图区

绘图区是用户绘图的工作区域，类似于手工绘图时使用的图纸。AutoCAD 2022 的绘图区是一个没有边界的区域，用户可在其中绘制任意尺寸的图形。绘图区除了显示图形外，通常还显示坐标系、十字光标、View Cube 工具和导航栏。

5. 命令行

命令行位于绘图区的底部，包含了所执行的历史命令和命令提示信息。用户通过键盘输入的命令信息，或在菜单栏和功能区执行的命令，都会在命令行中显示。例如，在命令行中输入 L 并按 Enter

键，命令行将提示指定直线的第一个点，如图 1-10 所示。

图 1-10 命令行

💡 **提示与技巧**

AutoCAD 中命令不区分大小写；在命令行输入命令或参数后，必须按空格键或 Enter 键进行确认，否则输入的命令和参数无效；用户可通过按快捷键 Ctrl+9，控制是否显示命令行。

6. 状态栏

状态栏位于工作空间的最下方，主要用于显示辅助绘图工具和影响绘图环境的工具，如图 1-11 所示。用户可自定义状态栏中显示的内容，具体操作方法为：单击状态栏最右侧的"自定义"按钮▤，在弹出的下拉菜单中选择某个菜单项后，与该菜单项对应的工具将显示在状态栏中或从状态栏中消失。

图 1-11 状态栏

7. 工作空间

AutoCAD 2022 软件提供了"草图与注释""三维基础"和"三维建模"3 种工作空间，其中"草图与注释"为默认工作空间。用户根据需要进行选择，通过单击状态栏中的"切换工作空间"按钮⚙ ▾，如图 1-12 所示，可以进行工作空间的切换。也可以通过选择菜单栏中的"工具"→"工作空间"的子菜单，选择需要的工作空间。

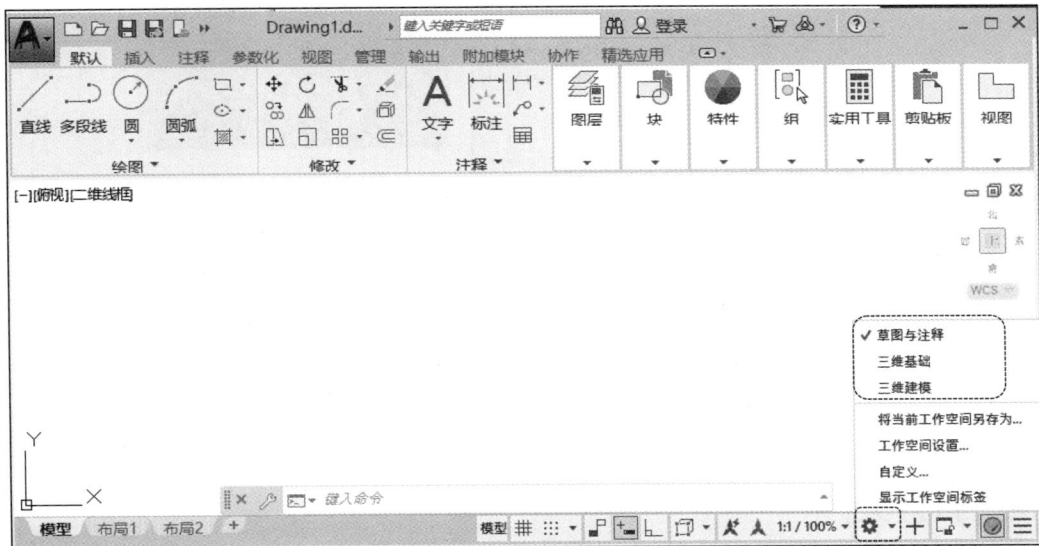

图 1-12 切换工作空间

1.3 图形文件管理

图形文件管理主要包括新建文件、打开文件、保存文件、关闭文件等。

1.3.1 新建文件

开始绘制一幅新图，首先应新建文件。用户可通过以下方法新建文件。

1. 调用方式

- ▼ 命令行：NEW（或 QNEW）。
- ▼ 菜单栏："文件"→"新建"或"主菜单"→"新建"。
- ▼ 工具栏："标准"→"新建" □ 或快速访问工具栏→"新建" □。
- ▼ 快捷键：Ctrl+N。

2. 操作步骤

用上述任一方式调用"新建文件"命令后，AutoCAD 将弹出"选择样板"对话框，如图 1-13 所示。用户选择合适的样板文件，单击"打开"按钮进入绘图界面。样板文件主要设置了图纸的布局、边框、标题栏以及图形单位、图层、文字样式、尺寸标注样式等，用户可根据要绘制图形的特点选择合适的样板文件。acadiso.dwt 是 AutoCAD 2022 默认的标准样板文件，在绘制平面图形时，用户如果没有事先创建符合需要的样板文件，一般可将 acad iso.dwt 文件作为样板文件。

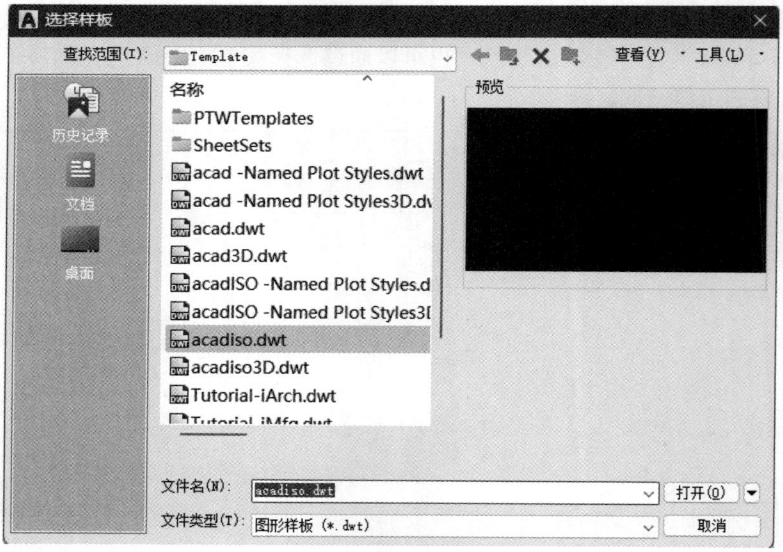

图 1-13 "选择样板"对话框

1.3.2 打开文件

如果想编辑或查看已有的图形文件，首先应打开该文件。用户可通过以下方法打开已有的图形文件。

1. 调用方式

- ▼ 命令行：OPEN。

* 菜单栏："文件"→"打开"或"主菜单"→"打开"。
* 工具栏："标准"→"打开" ▷或快速访问工具栏→"打开" ▷。
* 快捷键：Ctrl+O。

2. 操作步骤

用上述任一方式调用"打开文件"命令后，AutoCAD 将弹出"选择文件"对话框，如图 1-14 所示。在该对话框中可以同时打开多个文件，按 Ctrl 键依次单击多个文件或按 Shift 键连续选中多个文件，然后单击"打开"按钮即可。

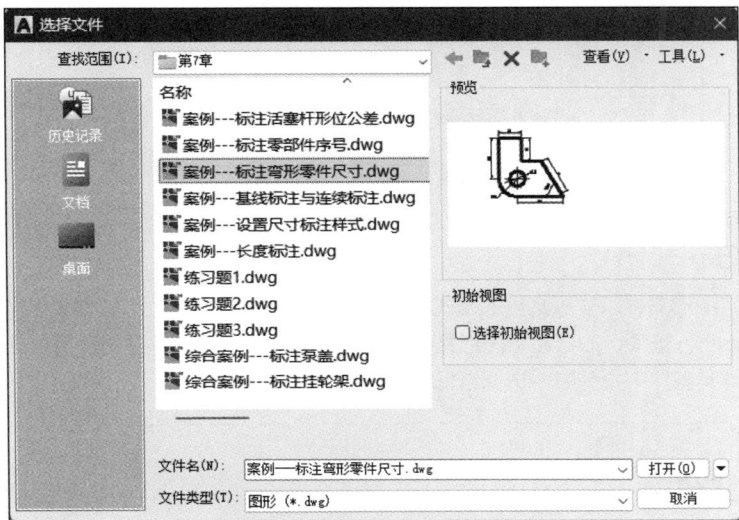

图 1-14　"选择文件"对话框

1.3.3　保存文件

将所绘制的图形以文件的形式存入磁盘中，用户可通过"保存"/"另存为"命令完成图形文件的保存，具体方法如下。

1. 调用方式

* 命令行：SAVE（或 QSAVE）。
* 菜单栏："文件"→"保存"或"主菜单"→"保存"。
* 工具栏："标准"→"保存" 💾或快速访问工具栏→"保存" 💾。
* 快捷键：Ctrl+S。

2. 操作步骤

用上述任一方式调用"保存"命令后，如果是首次保存某个图形文件，系统会打开"图形另存为"对话框，如图 1-15 所示。在该对话框中，用户可以选择希望存放图形文件的位置并输入文件名，在"文件类型"下拉列表中还可以设置图形文件的存储版本和格式，最后单击"保存"按钮，就保存好该文件了。

如果图形文件曾被保存，则在执行"保存"命令后，系统在原保存位置按原文件名保存文件，不会打开"图形另存为"对话框。如果希望将保存过的图形文件以其他名称或格式存储，可选择"文件"菜单→"另存为"命令，或单击快速访问工具栏中的"另存为"按钮💾，也可按快捷键 Ctrl+Shift+S。

图 1-15　"图形另存为"对话框

提示与技巧

　　如果希望将图形文件以样板文件的格式存储，则应在"文件类型"下拉列表中选择"AutoCAD 图形样板（*.dwt）"选项；如果希望图形文件能够在较低版本的同款软件中使用，则在保存图形文件时，应在"文件类型"下拉列表中选择与低版本软件对应的文件格式。

1.3.4　关闭文件

在完成绘制编辑并保存后，可关闭当前文件。用户可通过以下方法关闭文件。

1. 调用方式

- 命令行：CLOSE。
- 菜单栏："文件"→"关闭"。
- 标题栏："关闭" ✖。
- 快捷键：Ctrl+F4。

2. 操作步骤

　　用上述任一方式调用"关闭文件"命令后，如果没有对图形文件进行过操作，可以直接关闭文件；如果已对图形文件进行过操作或修改，但没有保存文件，则系统会提示是否保存该文件或放弃已做出的修改，如图 1-16 所示。

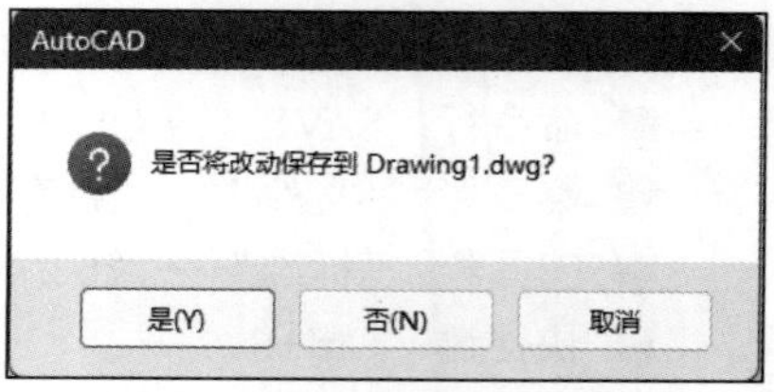

图 1-16　"是否保存"对话框

1.4　绘图环境设置

　　用户通常在系统默认的绘图环境下进行绘图操作，但有时要根据绘图的实际需要进行调整设置。本节主要说明系统选项设置、绘图单位设置和图形界限设置。

1.4.1 系统选项设置

系统选项用于对系统进行优化设置，包括文件设置、显示设置、打开和保存设置、打印和发布设置、系统设置、用户系统配置设置、绘图设置、三维建模设置、选择集设置、配置设置等。具体设置方法如下。

1. 调用方式

- ▼ 命令行：PREFERENCES（或 OPTIONS）。
- ▼ 菜单栏："工具"→"选项"。
- ▼ 快捷菜单：在绘图区中单击鼠标右键，在弹出的快捷菜单中选择"选项"命令。

2. 操作步骤

用上述任一方式调用"选项"命令后，系统会弹出"选项"对话框，如图 1-17 所示。用户可以在该对话框中设置有关选项，对系统进行设置。

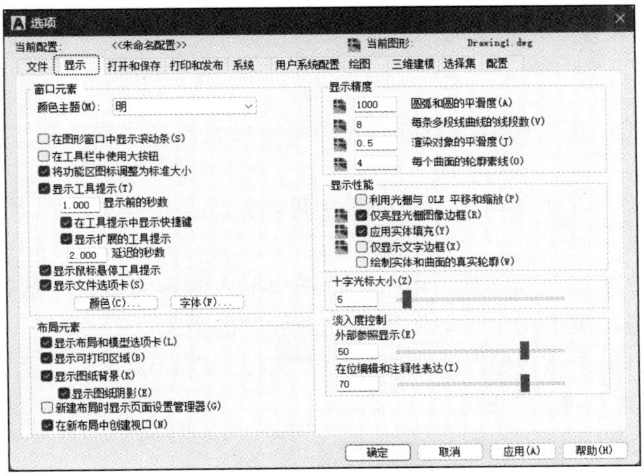

图 1-17　"选项"对话框

3. 选项说明

（1）"文件"选项卡：用于确定系统搜索支持文件、驱动程序文件和菜单文件等。

（2）"显示"选项卡：用于进行显示设置，包括设置窗口的明暗、背景颜色、字体样式和颜色、布局元素、显示精度、显示性能及十字光标大小等。

（3）"打开和保存"选项卡：用于设置系统保存文件类型、自动保存文件的时间及维护日志等选项的参数。

（4）"打印和发布"选项卡：用于设置打印输出设备。

（5）"系统"选项卡：用于设置三维图形的显示特性、定点设备以及常规等选项的参数。

（6）"用户系统配置"选项卡：用于设置系统的相关选项，包括"Windows 标准操作""插入比例""坐标数据输入的优先级"等选项的参数。

（7）"绘图"选项卡：用于设置绘制二维图形时的相关参数，包括自动捕捉设置、捕捉标记大小、对象捕捉选项及靶框大小等选项的参数。

（8）"三维建模"选项卡：用于创建三维图形时的参数设置，包括三维十字光标、三维对象、视口显示工具、三维导航等选项的参数。

（9）"选择集"选项卡：用于设置与对象选择相关的特性，主要包含选择模式的设置和夹点的设置。

（10）"配置"选项卡：用于设置系统配置文件的置为当前、添加到列表、重命名、删除、输入、输出以及配置等选项的参数。

1.4.2 绘图单位设置

AutoCAD 使用笛卡儿坐标系来确定图形中点的位置，两个点之间的距离以绘图单位来度量。所以，在绘图之前，需要先确定绘图时使用的长度单位、角度单位及其精度和角度方向，以保证图形的准确性。

1. 调用方式

▼ 命令行：DDUNITS（或 UNITS，快捷命令：UN）。

▼ 菜单栏："格式"→"单位"。

2. 操作步骤

用上述任一方式调用"图形单位"命令后，系统会弹出"图形单位"对话框，如图 1-18 所示。用户可在该对话框中定义长度和角度的类型及精度。

3. 选项说明

（1）"长度"选项组：在"类型"下拉列表中可以设置长度类型，在"精度"下拉列表中可以设置长度单位的精度。

（2）"角度"选项组：在"类型"下拉列表中可以设置角度类型，在"精度"下拉列表中可以设置角度单位的精度。

（3）"插入时的缩放单位"选项组：用于指定缩放插入内容的单位，默认情况下是"毫米"。

（4）"光源"选项组：用于指定当前图形中光源强度的单位。

（5）"方向"按钮：单击该按钮，系统打开"方向控制"对话框，如图 1-19 所示。默认基准角度是东，用户也可以设置基准角度的起始位置。

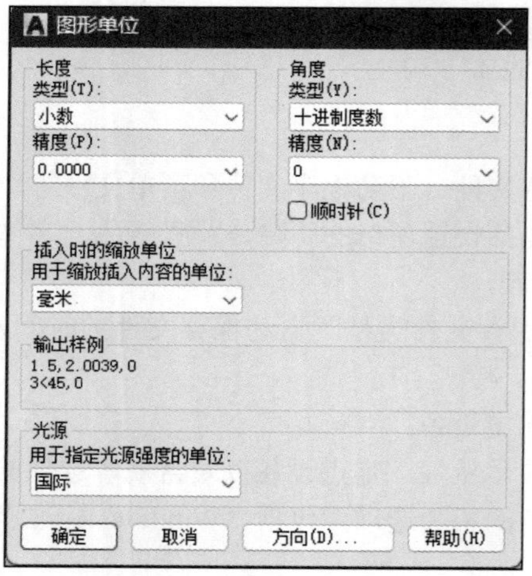

图 1-18 "图形单位"对话框

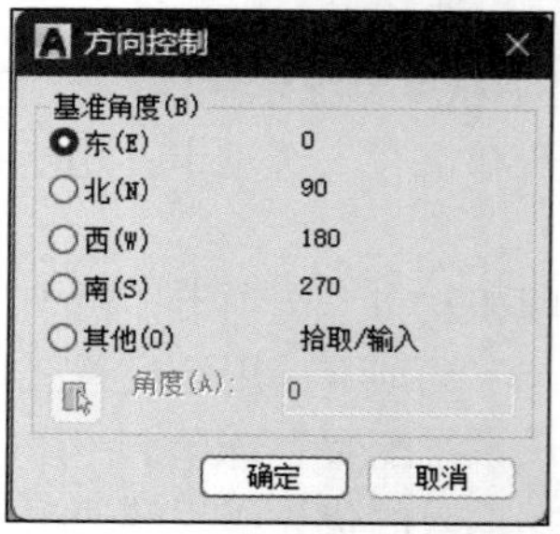

图 1-19 "方向控制"对话框

💡 **提示与技巧**

AutoCAD 提供了"分数""工程""建筑""科学"和"小数"5 种长度类型。"顺时针"复选框用于设置角度的方向，如果勾选该复选框，则在绘图过程中就以顺时针为正角度方向，否则以逆时针为正角度方向。

1.4.3　绘图界限设置

图形界限是绘图的范围，相当于手工绘图时图纸的大小。设定合适的绘图界限，有利于确定图形的大小、比例，图形之间的距离；如果没有设定绘图界限，系统对绘图范围将不作限制，会增加打印和输出过程难度。

1. 调用方式

▼ 命令行：LIMITS。
▼ 菜单栏："格式"→"图形界限"。

2. 操作步骤

用上述任一方式调用"图形界限"命令后，命令行提示与操作如下。

```
命令: '_limits
重新设置模型空间界限:
指定左下角点或 [开(ON)/关(OFF)] <0.0000,0.0000>: ↙
指定右上角点 <420.0000,297.0000>:
```

3. 选项说明

（1）指定左下角点：定义图形界限的左下角点。
（2）指定右上角点：定义图形界限的右上角点。
（3）开（ON）：打开图形界限检查。
（4）关（OFF）：关闭图形界限检查。

1.5　基本输入操作

使用 AutoCAD 绘制图形时，首先要掌握一些基本的输入操作方法，包括 AutoCAD 命令的输入方式，命令的重复、撤销与重做，确定点的位置等。

1.5.1　命令的输入方式

在 AutoCAD 工作界面中，有多种命令的输入方式。

1. 在命令行中输入命令

所有的命令均可以通过键盘在命令行中输入。用户可以在命令行中的提示符"键入命令"处输入 AutoCAD 命令的英文全称或快捷命令，并按 Enter 键或空格键确认。所谓快捷命令，实际上是英文命令名称中的一个、两个或多个字母，如直线命令"line"的快捷命令为"L"（不区分大小写）。

2. 通过菜单栏与快捷菜单执行命令

在主菜单中单击下拉菜单，再移动到相应的菜单条上单击对应的命令。如果有下一级子菜单，则移动到菜单条后略作停顿，待自动弹出下一级子菜单后，移动光标到对应的命令上单击即可。AutoCAD 也为用户提供了快捷菜单，所谓快捷菜单，即单击鼠标右键弹出的菜单。在不同的区域单击鼠标右键，系统弹出不同的快捷菜单，用户可从中选择合适的命令。

3．通过工具栏与功能区执行命令

用鼠标单击各工具栏上的按钮，或单击功能区各选项板上的按钮，可以执行该按钮对应的命令。

4．使用功能键与快捷键

AutoCAD 支持使用键盘上的功能键或快捷键快速实现指定功能。使用功能键和快捷键是最简单、最快捷的执行命令的方式，AutoCAD 2022 中预定义的常用功能键和快捷键见表 1-2。

表 1-2　常用功能键和快捷键

功能键或快捷键	功　能	功能键或快捷键	功　能
F1	显示帮助	Ctrl+A	全部选择图线
F2	文本窗口按钮	Ctrl+Shift+A	切换组
F3、Ctrl+F	对象捕捉按钮	Ctrl+F4	关闭 AutoCAD
F4、Ctrl+T	三维对象捕捉开关	Ctrl+C	复制
F5、Ctrl+E	等轴测平面切换	Ctrl+N	创建新图形
F6、Ctrl+D	DUCS 按钮	Ctrl+O	打开现有图形
F7、Ctrl+G	栅格显示按钮	Ctrl+P	打印当前图形
F8、Ctrl+L	正交模式按钮	Ctrl+Q	退出 CAD
F9、Ctrl+B	捕捉模式按钮	Ctrl+R	在布局视口之间循环
F10、Ctrl+U	极轴按钮	Ctrl+S	保存当前图形
F11、Ctrl+W	对象捕捉追踪按钮	Ctrl+T	数字化仪开/关
F12	动态输入按钮	Ctrl+Shift+S	另存文件
Ctrl+0	切换"清除屏幕"	Ctrl+V	粘贴
Ctrl+1	切换"特性"选项板	Ctrl+Shift+V	将剪贴板中的数据粘贴为块
Ctrl+2	切换设计中心	Ctrl+X	剪切
Ctrl+3	切换"工具选项板"窗口	Ctrl+Y	重复撤销的操作
Ctrl+5	切换"信息选项板"	Ctrl+Z	撤销上一个操作

提示与技巧

有些命令同时存在命令行、菜单栏、工具栏和功能区等多种执行方式。如果选菜单栏、工具栏或功能区的执行方式，命令行就会显示该命令，并在前面加下画线。例如，通过菜单栏、工具栏或功能区方式执行"圆"命令时，命令行会显示_circle。

1.5.2　命令的重复、撤销与重做

1．命令的重复

当用户需要重复调用上一个命令时，可以直接按 Enter 键或空格键，也可以在绘图区内单击鼠标右键，在弹出的快捷菜单中选择"重复"选项。

2．命令的撤销

正在执行的命令可以用以下方法撤销。
- ☑ 命令行：UNDO。
- ☑ 菜单栏："编辑"→"放弃"。
- ☑ 工具栏："标准"→"放弃" ⇦ 。
- ☑ 快捷键：Esc 或 Ctrl+Z。

3．命令的重做

已被撤销的命令还可以用以下方法恢复重做。

▽ 命令行：REDO。

▽ 菜单栏："编辑"→"重做"。

▽ 工具栏："标准"→"重做" ⇨。

▽ 快捷键：Ctrl+Y。

提示与技巧

　　按快捷键 Ctrl+Z 后接着按快捷键 Ctrl+Y，可使已撤销的操作恢复至撤销前。需要注意的是，按快捷键 Ctrl+Z 后如果执行了其他命令，就无法恢复至撤销前的状态了。

1.5.3　透明命令

　　在 AutoCAD 2022 中，有些命令不仅可以直接在命令行中使用，还可以在其他命令的执行过程中插入并执行，待该命令执行完毕后，系统继续执行原命令，这种命令称为透明命令。

　　输入透明命令时应在普通命令前加一个撇号（'），执行透明命令后会出现">>"提示符。透明命令一般为修改图形设置或打开辅助绘图工具的命令。

　　例如，绘制直线过程中透明执行缩放命令。

命令: LINE　↵

指定第一个点：　（屏幕上指定一点）

指定下一点或 [放弃(U)]：　（屏幕上指定另外一点）

指定下一点或 [放弃(U)]：'ZOOM　↵　　（透明使用显示缩放命令 ZOOM）

>>指定窗口的角点，输入比例因子 (nX 或 nXP)，或者[全部(A)/中心(C)/动态(D)/范围(E)/上一个(P)/比例(S)/窗口(W)/对象(O)] <实时>：　↵

>>按 Esc 或 Enter 键退出，或单击鼠标右键显示快捷菜单。　（结束透明命令 ZOOM）

正在恢复执行 LINE 命令。

指定下一点或 [放弃(U)]：　（继续直线命令）↵

1.5.4　确定点的位置

　　在绘图的过程中，AutoCAD 经常提示用户给定一些点，如线段的端点、圆和圆弧的圆心等。确定这些点的坐标有不同的方法，并且在不同的坐标系中点坐标的表示方式不同。下面分别予以介绍。

1. 坐标系

　　AutoCAD 中通常使用的是世界坐标系，X 表水平，Y 表垂直，Z 表垂直于 X 和 Y 的轴向，该坐标系的坐标可用绝对坐标或相对坐标的方式表示。

　　（1）绝对坐标：相对于当前坐标系原点的坐标。绝对坐标可以有直角坐标和极坐标的表示形式，其格式分别如下。

　　① 直角坐标

　　格式：X,Y,Z（平面绘图时，Z 坐标等于 0，可省略，只剩下 X、Y）。

　　注意：坐标间要用英文逗号隔开，不能用中文逗号、空格或其他符号。

　　例如：8,6；3,5；3,4,5。

② 极坐标

通过输入某点在 XOY 坐标平面上的投影与坐标系原点距离，以及这两点之间的连线与 X 轴正向的夹角（中间用"<"号隔开）来确定该点。

格式：离原点的距离<和原点的连线与 X 轴正向的夹角。

注意：点与原点连线和水平直线的夹角，逆时针为正，顺时针为负。

例如：图 1-20 中 A 点的绝对极坐标表达方式为:20<30(20 为 A 点离原点 O 的距离，30 为 OA 与 OX 的夹角)。

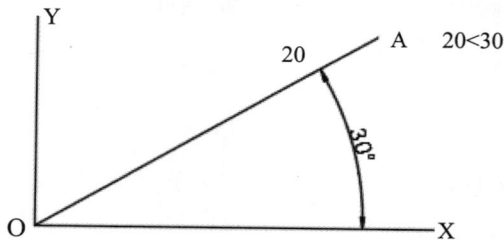

图 1-20　A 点的绝对极坐标

（2）相对坐标：相对于前一坐标点的坐标（把前一坐标点当作原点）。

格式：@X,Y。

例如：@3,2；@5,6；@5,6,7。

相对坐标也有极坐标形式，如：@15<45。

2. 确定点坐标的方法

在使用 AutoCAD 绘图时，通常可以使用以下 4 种确定点坐标的方法。

（1）用鼠标在屏幕上直接拾取点

这种方法最简便、直观。只要移动鼠标，将光标移到所需位置（AutoCAD 会动态地在状态栏显示出当前光标的坐标值），然后单击即可。

（2）用对象捕捉方式捕捉一些特殊点

对于已有对象上的点，它的坐标往往很难确定。AutoCAD 提供了对象捕捉功能，用户可以方便地捕捉到对象的特征点，如圆心、切点、中点等（详见第 3 章）。

（3）通过键盘输入点的坐标

通过键盘输入点的坐标是最直接的方式，而且可以准确给出定点，对于这种指定方法，用户既可以用绝对坐标的方式输入，也可以用相对坐标的方式输入，而且在每一种坐标方式中，又有直角坐标、极坐标之分。

（4）直接输入距离

先用光标拖拉出橡筋线确定方向，然后用键盘输入距离。

1.6　缩放与平移

在绘制图形时，经常需要缩小、放大或平移视图，AutoCAD 向用户提供了多种视图缩放和改变图形位置的方法。

1.6.1 缩放

AutoCAD 根据用户缩放图形尺寸的需要设置了各种缩放工具，下面介绍"缩放"命令的调用方式及各种缩放命令选项说明。

1. 调用方式

▼ 命令行：ZOOM（快捷命令：Z）。

▼ 菜单栏："视图"→"缩放"子菜单，如图 1-21 所示。

▼ 工具栏："缩放"工具栏，如图 1-22 所示。

▼ 功能区："视图"选项卡→"导航"面板上的缩放工具，如图 1-23 所示。

▼ 导航栏：导航栏上"缩放"工具的下拉箭头，在下拉子菜单中选择相应的缩放命令即可，如图 1-24 所示。

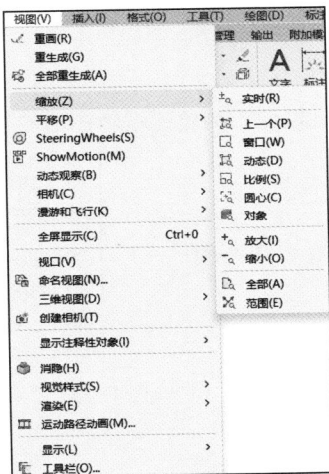

图 1-21 "缩放"子菜单

图 1-22 "缩放"工具栏

图 1-23 "导航"面板上的缩放工具

图 1-24 "导航栏"中的缩放子菜单

2. 选项说明

"缩放"命令类似于照相机的镜头，可以放大或缩小屏幕所显示的范围，而图形的实际尺寸没有任何变化。常用的缩放工具及含义见表 1-3 所示。

表1-3　缩放工具命令功能说明

缩放工具	功能说明	缩放工具	功能说明
范围	显示所有对象的最大范围	缩放	使用比例因子进行缩放
窗口	缩放用矩形框选取的指定区域	圆心	显示由中心点及比例定义的视图
实时	进行实时缩放	对象	将选取的对象放大使图形充满屏幕
全部	在当前视图中显示整张图形	放大	放大图形一倍
动态	动态缩放图形	缩小	缩小图形一倍

提示与技巧

在实际操作时，通常通过滚动鼠标中键完成视图的实时缩放。在图形区向上滚动鼠标滚轮为实时放大视图，向下滚动鼠标滚轮为实时缩小视图。

1.6.2　平移

使用"平移"工具可以重新定位当前图形在窗口中的位置，以便于浏览或编辑图形的其他部分。

1. 调用方式

☑ 命令行：PAN。

☑ 菜单栏："视图"→"平移"→"实时"，或根据需要选择其他相应的平移命令，如图1-25所示。

☑ 工具栏："标准"→"实时平移"🖐。

☑ 功能区："视图"→"导航"→"平移"🖐。

☑ 导航栏：导航栏上的"平移"🖐。

图1-25　"平移"子菜单

2. 操作步骤

用上述任一方式调用"平移"命令后，光标会变成手的形状🖐，按住鼠标左键并拖动就可以平移图形。用户也可以选择其他平移方式，如果选择"点"选项，则图形将按照指定的两点位置进行平移；如果选择"上""下""左""右"选项，则图形将按照所选的方向平移一个单位。

提示与技巧

按Esc键或Enter键可以关闭实时平移命令，也可以单击鼠标右键从快捷菜单中选"退出"选项。用户按住鼠标滚轮同时移动鼠标，同样可以实时平移图形。

1.7　综合案例

1.7.1　综合案例——设置绘图环境

1. 学习目标

根据实际需求，设置个性化绘图环境。

扫码看视频

设置绘图环境

2．设计思路

先设置界面颜色，调整十字光标、拾取框和夹点的大小；然后设置文件自动保存的格式和时间间隔；再设置图形界限和图形单位等。

3．操作步骤

（1）启动 AutoCAD 2022，选择菜单栏中的"文件"→"新建"命令，系统打开"选择样板"对话框，选择"acadiso.dwt"样板文件，单击"打开"按钮，进入绘图界面。

（2）选择菜单栏中的"工具"→"选项"命令，系统打开"选项"对话框。

（3）设置绘图区的颜色。打开"选项"对话框的"显示"选项卡，在"颜色主题"列表框中选择"明"选项，如图 1-26 所示；单击"颜色"按钮，打开"图形窗口颜色"对话框，在"上下文"列表框中选择"二维模型空间"选项，在"界面元素"列表框中选择"统一背景"选项，在"颜色"下拉列表中选择需要的颜色，一般选择白色，如图 1-27 所示，最后单击"应用并关闭"按钮，即可完成绘图区的颜色设置。

图 1-26　"显示"选项卡

图 1-27　"图形窗口颜色"对话框

（4）调整十字光标的大小。拖动"显示"选项卡的"十字光标大小"设置区中的滑块，即可调整十字光标的大小，如图 1-26 所示。

（5）调整拾取框大小和夹点尺寸。打开"选择集"选项卡，按住鼠标左键拖动"拾取框大小"设置区中的滑块，调整拾取框的大小。用同样的方法，可调整夹点尺寸，如图 1-28 所示。

（6）设置文件自动保存的格式和时间间隔。打开"打开和保存"选项卡，在"文件保存"设置区的"另存为"列表框中单击，在弹出的下拉列表中选择文件自动保存的格式；在"文件安全措施"设置区的"保存间隔分钟数"编辑框中输入文件自动保存的时间间隔，如图 1-29 所示；最后单击"确定"按钮。

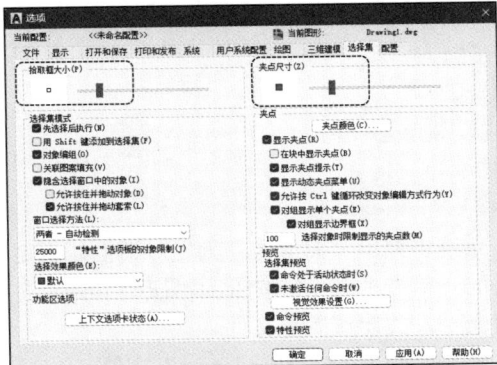

图 1-28　"选择集"选项卡

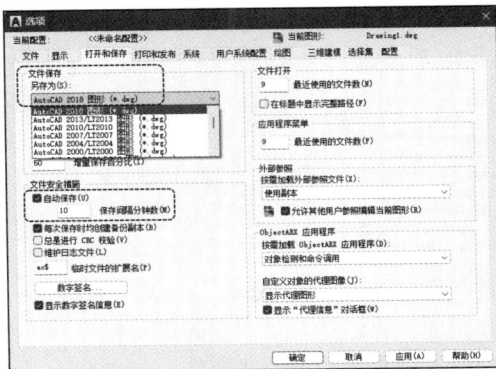

图 1-29　"打开和保存"选项卡

（7）设置图形界限。选择菜单栏中的"格式"→"图形界限"命令，设置图形界限，命令行提示与操作如下。

```
命令: '_limits
重新设置模型空间界限:
指定左下角点或 [开(ON)/关(OFF)] <0.0000,0.0000>: 0,0 ↙
指定右上角点 <2731.0097,731.8546>: 420,297 ↙
```

（8）设置图形单位。选择菜单栏中的"格式"→"单位"命令，打开"图形单位"对话框。设置"长度"类型为"小数"，"精度"为 0；"角度"类型为"十进制度数"，"精度"为 0；系统默认逆时针方向为正；"插入时的缩放单位"设置为"毫米"。如图 1-30 所示，最后单击"确定"按钮。

（9）选择菜单栏中的"工具"→"工作空间"→"草图与注释"命令，进入草图工作空间。

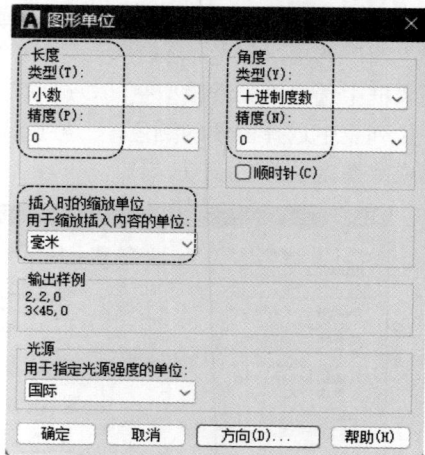

1.7.2 综合案例——图形文件管理

1. 学习目标

掌握新建、保存、打开、退出等图形文件管理方法；了解坐标点的确定方法；熟悉命令的多种输入方式；学会缩放和平移视图。

图 1-30 "图形单位"对话框

2. 设计思路

创建新图形文件，绘制图形，控制图形显示效果，最后保存图形文件并退出 AutoCAD。

3. 操作步骤

（1）启动 AutoCAD 2022，选择菜单栏中的"文件"→"新建"命令，创建新图形文件。

（2）选择菜单栏中的"绘图"→"直线"命令，绘制直线图形。命令行提示与操作如下。

```
命令: _line
指定第一个点: 100,100 ↙ （绝对直角坐标）
指定下一点或 [放弃(U)]: @500<30 ↙ （相对极坐标）
指定下一点或 [放弃(U)]: @400,0 ↙ （相对直角坐标）
指定下一点或 [闭合(C)/放弃(U)]: @0,600 ↙ （相对直角坐标）
指定下一点或 [闭合(C)/放弃(U)]: ↙ （结束直线命令）
```

（3）选择菜单栏中的"文件"→"保存"命令，系统将弹出"图形另存为"对话框，指定保存的文件名称（如"图形 1.dwg"）、类型和路径（如桌面），单击"保存"按钮，"图形 1.dwg"文件即保存在桌面；再选择菜单栏中的"文件"→"关闭"命令，关闭该图形文件。

（4）选择菜单栏中的"文件"→"打开"命令，打开桌面上的"图形 1.dwg"文件。

（5）单击"视图"选项卡"导航"面板中的"平移"按钮 🖐，按住鼠标左键平移图形；滚动鼠标中键实时缩放图形；再按 Enter 键退出实时平移命令。

（6）单击"默认"选项卡"绘图"面板中的"圆"按钮 ⊙，绘制圆图形。命令行提示与操作如下。

```
命令: _circle
指定圆的圆心或 [三点(3P)/两点(2P)/切点、切点、半径(T)]:  （鼠标在屏幕适当位置指定一点）
指定圆的半径或 [直径(D)]: 200 ↙  （输入半径 200，按 Enter 键）
```

（7）选择菜单栏中的"文件"→"另存为"命令，系统将弹出"图形另存为"对话框，指定保存的文件名称（如"图形 2.dwg"）、类型和路径（如桌面），单击"保存"按钮，"图形 2.dwg"文件即保存在桌面。

（8）在命令行输入 quit 并按 Enter 键，退出 AutoCAD。

1.8　小结与提升

1.8.1　知识小结

本章主要讲解工程绘图的一般规定与 AutoCAD 的一些基本内容，包括 AutoCAD 的工作界面、文件的基础操作、坐标点的确定方法、命令的输入方式、图形的缩放与平移等。

通过本章的学习，读者能对工程绘图相关标准和 AutoCAD 2022 软件有整体的初步认识，掌握一些基本的软件操作技能，为以后的绘图打下基础。

1.8.2　技能提升

练习题 1：熟悉 AutoCAD 操作界面。

【练习目的】熟练掌握 AutoCAD 操作界面有助于用户方便快速地进行绘图。通过本练习，读者可以进一步了解操作界面各部分功能，掌握设置绘图环境的操作技能，熟悉命令的输入方式。

【思路点拨】

（1）启动 AutoCAD 2022，进入操作界面。

（2）设置绘图区颜色、光标大小等。

（3）打开、移动、关闭工具栏，显示与关闭功能区选项卡和面板。

（4）分别利用命令行、菜单命令、工具栏和功能区绘制一条线段。

扫码看视频
练习题 1 演示

练习题 2：管理图形文件。

【练习目的】熟练掌握图形文件的新建、保存、打开及退出的方法，了解图形界限和图形单位的设置方法，学会图形缩放与平移的操作技能。

【思路点拨】

（1）启动 AutoCAD 2022，新建图形文件，设置图形界限和图形单位。

（2）在图形上绘制任意图线，并缩放和平移图形。

（3）将图形文件保存，再退出 AutoCAD。

扫码看视频
练习题 2 演示

1.8.3 素养提升

　　自古以来，人类一直试图利用图形来表达和交流思想。通过对出土文物考证证实，我国早在新石器时代，就能绘制一些几何图形、花纹，具有简单的图示能力。

　　在春秋时期的手工业技术著作《周礼·考工记》中，有画图工具"规、矩、绳、墨、悬、水"的记载。

　　在战国时期我国人民就已运用设计图来指导工程建设，距今已有 2400 多年的历史。"图"在推动人类社会的文明进步和现代科学技术的发展中起了重要作用。

　　在工业革命后期，二维制图技术得到了快速发展。随着数学和物理学的进步，工程师们开始利用几何学、投影学等原理绘制更加精确、规范的图纸。同时，随着印刷技术的改进，图纸的复制和传播也变得更加便捷。这一时期，二维制图技术在建筑、机械、电力等领域得到了广泛应用。

　　20 世纪 50 年代，我国著名学者赵学田教授就简明而通俗地总结了三视图的投影规律——长对正、高平齐、宽相等。1956 年原第一机械工业部颁布了第一个部颁标准《机械制图》，1959 年国家科学技术委员会颁布了第一个国家标准《机械制图》，随后又颁布了国家标准《建筑制图》，使全国工程图样标准得到了统一，标志着我国工程图学进入了一个崭新的阶段。

　　随着计算机技术的不断进步，CAD 技术逐渐成为工程绘图的主流技术，各种绘图软件也开始不断涌现和升级。这些绘图软件不仅功能更加强大，操作更加便捷，而且支持多种绘图标准和文件格式，使工程绘图变得更加高效、灵活。同时，随着云计算、大数据等技术的发展，绘图软件也开始向云端迁移，实现了数据的共享和协同工作。

第 **2** 章

绘制基本二维图形

AutoCAD中的二维图形分为基本二维图形和复杂二维图形，基本二维图形包括点、直线、圆、圆弧、多边形等；复杂二维图形包括面域、图案填充、多段线及实际工作中绘制的工程图形等。基本二维图形的形状简单，创建方法较为容易，但它们是绘制复杂二维图形的基础，应熟练地掌握绘制方法和技巧。

知识目标

（1）掌握点、直线的绘制方法。
（2）掌握圆、圆弧、椭圆和椭圆弧的绘制方法。
（3）掌握矩形、多边形等平面图形的绘制方法。

能力目标

（1）能够灵活运用点、直线、圆、圆弧、椭圆、矩形、多边形等命令绘制图形。
（2）能够综合应用基本二维绘图命令绘制平面图形。

素养目标

透过图形表象，培养"方"和"圆"兼备的品质。

部分案例预览

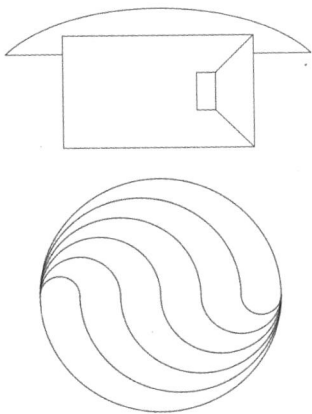

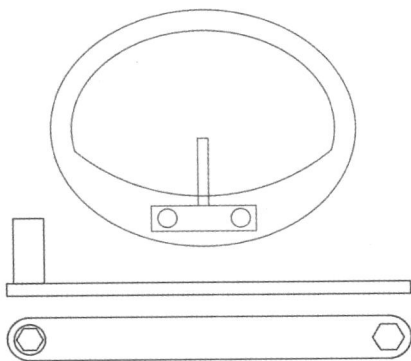

2.1 点的绘制

点在绘图中起辅助作用，AutoCAD 中点有多种不同的表示方式，用户可以根据需要进行设置，也可以设置等分点和测量点。

2.1.1 设置点的显示样式和大小

改变点的显示样式和大小，将会影响图形中所有已经绘制的点，以及所有即将绘制的点。点的显示样式和大小的设置方法如下。

1. 调用方式

☑ 命令行：DDPTYPE（快捷命令：PTYPE）。

☑ 菜单栏："格式" → "点样式"。

☑ 功能区："默认" → "实用工具" → "点样式" 。

2. 操作步骤

用上述任一方式调用"点样式"命令后，系统将自动弹出"点样式"对话框，如图 2-1 所示。该对话框的内部列出了 AutoCAD 提供的所有的点的显示样式，用户可以根据需要进行选取。

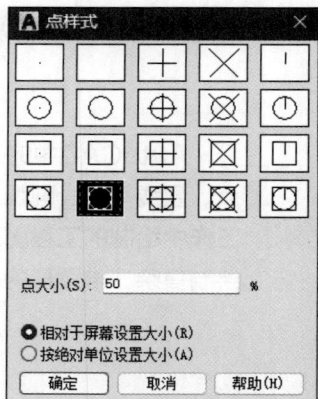

图 2-1 "点样式"对话框

2.1.2 绘制点

点通常用来标定某个特殊的坐标位置，或者作为某个绘制步骤的起点和基础。例如，有时需要沿车道中心线使用点对象标记车站。

1. 调用方式

☑ 命令行：POINT（快捷命令：PO）。

☑ 菜单栏："绘图" → "点" → "单点" / "多点"。

☑ 工具栏："绘图" → "点" 。

☑ 功能区："默认" → "绘图" → "多点" 。

2. 操作步骤

用上述任一方式调用"点"命令后，命令行提示与操作如下。

```
命令: _point
当前点模式:  PDMODE=0   PDSIZE=0.0000
指定点:  （指定点所在的位置）
```

提示与技巧

在 AutoCAD 中，每个命令一般同时存在命令行、菜单栏、工具栏和功能区 4 种执行方式，这 4 种方式的执行结果相同。命令行中所有标点符号必须在英文状态下输入，否则会出错。

3．选项说明

通过菜单方式操作时，需要打开"点"子菜单，如图 2-2 所示。"单点"命令表示只输入一个点，"多点"命令表示可输入多个点。

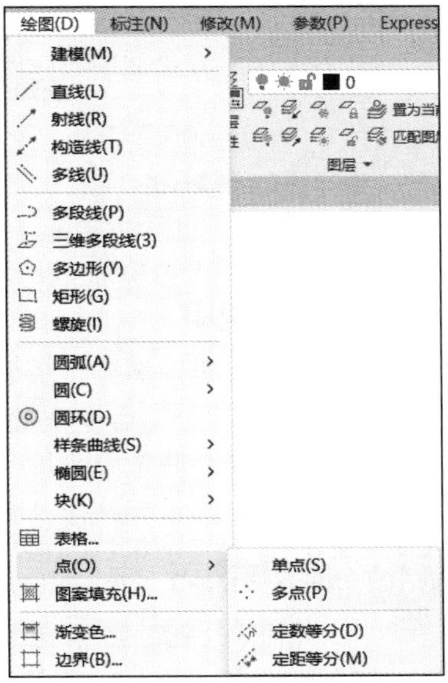

2.1.3　定数等分

定数等分主要用来在指定的对象上绘制等分点和在等分点处插入块。

1．调用方式

▼ 命令行：DIVIDE（快捷命令：DIV）。

▼ 菜单栏："绘图"→"点"→"定数等分"。

▼ 功能区："默认"→"绘图"→"定数等分" 。

2．操作步骤

用上述任一方式调用"定数等分"命令后，命令行提示与操作如下。

图 2-2　"点"子菜单

```
命令: _divide
选择要定数等分的对象：（选择定数等分对象）
输入线段数目或 [块(B)]：（指定实体的等分数）
```

图 2-3（a）为要等分的线段，（b）为 5 等分的结果。

(a)　　　　　　　　　　　　　　　　　　　(b)

图 2-3　线段 5 等分

3．选项说明

（1）执行"定数等分"命令后，系统会在等分点处，按当前设置的点样式画出等分点。

（2）等分数目范围为 2～32767。

（3）在第二提示行选择"块（B）"选项，表示在等分点处插入指定的块（块知识详见本书 8.1 节）。

2.1.4　定距等分

定距等分主要用来在指定的对象上按照指定的长度绘制点或插入块。

1．调用方式

▼ 命令行：MEASURE（快捷命令：ME）。

▼ 菜单栏："绘图"→"点"→"定距等分"。

▼ 功能区："默认"→"绘图"→"定距等分" 。

2. 操作步骤

用上述任一方式调用"定距等分"命令后，命令行提示与操作如下。

命令: _measure
选择要定距等分的对象:（选择要设置测量点的实体）
指定线段长度或 [块(B)]:（指定分段长度）

3. 选项说明

（1）执行"定距等分"命令后，系统会在等分点处，按照当前点样式设置绘制测量点。

（2）"定距等分"命令设置的起点一般是指定线段的绘制起点。

（3）最后一个测量段的长度不一定等于指定的分段长度。

（4）在第二提示行选择"块（B）"选项，表示在测量点处插入指定的块。

> **提示与技巧**
>
> 如何区分定数等分和定距等分？定数等分是将某条线段按段数平均分段，定距等分是将某条线段按距离分段。例如，一条 85mm 的直线，用"定数等分"命令时，如果该线段被平均分成 10 段，每一个线段的长度都是相等的，为 85mm×（1/10）。而用"定距等分"时，如果设置定距等分的距离为 10mm，那么从端点开始，每 10mm 为一段，这样的结果是前 8 段段长都为 10mm，最后一段的长度则是 5mm，所以定距等分后，每一条线段的长度不一定都相等。

2.1.5 案例——绘制棘轮图形

1. 学习目标

绘制如图 2-4 所示的棘轮图形。通过本案例，读者可以进一步掌握点样式的设置及定数等分操作。

扫码看视频

绘制棘轮图形

2. 设计思路

首先设置点样式，再把 2 个圆定数等分成 10 份，最后用直线连接相关等分点。

3. 操作步骤

（1）打开文件"源文件\初始文件\第 2 章\案例——棘轮图形（初始文件）.dwg"，该文件中已绘制了 3 个同心圆图形。

（2）单击"默认"选项卡的"实用工具"面板中的"点样式"按钮，打开"点样式"对话框并选择设置好点样式，如图 2-5 所示。

图 2-4 棘轮图形

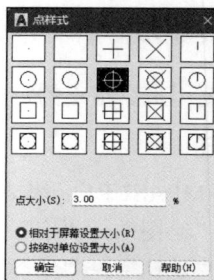

图 2-5 "点样式"对话框

（3）单击"默认"选项卡的"绘图"面板中的"定数等分"按钮 ，将已绘制的圆进行等分，命令行提示与操作如下。采用相同的方法，等分中间的圆，等分结果如图 2-6 所示。

命令: _divide

选择要定数等分的对象：（选择最大的圆）

输入线段数目或 [块(B)]: 10　↙

（4）单击"默认"选项卡的"绘图"面板中的"直线"按钮 ，连接 3 个等分点，如图 2-7 所示，采用相同的方法连接其他点，再删除多余的点和圆，即完成绘制。

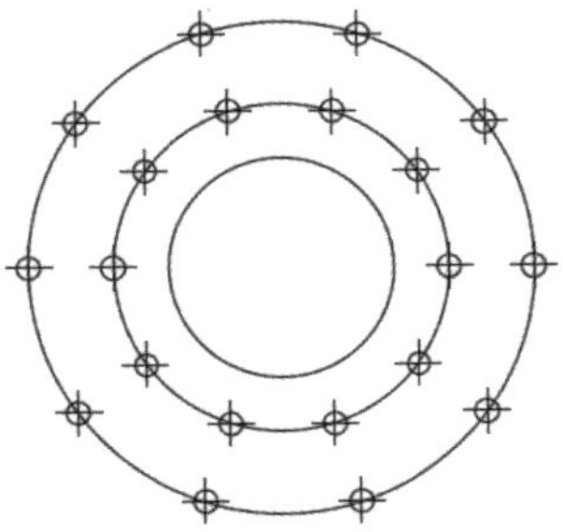

图 2-6　等分圆 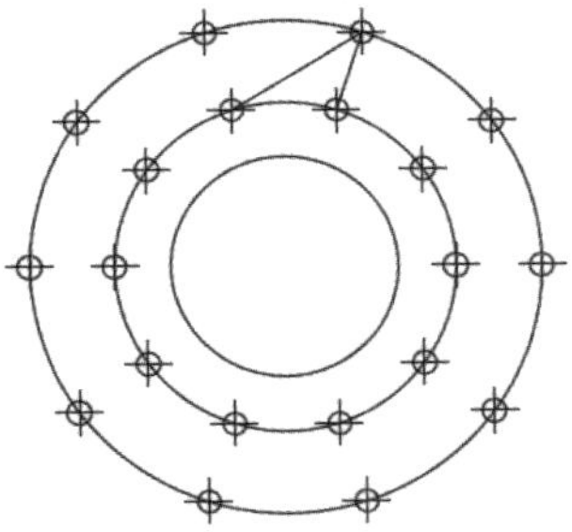　　　　　　　　　　图 2-7　绘制棘轮轮齿

2.2　直线类图形的绘制

绘制直线类的图形，通常使用"直线""构造线""射线"等命令。这几个命令也是 AutoCAD 2022 中最简单、最基本的绘图命令。

2.2.1　直线

AutoCAD 中的大多数对象都含有直线，直线由两个点组成：起点和端点。可以连接一系列的直线形成新的直线，但是每一条直线段仍是一个独立的直线对象。

1. 调用方式

▼ 命令行：LINE（快捷命令：L）。

▼ 菜单栏："绘图"→"直线"。

▼ 工具栏："绘图"→"直线" 。

▼ 功能区："默认"→"绘图"→"直线" 。

2. 操作步骤

用上述任一方式调用"直线"命令后，命令行提示与操作如下。

命令: _line

指定第一个点：（给定第一点）

指定下一点或 [放弃(U)]: （给定下一端点或放弃）

指定下一点或 [放弃(U)]: （给定下一端点或输入 E 或输入 U）

指定下一点或 [闭合(C)/放弃(U)]: （给定下一端点，或输入 C 使图形闭合，结束命令）

3. 选项说明

（1）在"指定下一点"提示下，用户可以指定多个端点，从而绘出多条直线段。每一条直线段是一个独立的对象，可以进行单独的编辑操作。

（2）绘制两条以上直线段后，若在"指定下一点"提示后输入 C，系统会自动连接起点和最后一个端点，从而绘出封闭的图形。

（3）若在提示后输入 U，则会删除最近一次绘制的直线段。

（4）若设置正交方式（单击状态栏中的"正交模式"按钮，或按 F8 键），则只能绘制水平直线段或垂直直线段。

（5）若设置动态数据输入方式（单击状态栏中的"动态输入"按钮，或按 F12 键），则可以动态输入坐标或长度值，效果与非动态数据输入方式类似。

> **提示与技巧**
>
> LINE 命令提供了一种使新绘制直线和最近一次绘制的直线或弧连接的功能：当出现"指定第一个点："提示时，用户可输入一个空格键或按 Enter 键。此时将要绘制的直线的起点被设定为最近一次绘制的直线或弧的终点。这是一种使直线和弧相切连接的好方法。

2.2.2 案例——绘制直线图形

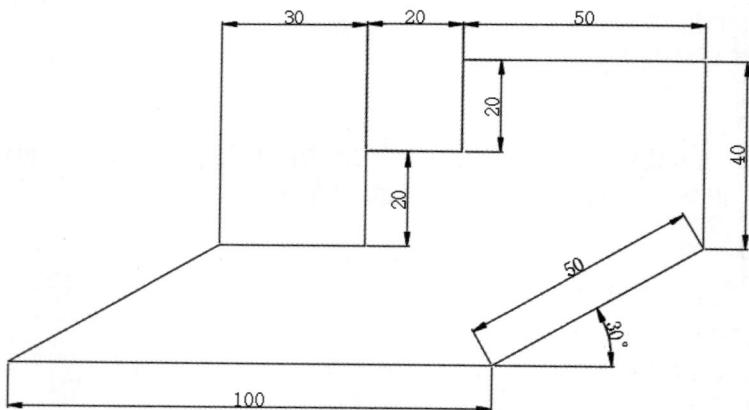

扫码看视频

绘制直线图形

1. 学习目标

绘制如图 2-8 所示的直线图形。通过本案例，读者可以进一步掌握直线绘制命令及点坐标的使用方法。

图 2-8 直线图形

2. 设计思路

先在屏幕适当位置指定水平直线的一点，再运用相对直角坐标、相对极坐标等点坐标的表示方式确定其余直线端点的位置。

3. 操作步骤

单击"默认"选项卡的"绘图"面板中的"直线"按钮，命令行提示与操作如下。

```
命令:_line
指定第一个点:    （在屏幕适当位置指定一点）
指定下一点或 [放弃(U)]: @100,0  ↙
指定下一点或 [放弃(U)]: @50<30  ↙
指定下一点或 [闭合(C)/放弃(U)]: @0,40  ↙
指定下一点或 [闭合(C)/放弃(U)]: @-50,0  ↙
指定下一点或 [闭合(C)/放弃(U)]: @0,-20  ↙
指定下一点或 [闭合(C)/放弃(U)]: @-20,0  ↙
指定下一点或 [闭合(C)/放弃(U)]: @0,-20  ↙
指定下一点或 [闭合(C)/放弃(U)]: @-30,0  ↙
指定下一点或 [闭合(C)/放弃(U)]: C  ↙
```

2.2.3 构造线

构造线实际上是向两端无限延伸的直线，没有起点和终点，可以放在三维空间的任何地方，主要用于绘制辅助线。

1. 调用方式

▼ 命令行：XLINE（快捷命令：XL）。
▼ 菜单栏："绘图"→"构造线"。
▼ 工具栏："绘图"→"构造线" ✎。
▼ 功能区："默认"→"绘图"→"构造线" ✎。

2. 操作步骤

用上述任一方式调用"构造线"命令后，命令行提示与操作如下。

```
命令:_xline
指定点或 [水平(H)/垂直(V)/角度(A)/二等分(B)/偏移(O)]:    （指定构造线通过的第一个点 1）
指定通过点:    （指定构造线通过的第二个点 2）
指定通过点:    （继续指定点，继续绘制构造线，如图 2-9（a）所示，按 Enter 键结束）
```

3. 选项说明

（1）指定点：用于绘制通过指定两点的构造线，如图 2-9（a）所示。

（2）水平（H）/垂直（V）：绘制经过指定点（中点）且平行于 X 轴或 Y 轴的构造线，如图 2-9（b）、图 2-9（c）所示。

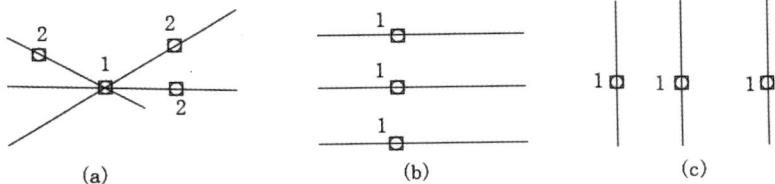

图 2-9 构造线绘制

图2-9 构造线绘制（续）

（3）角度（A）：绘制指定方向或与指定直线之间的夹角为指定角度的构造线，如图2-9（d）所示。

（4）二等分（B）：绘制平分由指定三点所确定的角的构造线，如图2-9（e）所示。

（5）偏移（O）：绘制与指定直线偏移给定距离的构造线，如图2-9（f）所示。

2.3 圆类图形的绘制

绘制圆类图形的命令包括"圆""圆弧""圆环""椭圆"和"椭圆弧"命令，它们是AutoCAD 2022中较简单的用于曲线绘制的命令。

2.3.1 圆

"圆"是常用的绘图命令，常被用来绘制零件中的圆形孔及柱形表面的某个投影，"圆"命令为用户提供了6种圆的绘制方法，如图2-10所示。

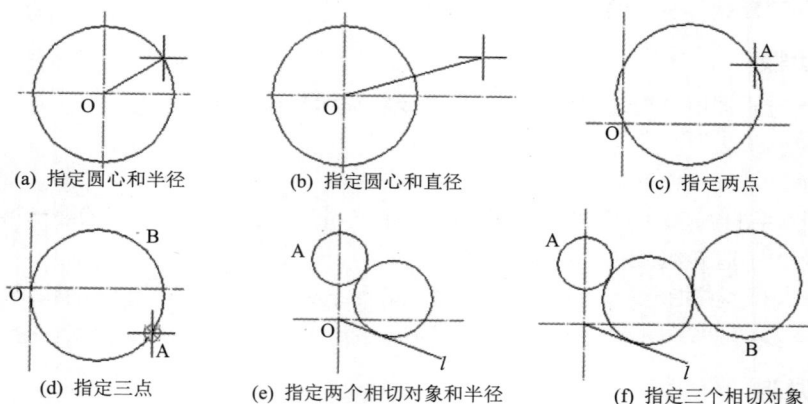

(a) 指定圆心和半径   (b) 指定圆心和直径   (c) 指定两点

(d) 指定三点   (e) 指定两个相切对象和半径   (f) 指定三个相切对象

图2-10 圆的6种绘制方法

1. 调用方式

▽ 命令行：CIRCLE（快捷命令：C）。

▽ 菜单栏："绘图"→"圆"。

▽ 工具栏："绘图"→"圆" ⊙。

▽ 功能区："默认"→"绘图"→"圆" ⊙。

2. 操作步骤

用上述任一方式调用"圆"命令后，命令行提示与操作如下。

命令: _circle
指定圆的圆心或 [三点(3P)/两点(2P)/切点、切点、半径(T)]:

3. 选项说明

图 2-10 列出了圆的 6 种绘制方法，可根据已知的条件选择对应方法设置选项。

（1）指定圆的圆心：指定圆心位置后，再指定半径或直径大小，该选项为默认选项。

（2）三点（3P）/两点（2P）：指定圆上任意三点位置或指定圆的直径的端部两点。

（3）切点、切点、半径（T）：用来绘制已知对象的相切圆，需要指定两个切点和半径。

（4）选择菜单栏中的"绘图"→"圆"命令，其子菜单中比命令行多了一种"相切、相切、相切"的绘制方法。用来绘制已知对象的相切圆，需要指定三个切点。

> 💡 **提示与技巧**
>
> 绘制公切圆时，输入的公切圆半径必须大于或等于两圆周（或者弧和直线）间距离的一半，否则绘制不出公切圆，命令行将显示"圆不存在"错误信息；用三点定圆法可以画出同时与三个目标相切的公切圆。

2.3.2　案例——绘制圆桌

1. 学习目标

本案例绘制如图 2-11 所示的圆桌图形。通过本案例，读者可以进一步掌握"圆"命令的使用方法。

扫码看视频

绘制圆桌

2. 设计思路

利用指定圆心和半径的方式绘制两个圆。

3. 操作步骤

（1）单击"默认"选项卡的"绘图"面板中的"圆"按钮 ⊙，绘制圆。命令行提示与操作如下，绘制如图 2-12 中所示的半径为 60 的小圆。

命令: _circle
指定圆的圆心或 [三点(3P)/两点(2P)/切点、切点、半径(T)]: 200,200　↙
指定圆的半径或 [直径(D)]: 60　↙

（2）重复绘"圆"命令，以"200,200"为圆心，绘制半径为 70 的大圆，结果如图 2-11 所示。

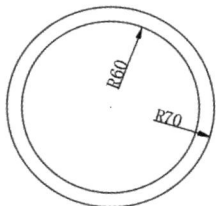

图 2-11　圆桌图形　　　　　　　　　　　　图 2-12　绘制小圆

2.3.3 圆弧

"圆弧"命令常被用来绘制具有复杂表面曲线的零件及零件不同表面之间的过渡区域。

1. 调用方式

- ✔ 命令行：ARC（快捷命令：A）。
- ✔ 菜单栏："绘图" → "圆弧"。
- ✔ 工具栏："绘图" → "圆弧" 。
- ✔ 功能区："默认" → "绘图" → "圆弧" 。

2. 操作步骤

用上述任一方式调用"圆弧"命令后，命令行提示与操作如下。

```
命令:_arc
指定圆弧的起点或 [圆心(C)]:  （指定起点）
指定圆弧的第二个点或 [圆心(C)/端点(E)]:  （指定第二点）
指定圆弧的端点:  （指定末端点）
```

3. 选项说明

AutoCAD 的菜单栏和功能区为用户提供了 11 种绘制圆弧的方法，如图 2-13 所示。用户可根据自己的偏好和不同的已知条件灵活运用，详细内容可结合 2.3.4 小节的案例学习。

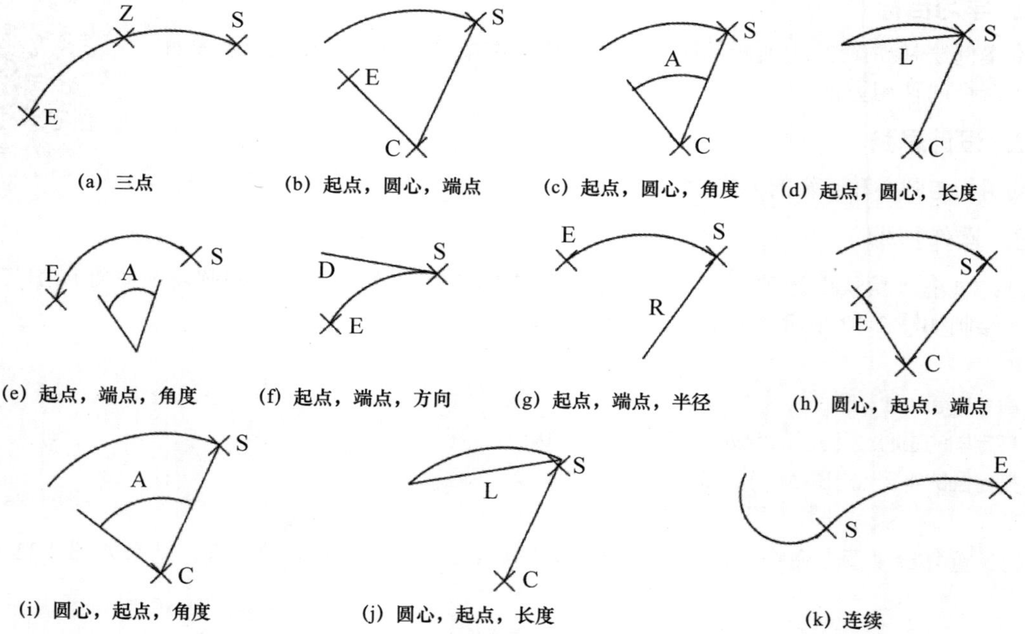

(a) 三点　　(b) 起点，圆心，端点　　(c) 起点，圆心，角度　　(d) 起点，圆心，长度

(e) 起点，端点，角度　　(f) 起点，端点，方向　　(g) 起点，端点，半径　　(h) 圆心，起点，端点

(i) 圆心，起点，角度　　(j) 圆心，起点，长度　　(k) 连续

图 2-13　圆弧的 11 种画法

⚙ **提示与技巧**

　　绘制圆弧时，圆弧的曲率遵循逆时针方向，所以在选择指定圆弧起点、端点、半径模式时，需要注意端点的指定顺序，否则有可能导致圆弧的凹凸形状与预期的相反。

2.3.4　案例——绘制球面纹路

1. 学习目标

本案例绘制如图 2-14 所示的球面纹路图形。通过本案例，读者可以进一步掌握多种绘制圆弧的方法。

2. 设计思路

首先采用"定数等分"方式，把水平中心线等分成 6 份，再利用"起点，端点，角度"及"起点，圆心，端点"等方式绘制相应的半圆弧。

3. 操作步骤

（1）打开文件"源文件\初始文件\第 2 章\案例——球面纹路（初始文件）.dwg"，图中圆的半径为 90。

（2）单击"默认"选项卡中的"绘图"面板中的"定数等分"按钮 ，将水平中心线 6 等分，结果如图 2-15 所示。点样式是利用前面所学知识提前设置好的。

（3）单击"默认"选项卡的"绘图"面板中的"起点，端点，角度"按钮 ，绘制半圆弧，如图 2-16 所示。命令行提示与操作如下。

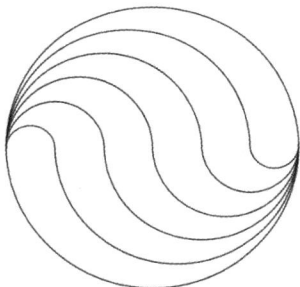

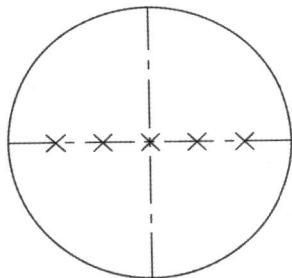

图 2-14　球面纹路　　　　　　　图 2-15　水平中心线 6 等分

命令: _arc
指定圆弧的起点或 [圆心(C)]: （指定圆弧起点）
指定圆弧的第二个点或 [圆心(C)/端点(E)]: E ↵
指定圆弧的端点: （指定圆弧端点）
指定圆弧的中心点(按住 Ctrl 键以切换方向)或 [角度(A)/方向(D)/半径(R)]: A ↵
指定夹角(按住 Ctrl 键以切换方向): -180 ↵ （注意：当输入的角度为正值时，起点和端点沿圆弧成逆时针关系；当角度为负值时，起点和端点沿圆弧成顺时针关系）

（4）重复"起点，端点，角度"命令绘制半圆弧，如图 2-17 所示。

（5）单击"默认"选项卡的"绘图"面板中的"起点，圆心，端点"按钮 ，绘制半圆弧，如图 2-18 所示。命令行提示与操作如下。

命令: _arc
指定圆弧的起点或 [圆心(C)]: （指定圆弧起点）
指定圆弧的第二个点或 [圆心(C)/端点(E)]: C ↵
指定圆弧的圆心: （指定圆心）
指定圆弧的端点(按住 Ctrl 键以切换方向)或 [角度(A)/弦长(L)]: （指定圆弧端点）

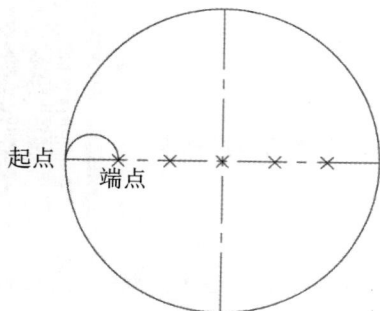

图 2-16　绘制圆弧 1

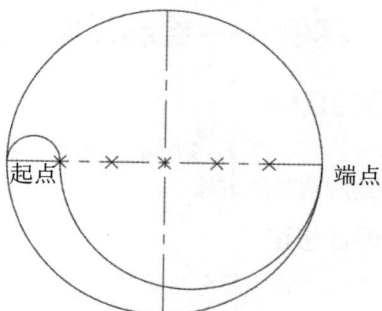

图 2-17　绘制圆弧 2

（6）重复"起点，圆心，端点"命令绘制半圆弧，如图 2-19 所示。

（7）单击"默认"选项卡的"绘图"面板中的"起点，端点，半径"按钮，绘制半圆弧，如图 2-20 所示。命令行的提示与操作如下。

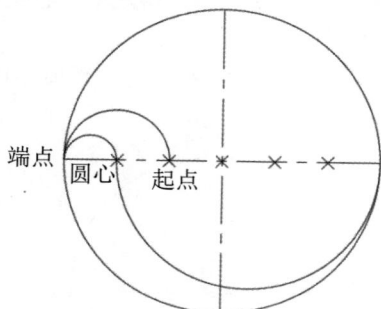

图 2-18　绘制圆弧 3

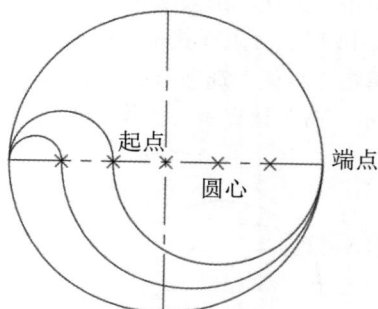

图 2-19　绘制圆弧 4

命令: _arc
指定圆弧的起点或 [圆心(C)]:　（指定圆弧起点）
指定圆弧的第二个点或 [圆心(C)/端点(E)]: E　↵
指定圆弧的端点:　（指定圆弧端点）
指定圆弧的中心点(按住 Ctrl 键以切换方向)或 [角度(A)/方向(D)/半径(R)]: R　↵
指定圆弧的半径(按住 Ctrl 键以切换方向): 45　↵　（输入半径）

（8）重复"起点，端点，半径"命令绘制半圆弧，如图 2-21 所示。

（9）重复步骤（3）～步骤（8），绘制剩余的圆弧，再将所有定数等分点及中心线删除，最终得到如图 2-14 所示的效果。

图 2-20　绘制圆弧 5

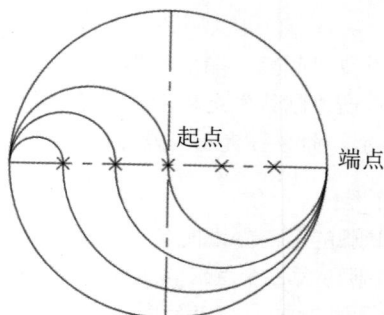

图 2-21　绘制圆弧 6

2.3.5　圆环

圆环是由内外两个圆组成的环形区域。绘制一个圆环时，首先指定圆环的内径和外径，然后指定其中心，通过指定其他中心点还可以创建多个相同的圆环副本，直到结束命令。

1. 调用方式

▼ 命令行：DONUT（快捷命令：DO）。

▼ 菜单栏："绘图"→"圆环"。

▼ 功能区："默认"→"绘图"→"圆环" ◎。

2. 操作步骤

用上述任一方式调用"圆环"命令后，命令行提示与操作如下。

> 命令: _donut
> 指定圆环的内径 <0.5000>:　（指定圆环内径）
> 指定圆环的外径 <1.0000>:　（指定圆环外径）
> 指定圆环的中心点或 <退出>:　（指定圆环的中心点）
> 指定圆环的中心点或 <退出>:　（继续指定圆环的中心点，则可以创建多个相同的圆环副本，用 Enter 键、空格键或单击鼠标右键结束命令）

3. 选项说明

（1）若指定内径为 0，则画出实心填充圆，如图 2-22（a）所示。

（2）内外径不相等，则画出填充圆环，如图 2-22（b）所示。

（3）可以通过命令 FILL 来控制圆环填充与否，命令行提示与操作如下。

> 命令: FILL　↙
> 输入模式 [开(ON)/关(OFF)] <开>:（开(ON)表示填充，关(OFF)则不填充，如图 2-22（c）所示）

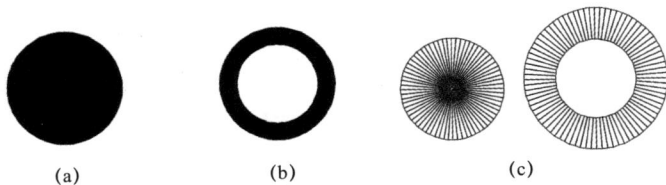

|　(a)　|　(b)　|　(c)　|

图 2-22　绘制圆环

2.3.6　椭圆与椭圆弧

室内设计中的浴盆、桌子等造型或机械设计中的杆状结构的截面形状等图形中常会出现椭圆。椭圆也是一种典型的封闭曲线图形，圆在某种意义上可以看成是椭圆的特例。椭圆弧和椭圆的绘图命令都是"椭圆"。

1. 调用方式

▼ 命令行：ELLIPSE（快捷命令：EL）。

▼ 菜单栏："绘图"→"椭圆"→"椭圆弧"。

☑ 工具栏："绘图"→"椭圆" ⬭ /"椭圆弧" ⌒
☑ 功能区："默认"→"绘图"→"椭圆" ⬭ /"椭圆弧" ⌒ 。

2．操作步骤

用上述任一方式调用"椭圆"命令后，命令行提示与操作如下。

命令: _ellipse
指定椭圆的轴端点或 [圆弧(A)/中心点(C)]:
指定轴的另一个端点:
指定另一条半轴长度或 [旋转(R)]:

3．选项说明

（1）中心点（C）：通过指定椭圆中心、一条轴（主轴）的端点以及另一条轴的半轴长度绘制椭圆，如图 2-23（a）所示。

（2）轴端点：通过指定一条轴的两个端点（主轴）和另一条轴的半轴长度绘制椭圆，如图 2-23（b）所示。

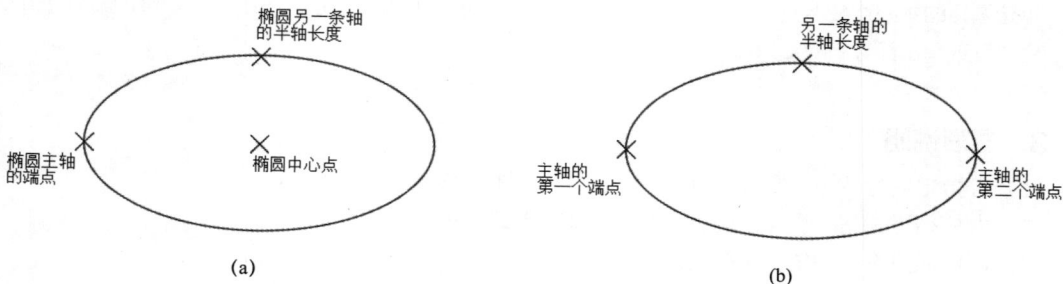

图 2-23　绘制椭圆的 2 种方法

（3）圆弧（A）：在 AutoCAD 中还可以绘制椭圆弧。绘制方法是在绘制椭圆的基础上分别指定圆弧的起点角度和端点角度（或起点角度和包含角度）。指定角度时，长轴角度定义为 0°，并以逆时针方向为正（缺省）。

💡 **提示与技巧**

> 系统变量 PELLIPSE（创建真正的椭圆对象/创建用多段线组成的椭圆）决定了椭圆的类型。当该变量为 0（即默认值）时，所绘制的椭圆是由非均匀有理样条（Non-Uniform Rational B-Spline，NURBS）曲线表示的真椭圆；当该变量设置为 1 时，所绘制的椭圆是由多段线近似表示的椭圆。若将系统变量 PELLIPSE 设置为 1，则调用 ELLIPS 命令后没有"圆弧"选项。

2.3.7　案例——绘制电话机

1．学习目标

本案例绘制如图 2-24 所示的电话机图形。通过本案例，读者可以进一步掌握绘制椭圆弧及直线段的方法。

扫码看视频

绘制电话机

2．设计思路

先利用"直线"命令绘制电话机外沿的直线轮廓及扬声器，再用"椭圆弧"命令绘制话筒。

3．操作步骤

（1）单击"默认"选项卡的"绘图"面板中的"直线"按钮 ∕，绘制一系列的直线段，坐标分别为{(100,100)，(@100,0)，(@0,60)，(@-100,0)，c}，{(100,150)，(70,150)}，{(200,150)，(230,150)}，{(200,160)，(180,140)，(180,120)，(200,100)}，{(180,140)，(170,140)，(170,120)，(180,120)}，结果如图 2-25 所示。

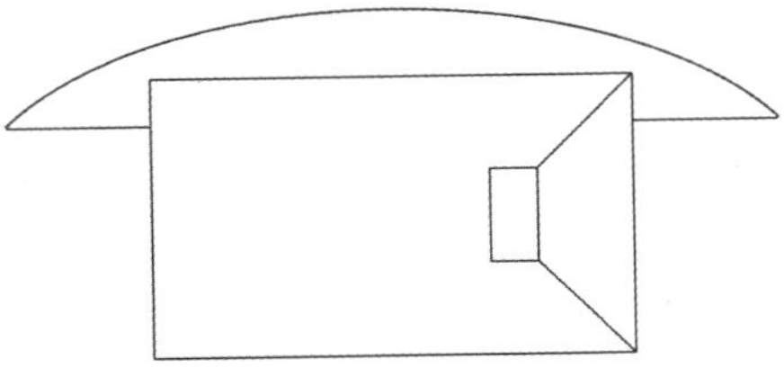

图 2-24　电话机 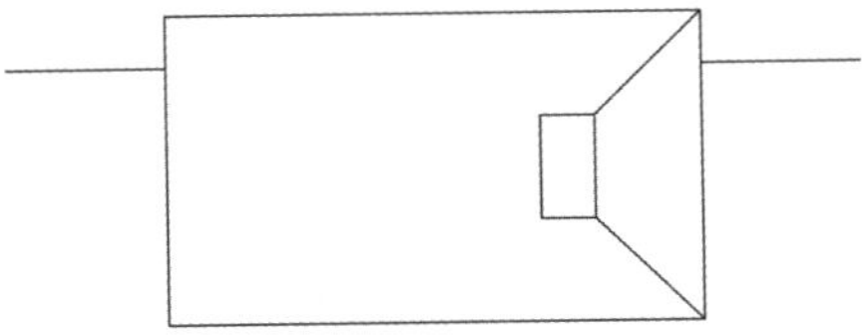　　　　　图 2-25　绘制直线

（2）单击"默认"选项卡的"绘图"面板中的"椭圆弧"按钮 ⊙，绘制椭圆弧。命令行提示与操作如下。

```
命令: _ellipse
指定椭圆的轴端点或 [圆弧(A)/中心点(C)]: A ↵
指定椭圆弧的轴端点或 [中心点(C)]: C ↵
指定椭圆弧的中心点: 150,130 ↵
指定轴的端点: 60,130 ↵
指定另一条半轴长度或 [旋转(R)]: 44.5 ↵
指定起点角度或 [参数(P)]: （指定右侧直线的右端点）
指定端点角度或 [参数(P)/夹角(I)]: （指定左侧直线的左端点）
```

执行命令后，得到如图 2-24 所示的结果。

2.4　平面图形的绘制

"矩形"命令和"多边形"命令通常用于绘制简单的平面图形。

2.4.1　矩形

矩形是最简单的封闭直线图形，在建筑制图中常用来表示墙体平面，在机械制图中常用来表示平行投影平面的面。

AutoCAD 可绘制如图 2-26 所示的倒角矩形、圆角矩形、有厚度的矩形等多种矩形。

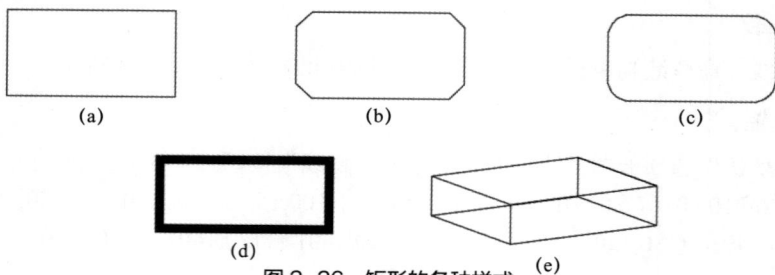

图 2-26　矩形的各种样式

1. 调用方式

▼ 命令行：RECTANG（快捷命令：REC）。

▼ 菜单栏：“绘图”→“矩形”。

▼ 工具栏：“绘图”→“矩形” ⬚。

▼ 功能区：“默认”→“绘图”→“矩形” ⬚。

2. 操作步骤

用上述任一方式调用“矩形”命令后，命令行提示与操作如下。

命令:_rectang
指定第一个角点或 [倒角(C)/标高(E)/圆角(F)/厚度(T)/宽度(W)]: 　（指定第一个角点）
指定另一个角点或 [面积(A)/尺寸(D)/旋转(R)]:

3. 选项说明

（1）指定第一个角点：通过指定两个角点确定矩形，如图 2-26（a）所示。

（2）倒角（C）：是指用斜线切角。选择倒角画矩形即对所画矩形的每个角进行斜切，如图 2-26（b）所示，选择倒角（C）时，命令行提示要求给出倒角的第一距离和第二距离。

（3）标高（E）：用来以指定的标高绘制矩形，该选项一般用于三维绘图。

（4）圆角（F）：是指用圆弧线切角，如图 2-26（c）所示，当选择圆角（F）时，命令行提示要求给出倒圆半径。

（5）宽度（W）：指定矩形的线宽，如图 2-26（d）所示。

（6）厚度（T）：以设定的厚度绘制矩形，如图 2-26（e）所示。

（7）面积（A）：指定面积和长或宽创建矩形。

（8）尺寸（D）：使用长和宽创建矩形，第二个指定点将矩形定位在与第一个角点相关的 4 个位置之一。

（9）旋转（R）：使所绘制的矩形旋转一定角度。

扫码看视频

绘制方桌

2.4.2　案例——绘制方桌

1. 学习目标

本案例绘制如图 2-27 所示的方桌图形，外边框是圆角半径为 10、尺寸为 200×120 的矩形，内部图案是宽度为 3、尺寸为 160×80 的矩形。通过本案例，读者可以进一步掌握各种样式的矩形的绘制方法。

2. 设计思路

先设置好圆角半径，绘制圆角矩形，再设置矩形的线宽，绘制有宽度的矩形。

3. 操作步骤

（1）单击"默认"选项卡的"绘图"面板中的"矩形"按钮 ▭，绘制如图 2-28 所示的圆角矩形。命令行提示与操作如下。

图 2-27　方桌　　　　　　　图 2-28　绘制圆角矩形

```
命令:_rectang
指定第一个角点或 [倒角(C)/标高(E)/圆角(F)/厚度(T)/宽度(W)]: F ↵
指定矩形的圆角半径 <0.0000>: 10 ↵
指定第一个角点或 [倒角(C)/标高(E)/圆角(F)/厚度(T)/宽度(W)]: 100,100 ↵
指定另一个角点或 [面积(A)/尺寸(D)/旋转(R)]: @200,120 ↵
```

（2）重复单击"默认"选项卡的"绘图"面板中的"矩形"按钮 ▭，绘制宽度为 3 的矩形。命令行提示与操作如下。

```
命令:__rectang
当前矩形模式:  圆角=10.0000
指定第一个角点或 [倒角(C)/标高(E)/圆角(F)/厚度(T)/宽度(W)]: F ↵
指定矩形的圆角半径 <10.0000>: 0 ↵
指定第一个角点或 [倒角(C)/标高(E)/圆角(F)/厚度(T)/宽度(W)]: W ↵
指定矩形的线宽 <0.0000>:3 ↵
指定第一个角点或 [倒角(C)/标高(E)/圆角(F)/厚度(T)/宽度(W)]: 120,120 ↵
指定另一个角点或 [面积(A)/尺寸(D)/旋转(R)]: @160,80 ↵
```

最终效果如图 2-27 所示。

2.4.3　多边形

多边形是指在一个平面内由 3 条以上直线段构成的几何图形。建筑图中常常将三角形、四边形、五边形、六边形和八边形作为符号和图素。

1. 调用方式

▼ 命令行：POLYGON（快捷命令：POL）。
▼ 菜单栏："绘图"→"多边形"。
▼ 工具栏："绘图"→"多边形" ⬠。
▼ 功能区："默认"→"绘图"→"多边形" ⬠。

2. 操作步骤

用上述任一方式调用"多边形"命令后，命令行提示与操作如下。

命令:_polygon 输入侧面数 <4>: （指定多边形的边数，默认值为 4）

指定正多边形的中心点或 [边(E)]: （指定中心点）

输入选项 [内接于圆(I)/外切于圆(C)] <I>: （指定是内接于圆还是外切于圆）

指定圆的半径: （指定外接圆或内切圆的半径）

3. 选项说明

（1）边（E）：只需指定多边形的一条边，系统就会按逆时针方向创建正多边形，如图 2-29（a）所示。

（2）内接于圆（I）：绘制的多边形内接于圆，如图 2-29（b）所示。

（3）外切于圆（C）：绘制的多边形外切于圆，如图 2-29（c）所示。

| (a) | (b) | (c) |

图 2-29　绘制正多边形

提示与技巧

① 用 AutoCAD 的 POLYGON 命令可以画最小边数是 3，最大边数是 1024 的正多边形（等边等角）。

② 当绘制已知边长的正多边形时，将按逆时针方向绘出正多边形。

③ 当正多边形不是水平放置时，以相对极坐标的方式表示控制点比较方便。

④ 绘制的正多边形是一条闭合的多段折线，编辑时是一个整体，可通过"分解"命令实现分解。

2.4.4　案例——绘制螺母

扫码看视频

绘制螺母

1. 学习目标

本案例绘制如图 2-30 所示的螺母图形。通过本案例，读者可以进一步掌握"多边形"及"圆"命令的使用方法。

2. 设计思路

利用"圆"命令绘制 2 个圆，利用"外切于圆"方式绘制六边形。

3. 操作步骤

（1）单击"默认"选项卡的"绘图"面板中的"圆"按钮，绘制一个圆心坐标为(200,200)、半径为 60 的圆。

（2）单击"默认"选项卡的"绘图"面板中的"多边形"按钮，绘制正六边形，命令行提示与操作如下。

命令:_polygon 输入侧面数 <4>: 6 ↙
指定正多边形的中心点或 [边(E)]: 200,200 ↙
输入选项 [内接于圆(I)/外切于圆(C)] <I>:C ↙
指定圆的半径: 60 ↙

绘制结果如图 2-31 所示。

（3）单击"默认"选项卡的"绘图"面板中的"圆"按钮⊙，绘制另一个半径为 40、圆心坐标为(200,200)的小圆，完成螺母图形的绘制，最终效果如图 2-30 所示。

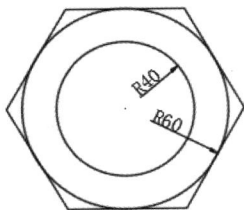

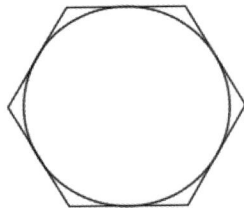

图 2-30　螺母　　　　　　　　图 2-31　绘制正六边形

2.5　综合案例

2.5.1　综合案例——绘制六角扳手

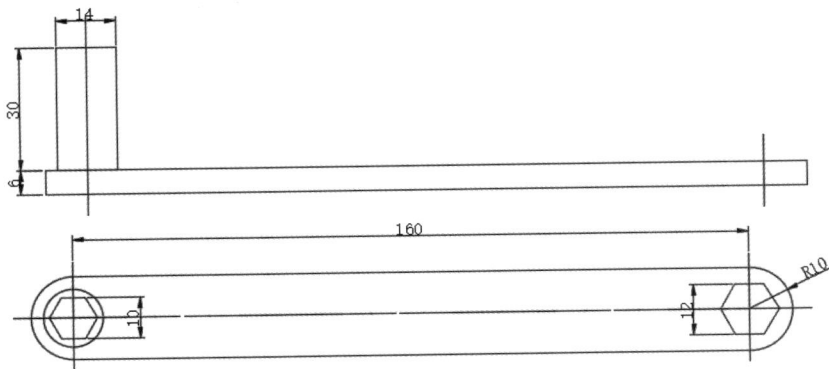

1. 学习目标

本案例绘制六角扳手，如图 2-32 所示。读者可以通过案例进一步掌握"直线""矩形""多边形"及"圆"命令的使用方法。

图 2-32　六角扳手

2. 设计思路

利用"直线""圆弧"和"矩形"命令绘制扳手外观，利用"多边形"命令绘制孔。

3. 操作步骤

（1）单击"默认"选项卡的"绘图"面板中的"直线"按钮╱，绘制一系列的直线段，坐标分别为{(200,200)，(@180,0)，(@0,6)，(@-180,0)，(@0,-6)}，{(210,170)，(@160,0)}，{(210,150)，(@160,0)}，结果如图 2-33 所示。

（2）单击"默认"选项卡的"绘图"面板中的"矩形"按钮▭，绘制矩形，命令行提示与操作如下。结果如图 2-34 所示。

> 命令:_rectang
> 指定第一个角点或 [倒角(C)/标高(E)/圆角(F)/厚度(T)/宽度(W)]: 203,206 ↙
> 指定另一个角点或 [面积(A)/尺寸(D)/旋转(R)]: @14,30 ↙

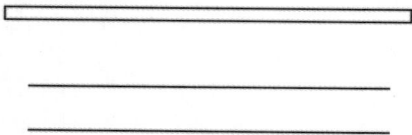

图 2-33　绘制直线　　　　　　　　　　图 2-34　绘制矩形

（3）单击"默认"选项卡的"绘图"面板中的"圆"按钮⊘，绘制圆心坐标为(210,160)、半径为 7 的圆。

（4）单击"默认"选项卡的"绘图"面板中的"圆弧"按钮⌒，通过"起点，端点，角度"方式，绘制左右 2 个圆弧，命令行提示与操作如下。结果如图 2-35 所示。

> 命令:_arc
> 指定圆弧的起点或 [圆心(C)]: 210,170 ↙
> 指定圆弧的第二个点或 [圆心(C)/端点(E)]: E ↙
> 指定圆弧的端点: 210,150 ↙
> 指定圆弧的中心点(按住 Ctrl 键以切换方向)或 [角度(A)/方向(D)/半径(R)]: A ↙
> 指定夹角(按住 Ctrl 键以切换方向): 180 ↙
> 命令:_arc
> 指定圆弧的起点或 [圆心(C)]: 370,170 ↙
> 指定圆弧的第二个点或 [圆心(C)/端点(E)]: E ↙
> 指定圆弧的端点: 370,150 ↙
> 指定圆弧的中心点(按住 Ctrl 键以切换方向)或 [角度(A)/方向(D)/半径(R)]: A ↙
> 指定夹角(按住 Ctrl 键以切换方向): -180 ↙

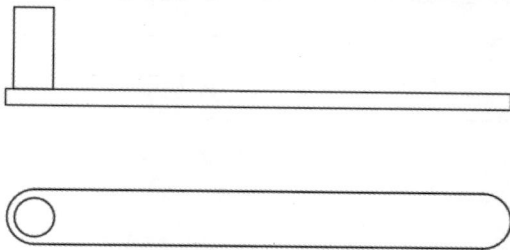

图 2-35　绘制圆弧

（5）单击"默认"选项卡的"绘图"面板中的"多边形"按钮⬡，绘制六边形，命令行提示与操作如下。最终效果如图 2-32 所示。

命令: _polygon 输入侧面数 <4>: 6 ↙

指定正多边形的中心点或 [边(E)]: 210,160 ↙

输入选项 [内接于圆(I)/外切于圆(C)] <I>: C ↙

指定圆的半径: 5 ↙

命令: _polygon 输入侧面数 <6>: ↙

指定正多边形的中心点或 [边(E)]: 370,160 ↙

输入选项 [内接于圆(I)/外切于圆(C)] <C>: ↙

指定圆的半径: 6 ↙

2.5.2 综合案例——绘制洗脸盆

1. 学习目标

本案例绘制洗脸盆，如图 2-36 所示。读者可以通过案例进一步掌握"直线""圆""椭圆""椭圆弧"及"圆弧"命令的使用方法。

扫码看视频

绘制洗脸盆

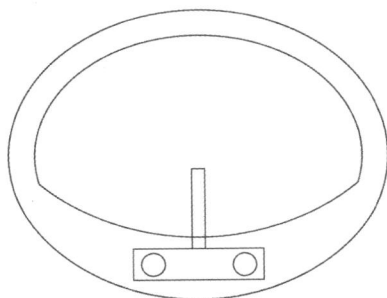

图 2-36 洗脸盆

2. 设计思路

先利用"直线"及"圆"命令绘制水龙头和旋钮，再利用"椭圆"和"圆弧"命令绘制洗脸盆外沿及内沿图形。

3. 操作步骤

（1）单击"默认"选项卡的"绘图"面板中的"直线"按钮 ╱，绘制一系列的线段，坐标分别为{(200,200),(400,200),(400,250),(200,250),(200,200)}，{(290,250),(290,380),(310,380),(310,250)}，绘制好的水龙头图形如图 2-37 所示。

（2）单击"默认"选项卡的"绘图"面板中的"圆"按钮 ⊙，绘制半径为 18，圆心坐标分别是(230,225)、(370,225)的 2 个圆。得到水龙头旋钮图形，如图 2-38 所示。

图 2-37 绘制水龙头

图 2-38 绘制旋钮

（3）单击"默认"选项卡的"绘图"面板中的"椭圆"按钮 ⬭，通过"圆心"方式，绘制洗脸盆外沿的椭圆轮廓。命令行的提示与操作如下。结果如图 2-39 所示。

命令: _ellipse

指定椭圆的轴端点或 [圆弧(A)/中心点(C)]: C ↙

指定椭圆的中心点: 300,400 ↙

指定轴的端点: 10,400 ↙

指定另一条半轴长度或 [旋转(R)]: 300,630 ↙

（4）单击"默认"选项卡的"绘图"面板中的"椭圆弧"按钮 ⌣，绘制洗脸盆的部分内沿。命令行提示与操作如下。结果如图 2-40 所示。

```
命令: _ellipse
指定椭圆的轴端点或 [圆弧(A)/中心点(C)]: A ↵
指定椭圆弧的轴端点或 [中心点(C)]: C ↵
指定椭圆弧的中心点: 300,400 ↵
指定轴的端点: 550,400 ↵
指定另一条半轴长度或 [旋转(R)]: 300,590 ↵
指定起点角度或 [参数(P)]: –10 ↵
指定端点角度或 [参数(P)/夹角(I)]: 190 ↵
```

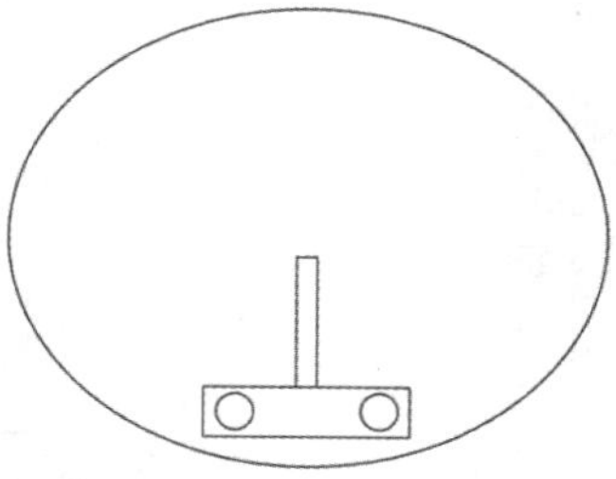

图 2-39 绘制洗脸盆外沿 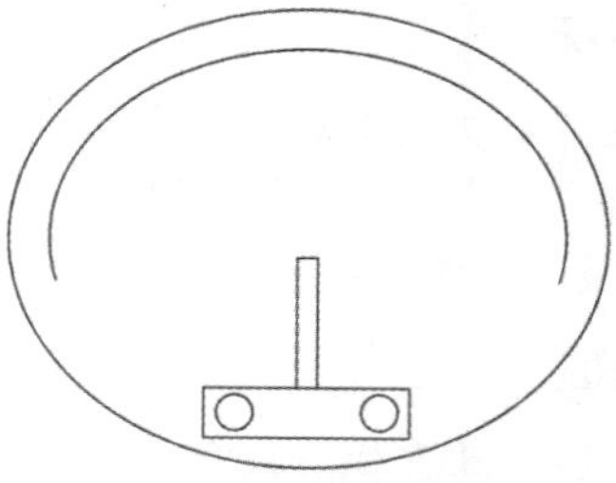   图 2-40 绘制洗脸盆部分内沿

（5）单击"默认"选项卡的"绘图"面板中的"圆弧"按钮 ⌒，通过"起点，端点，半径"方式，绘制洗脸盆内沿的其他部分。命令行提示与操作如下。

```
命令: _arc
指定圆弧的起点或 [圆心(C)]:   （捕捉已绘制的椭圆弧的左端点）
指定圆弧的第二个点或 [圆心(C)/端点(E)]: E ↵
指定圆弧的端点:   （捕捉已绘制的椭圆弧的右端点）
指定圆弧的中心点(按住 Ctrl 键以切换方向)或 [角度(A)/方向(D)/半径(R)]: R ↵
指定圆弧的半径(按住 Ctrl 键以切换方向): 380 ↵
```

最终结果如图 2-36 所示。

2.6 小结与提升

2.6.1 知识小结

本章主要讲解点、直线类图形、圆类图形、平面图形等常用几何图形的绘制方法和绘制技巧，重点要注意以下几方面。

（1）绘制点时，需先设置好点的样式；注意定数等分与定距等分的区别。

（2）由直线组成的图形，每条直线段都是独立的对象，可对每条直线段进行单独编辑；构造线常用于绘制辅助作图线，一般用特殊的线型显示，在导出图形时可不随之导出。

（3）在绘制圆与椭圆时，不但要掌握定点画圆、定距画圆和相切圆的绘制技巧，还要掌握利用轴端点和中心点绘制椭圆的方法。

（4）在绘制矩形时要掌握倒角矩形、圆角矩形、有厚度的矩形的绘制方法；灵活应用内接于圆、外切于圆和边 3 种方法绘制正多边形。

2.6.2　技能提升

扫码看视频

练习题 1 演示

练习题 1： 绘制如图 2-41 所示的边长为 90 的五角星。

【练习目的】 掌握直线、圆、多边形命令的使用，掌握点的直角坐标、极坐标、绝对坐标、相对坐标表示方法。

【思路点拨】

方法一。

（1）绘制一个圆。

（2）把圆定数等分为 5 份，用直线连接非相邻等分点，再删除多余的对象。

方法二。

（1）绘制水平线 AC。

（2）采用相对极坐标方法绘制其余的直线段。

方法三。

（1）绘制正五边形。

（2）用直线连接非相邻顶点，再删除多余对象。

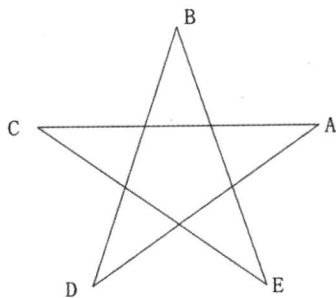

图 2-41　五角星

练习题 2： 绘制如图 2-42 所示的叶轮图形。

【练习目的】 掌握点、圆、多边形命令的使用，灵活使用圆弧的绘制方法。

【思路点拨】

（1）先绘制外圆、三角形。

（2）将外圆定数等分为 3 份。

（3）通过"起点，端点，半径"的方法绘制圆弧。

练习题 3： 绘制如图 2-43 所示的垫片。

扫码看视频

练习题 2 演示

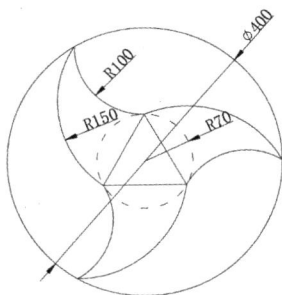

图 2-42　叶轮图形

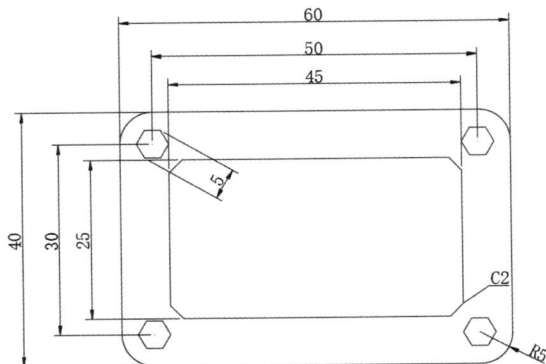

图 2-43　垫片

扫码看视频

练习题 3 演示

【练习目的】 掌握绘制多边形的方法，熟练掌握圆角、倒角矩形的绘制方法。

【思路点拨】

（1）绘制圆角矩形。

（2）绘制倒角矩形。

（3）绘制正六边形。

2.6.3　素养提升

　　一幅图形中可能仅有方形或圆形，而生活中必须方中有圆，圆中有方，方圆并济。"方圆"之说源于我国古代的钱币，外部是圆形，内部是方孔，看似朴实无华，实则蕴含着人生哲理。

　　"方"不是执拗，"方"是一种坚毅、一种正直，更是一种做人的根本，亦是做人的气节和原则；"圆"不是圆滑，"圆"是一种周全、一种宽厚、一种通融，更是一种大智若愚的人生智慧。

　　"方"和"圆"虽然表面上看起来对立，但实际上它们是相辅相成的。一个人只有同时具备了"方"和"圆"的品质，才能在人生的道路上走得更远更稳。这种平衡不仅有助于个人的成长和发展，也有助于社会的和谐与进步。这体现为个人应该在坚守自己的原则和价值观的同时，用更加圆融的态度去面对生活中的挑战和困难。

第**3**章

辅助工具

为了提高绘图的效率和质量，有效地对图形资源进行规划管理，快捷、准确地绘制图形，AutoCAD提供了多种必要的辅助绘图工具，如图层特性管理器、精确定位工具、对象捕捉工具等。灵活掌握这些工具，用户能方便、迅速、准确地实现图形的绘制和编辑，这样既提高了工作效率，又能更好地保证图形的质量。

知识目标

（1）熟悉图层的基本操作，掌握设置图层特性和管理图层的方法。
（2）熟悉精确定位工具的运用。
（3）掌握对象捕捉与自动追踪功能，学会对象约束操作方法。

能力目标

（1）能够掌握图层的设置、管理及使用方法。
（2）能够灵活运用各种辅助工具，快速、准确地绘制图形。

素养目标

培养耐心细致、精益求精的工匠精神。

部分案例预览

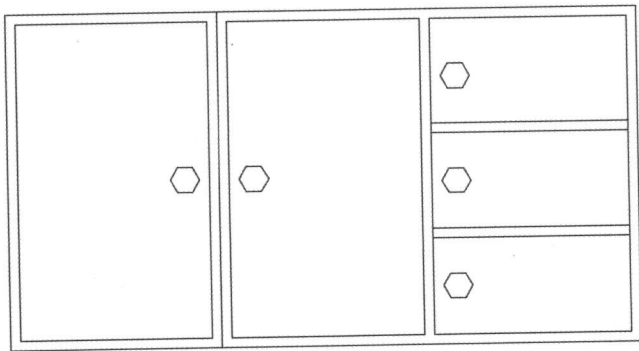

3.1 图层

　　图层就如同在手工绘图中使用的重叠透明图纸，各层图纸之间完全对齐，一层图纸上的某一基准点精确地对准其他各层图纸上的同一基准点，一幅图就是由这些透明图纸叠加而成的。在AutoCAD 中，所有图形对象都具有图层、颜色、线型和线宽这几个基本属性，用户可以使用不同的图层、颜色、线型和线宽绘制不同的对象和元素。如果能充分使用这些属性功能，用户可以提高绘制复杂图形的效率和准确性。

3.1.1 设置图层

　　在使用图层功能绘图之前，需要对图层的各项特性进行设置，包括建立和命名图层，设置图层的颜色和线型，设置图层是否关闭、冻结、锁定以及设置当前图层等。

　　用户可以方便地通过"图层特性管理器"选项板，对该选项板中的各选项及其二级选项板进行设置，从而实现创建新图层、设置图层颜色及线型的各种操作。

1. 调用方式

　▼ 命令行：LAYER（快捷命令：LA）。
　▼ 菜单栏："格式"→"图层"。
　▼ 工具栏："图层"→"图层特性管理器" 📑。
　▼ 功能区："默认"→"图层"→"图层特性" 📑。

2. 操作步骤

　　用上述任一方式调用"图层"命令后，系统打开"图层特性管理器"选项板，如图 3-1 所示。

3. 选项说明

　　（1）"新建特性过滤器"按钮 🖾：单击该按钮将打开"图层过滤器特性"对话框，如图 3-2 所示，从中可以基于一个或多个图层特性创建图层过滤器。

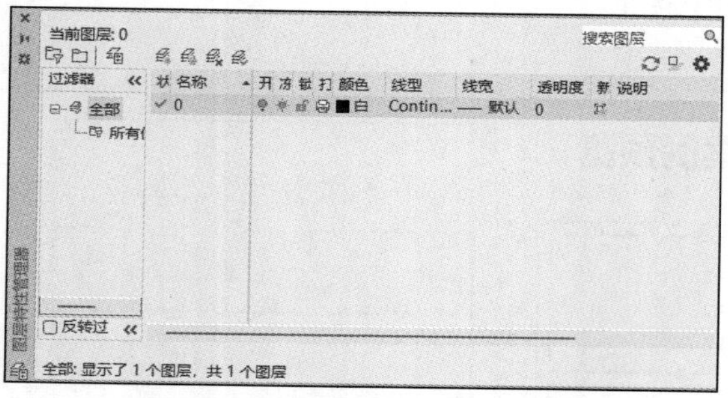

图 3-1 "图层特性管理器"选项板

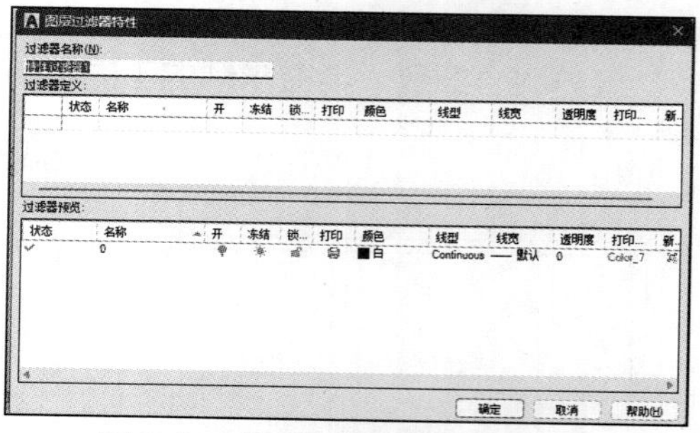

图 3-2 "图层过滤器特性"对话框

　　（2）"新建组过滤器"按钮 🗀：单击该按钮将创建一个"组过滤器"，其中包括用户选定并添加到该过滤器的图层。

　　（3）"图层状态管理器"按钮 📑：单击该按钮将打开"图层状态管理器"对话框，如图 3-3 所示，从中可以将图层的当前特性设置保存到命名后的图层状态中，方便以后再恢复这些设置。

　　（4）"新建图层"按钮 🗐：单击该按钮，图层列表中出现一个新的名称为"图层 1"的图层，用户可以使用此默认名称，也可以修改该名称。

　　（5）"在所有视口中都被冻结的新图层视口"按钮 🗐：单击该按钮将创建新图层，然后在所有现有布局视口中将其冻结。

（6）"删除图层"按钮 ：用户在图层列表中选中某一图层，再单击该按钮，则将该图层删除。

（7）"置为当前"按钮 ：在图层列表中选中某一图层，然后单击该按钮，则将该图层设置为当前图层，并在"当前图层"栏中显示其名称。当前图层的名称存储在系统变量 CLAYER 中。此外，双击图层名也可以将对应图层设置为当前图层。

（8）"搜索图层"文本框：用户在该文本框输入字符，可按名称快速过滤图层列表。关闭图层特性管理器时，并不保存此过滤器。

（9）"反转过滤器"复选框：选中该复选框，则显示所有不满足选定"图层过滤器"中特性条件的图层。

图 3-3　"图层状态管理器"对话框

（10）图层列表区：显示已有的图层及其特性，要修改某一图层的某一特性，单击它所对应的图标即可。列表区中各列的含义如下。

① 状态：包含有图层过滤器、正在使用的图层、空图层和当前图层 4 种状态。

② 名称：显示满足条件的图层的名称。

③ 状态转换图标：在"名称"栏后有一列图标，单击这些图标，可以打开或关闭该图标所代表的功能，各图标功能说明如表 3-1 所示。

表 3-1　状态转换图标名称及功能说明

图 标	名 称	功 能 说 明
/	打开/关闭	将图层设定为打开或关闭状态。当处于关闭状态时，该图层上的所有对象都隐藏不显示，只有处于打开状态的图层才会显示并可以由打印机打印
/	解冻/冻结	将图层设定为解冻或冻结状态。当图层处于冻结状态时，该图层中的对象均不会显示在绘图区，也不能由打印机打印，而且不会执行平移、缩放等命令
/	解锁/锁定	将图层设定为解锁或锁定状态。若图层被锁定，该图层上的对象仍然显示在绘图区，不能以编辑命令修改被锁定的对象，但可以在绘图区绘制新的图形
/	打印/不打印	设定图层是否可以打印
/	视口解冻/新视口冻结	将图层设置为"新视口冻结"后，该图层将在所有新建的布局视口中被冻结，但不影响现有视口中的图层特性

④ 颜色：显示和改变图层的颜色。单击某一图层对应的"颜色"图标，打开"选择颜色"对话框，如图 3-4 所示，从中选择需要的颜色，即可修改该图层颜色。

⑤ 线型：显示和修改图层的线型。单击某一图层对应的"线型"图标，打开"选择线型"对话框，如图 3-5 所示，在列出的当前可用的线型中进行选取，即可修改该图层的线型。

⑥ 线宽：显示和修改图层的线宽。单击某一图层对应的"线宽"图标，打开"线宽"对话框，如图 3-6 所示，选取"线宽"列表框中所显示的可选线宽值，即可修改该图层的线宽。

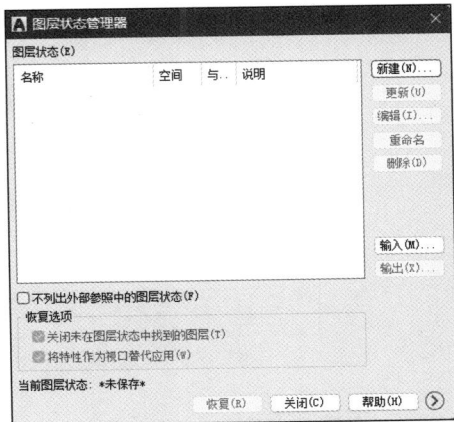

图 3-4　"选择颜色"对话框

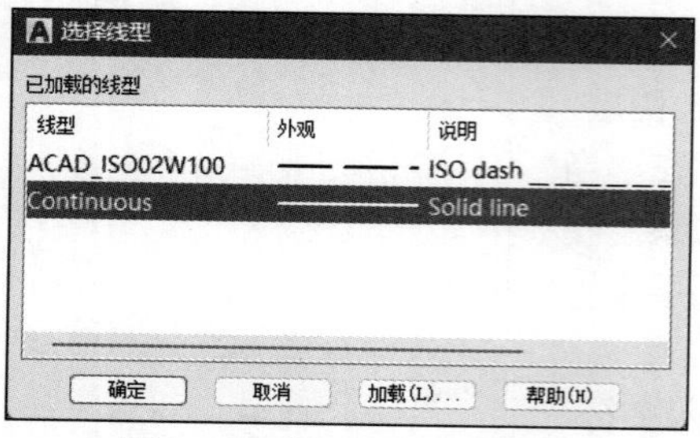

图 3-5　"选择线型"对话框

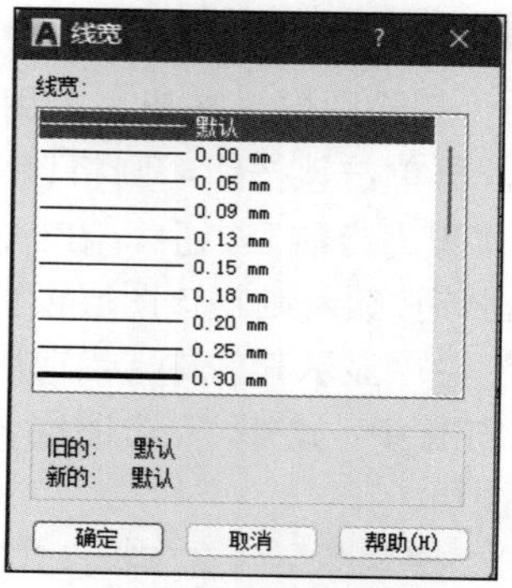

图 3-6　"线宽"对话框

提示与技巧

　　AutoCAD 还提供一个"特性"面板，如图 3-7 所示。用户可以利用面板上的图标快速查看和改变所选对象的图层、颜色、线型和线宽等特性。

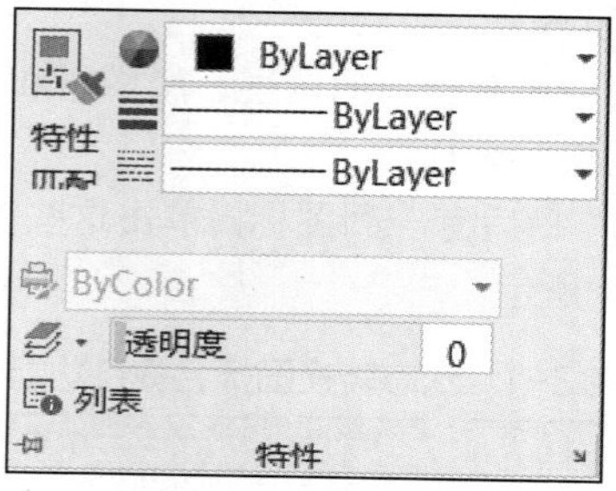

图 3-7　"特性"面板

3.1.2　颜色的设置

　　在绘制图形时，为了便于区别，有时需要设置新输入对象的颜色，使其不同于其他的对象。为此，需要适当地对颜色进行设置。

1．调用方式

　　▼ 命令行：COLOR（快捷命令：COL）。
　　▼ 菜单栏："格式"→"颜色"。
　　▼ 功能区："默认"→"特性"→"对象颜色"下拉列表中的"更多颜色"按钮●。

2．操作步骤

　　用上述任一方式调用"颜色"命令后，系统打开"选择颜色"对话框，如上述图 3-4 所示。

3．选项说明

　　在"选择颜色"对话框中，可以使用"索引颜色""真彩色"和"配色系统"3 个选项卡来选择颜色。

　　（1）"索引颜色"选项卡：可以使用 AutoCAD 颜色索引（ACI），在 ACI 颜色表中，每一种颜色用一个 ACI 编号标识，如图 3-4 所示。

　　（2）"真彩色"选项卡：可以选择任意颜色，如图 3-8 所示。可以拖动调色板中的颜色指示光标和亮度滑块选择颜色及其亮度，也可以通过"色调""饱和度""亮度"调节按钮选择需要的颜色，还可以直接在"RGB 颜色"文本框中输入需要的红、绿、蓝值选择颜色。

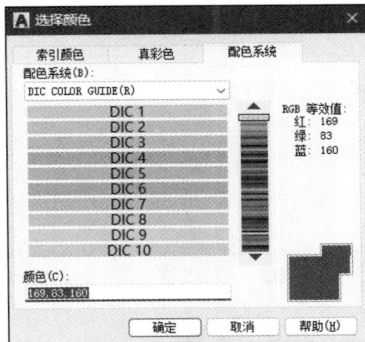

（3）"配色系统"选项卡：可以从标准配色系统中选择预定义的颜色，如图 3-9 所示。

图 3-8 "真彩色"选项卡　　　　　　　图 3-9 "配色系统"选项卡

3.1.3 线型的设置

用户在绘图过程中，经常要绘制零件的中心线、辅助零件的轮廓线（双点画线）、不可见轮廓线和不可见过渡线（虚线）等线型。线型是点、横线和空格等按一定规律重复出现形成的图案，复杂线型还可以包含各种符号。国家标准 GB/T 4457.4—2002 对机械图样中使用的各种图线的名称、线型、线宽及在图样中的应用做了规定，如表 3-2 所示。一般常用的图线有粗实线、细实线、细点画线和虚线这 4 种。

表 3-2 图线的线型及应用

图线名称	线型	线宽	主要用途
粗实线		b	可见轮廓线、可见过渡线
细实线		约 $b/2$	尺寸线、尺寸界线、剖面线、引出线、弯折线、牙底线、齿根线、辅助线等
细点画线		约 $b/2$	轴线、对称中心线、齿轮节线等
虚线		约 $b/2$	不可见轮廓线、不可见过渡线
波浪线		约 $b/2$	断裂处的边界线、剖视图与视图的分界线
双折线		约 $b/2$	断裂处的边界线
粗点画线		b	有特殊要求的线或面的表示线
双点画线		约 $b/2$	相邻辅助零件的轮廓线、极限位置的轮廓线、假想投影的轮廓线

绘制不同的对象时，用户可以使用不同的线型，这就需要对线型进行设置。

1. 调用方式

▽ 命令行：LINETYPE。

▽ 菜单栏："格式"→"线型"。

▽ 功能区："默认"→"特性"→"线型"下拉列表中的"其他"选项。

2. 操作步骤

用上述任一方式调用"线型"命令后，系统打开"线型管理器"对话框，如图 3-10 所示。用户可在该对话框中设置线型。单击其中的"加载"按钮，系统打开"加载或重载线型"对话框，用户可加载需要的线型。其余选项的含义与前述相关知识类似，这里不再赘述。

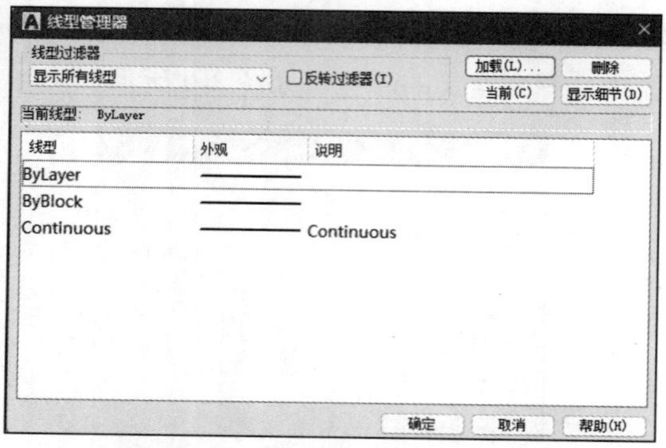

图 3-10　"线型管理器"对话框

图 3-11　"加载或重载线型"对话框

3.1.4　线宽的设置

　　线宽即对象的宽度，可用于除字体、光栅图像、点和实体填充（二维实体）之外的所有图形对象。AutoCAD 提供了相应的工具来帮助用户设置线宽。

1.　调用方式

▼ 命令行：LINEWEIGHT。

▼ 菜单栏："格式"→"线宽"。

▼ 功能区："默认"→"特性"→"线宽"下拉列表中的"线宽设置"选项，如图 3-12 所示。

2.　操作步骤

　　用上述任一方式调用"线宽"命令后，系统打开"线宽设置"对话框，如图 3-13 所示，在此对话框里可设置线宽。

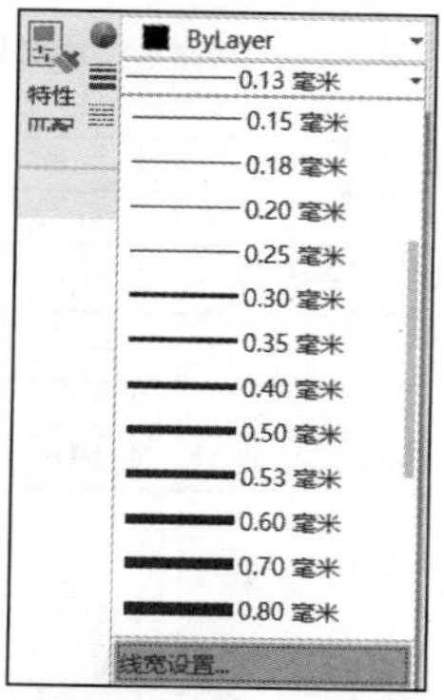

图 3-12　"线宽"下拉列表

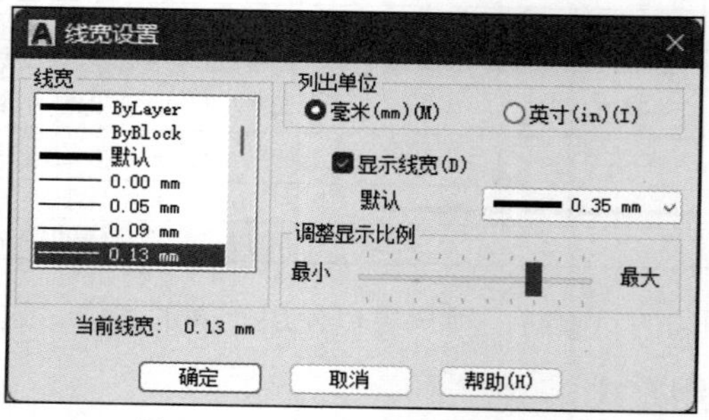

图 3-13　"线宽设置"对话框

提示与技巧

　　有时用户设置了线宽，但在图形中显示不出来，出现这种情况一般有两方面原因：没有打开状态栏上的"显示线宽"按钮；线宽设置的宽度不够。AutoCAD 只能显示出 0.30mm 以上的线宽的图形，如果设置线宽小于 0.30mm，就无法显示出线宽设置的效果。

3.1.5　案例——图层的设置

1．学习目标

本案例设置如图 3-14 所示的图层并绘制图形。通过本案例，读者可以掌握图层的设置及使用方法。

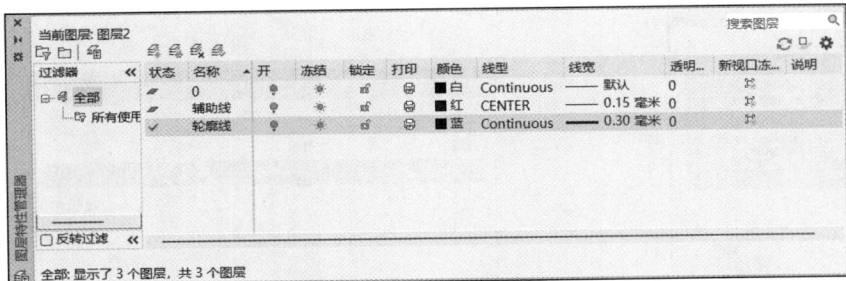

图 3-14　图层的设置

2．设计思路

先新建图层，再修改图层上的"线型""线宽"及"颜色"等特性，最后运用"图层特性管理器"选项板绘制图形。

3．操作步骤

（1）单击"默认"选项卡的"图层"面板中的"图层特性"按钮 ，弹出"图层特性管理器"选项板，如图 3-15 所示。

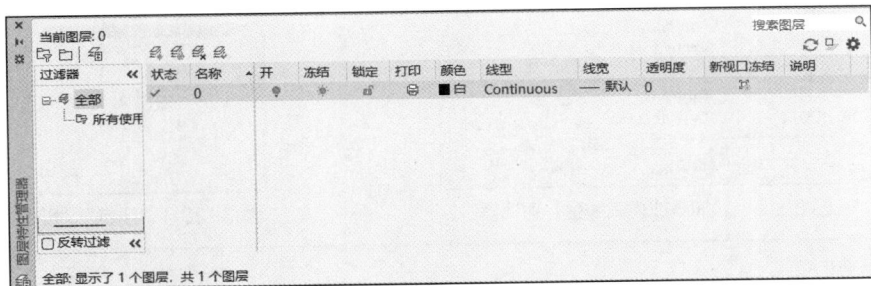

图 3-15　"图层特性管理器"选项板

（2）连续单击"新建图层"按钮 ，除 0 层外再创建 2 个图层，将新建的 2 个图层的名字依次设置为"辅助线"和"轮廓线"，如图 3-16 所示。

图 3-16　新建图层

（3）单击"辅助线"图层的颜色图标，打开"选择颜色"对话框，将颜色设置为红色，如图 3-17 所示。

（4）单击"辅助线"图层的线型图标，打开"选择线型"对话框，如图 3-18 所示。单击"加载"按钮，打开"加载或重载线型"对话框，选择"CENTER"线型，如图 3-19 所示。单击"确定"按钮后返回"选择线型"对话框，选择"CENTER"线型，继续单击"确定"按钮，返回"图层特性管理器"选项板，此时"辅助线"图层的线型已变成"CENTER"线型。

图 3-17　"选择颜色"对话框

图 3-18　"选择线型"对话框

（5）单击"辅助线"图层的线宽图标，打开"线宽"对话框，选择线宽为 0.15mm，如图 3-20 所示。至此，"辅助线"图层设置好了，结果如图 3-21 所示。

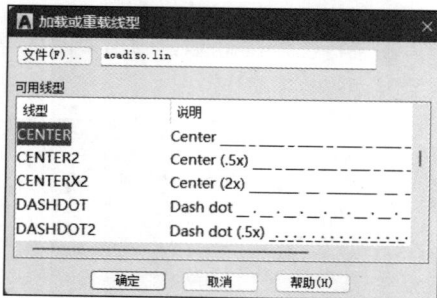

图 3-19　"加载或重载线型"对话框

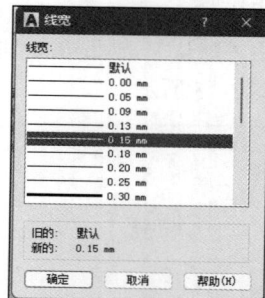

图 3-20　"线宽"对话框

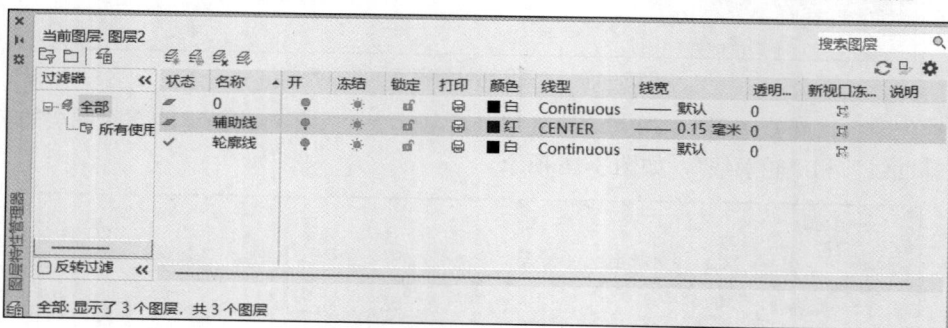

图 3-21　设置"辅助线"图层

（6）重复步骤（3）～步骤（5），设置"轮廓线"图层的颜色、线型和线宽，结果如图 3-14 所示。

（7）绘制辅助圆。将"辅助线"图层设置为当前图层，单击"默认"选项卡的"绘图"面板中的"圆"按钮⊙，绘制圆心为(400,400)、半径为 200 的辅助圆。如图 3-22 所示。

（8）绘制内孔和外圆。将"轮廓线"图层设置为当前图层，单击"默认"选项卡的"绘图"面板中的"圆"按钮⊙，绘制圆心为(400,400)，半径分别为 50、260 的 2 个同心圆。如图 3-23 所示。

（9）绘制螺孔。利用"定数等分"命令将辅助圆等分成 6 份，再在各等分点处绘制半径为 35 的 6 个小圆，删除多余等分点，最终结果如图 3-24 所示。

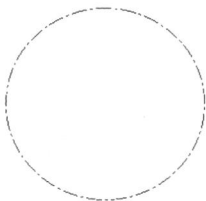

图 3-22 绘制辅助圆　　　　图 3-23 绘制内孔和外圆　　　　图 3-24 绘制螺孔

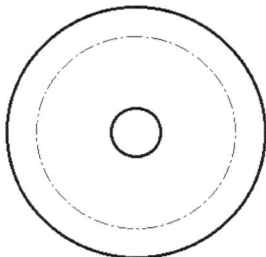

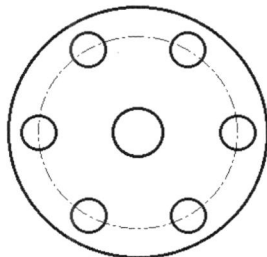

3.2 精确定位

为了能够快速、准确地定位某些特殊点（如圆心、端点、中点等）和特殊位置（如水平位置、垂直位置），AutoCAD 2022 提供了栅格工具、捕捉工具和正交模式等精确定位工具。

3.2.1 栅格工具

用户可以使用栅格工具使绘图区域出现可见的网格，如同传统的坐标纸。

1. 调用方式

▼ 菜单栏："工具" → "绘图设置"。

▼ 状态栏："显示图形栅格"按钮▦（仅限打开或关闭）。

▼ 快捷键：F7（仅限打开或关闭）。

2. 操作步骤

按上述操作打开"草图设置"对话框，选择"捕捉和栅格"选项卡，如图 3-25 所示。

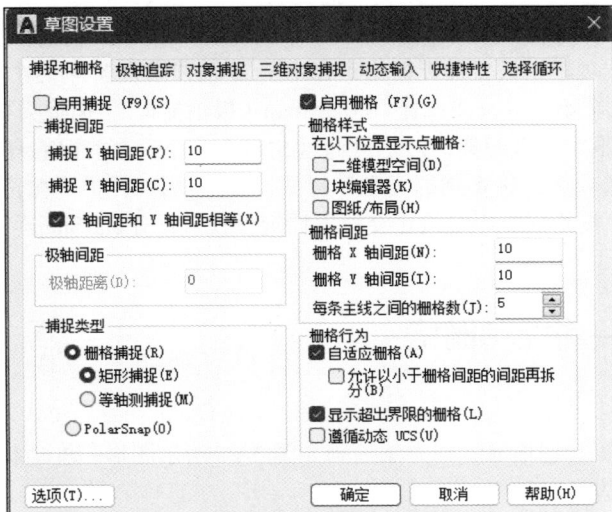

图 3-25 "草图设置"对话框

3. 选项说明

（1）"启用栅格"复选框：用于控制是否显示栅格。

（2）"栅格样式"选项组：用于在二维空间中设定栅格样式。

（3）"栅格间距"选项组：用于设置栅格在水平与垂直方的间距，如果"栅格 X 轴间距"和"栅格 Y 轴间距"都设置为 0，AutoCAD 2022 会自动将捕捉到的栅格间距应用于栅格，且其原点及角度总是与捕捉栅格的原点及角度相同。

（4）"栅格行为"选项组：设置栅格显示时的有关特性。

> **提示与技巧**
>
> 用户可以通过单击状态栏上"显示图形栅格"按钮、按 F7 键或使用 GRIDMODE 系统变量，打开或关闭栅格模式；可通过 GRID 命令在命令行设置栅格间距；另外，在输入栅格间距时，如果在"栅格 X 轴间距"文本框中输入一个数值后按 Enter 键，系统将自动传送该值至"栅格 Y 轴间距"，这样可以减少重复设置的工作量。

3.2.2 捕捉工具

为了准确地在绘图区捕捉点，AutoCAD 2022 提供了捕捉工具，可以在绘图区生成一个隐含的栅格（捕捉栅格），这个栅格能够捕捉光标，约束它只能落在栅格的某一个节点上，方便用户高精确度地捕捉和选择这个栅格上的点。

1. 调用方式

▼ 菜单栏："工具"→"绘图设置"。

▼ 状态栏："捕捉模式"按钮（仅限打开或关闭）。

▼ 快捷键：F9（仅限打开或关闭）。

2. 操作步骤

按上述操作打开"草图设置"对话框，选择"捕捉和栅格"选项卡，如图 3-25 所示。

3. 选项说明

（1）"启用捕捉"复选框：控制打开或关闭捕捉工具，与按 F9 键或单击状态栏中的"捕捉模式"按钮功能相同。

（2）"捕捉间距"选项组：设置捕捉栅格点在水平 X 轴和垂直 Y 轴两个方向上的间距。

（3）"极轴间距"选项组：只有在选择"PolarSnap（极轴捕捉）"捕捉类型时，该选项组才可用。可在"极轴间距"文本框中输入距离值，也可通过 SNAP 命令设置捕捉的有关参数。

（4）"捕捉类型"选项组：确定捕捉类型和样式。AutoCAD 提供"栅格捕捉"和"PolarSnap"两种捕捉栅格的方式。"栅格捕捉"是按正交位置捕捉位置点；"PolarSnap"可以根据设置的任意极轴角捕捉位置点。

3.2.3 案例——捕捉和栅格

1. 学习目标

本案例利用光标捕捉和栅格显示的方法绘制如图 3-26 所示图形。通过本案例的学习，掌握捕捉工具和栅格工具的使用方法。

图 3-26　利用捕捉工具和栅格工具绘制图形

2. 设计思路

先设置好捕捉参数及栅格参数，再启用捕捉和栅格工具绘制图形。

3. 操作步骤

（1）选择菜单栏中的"工具"→"绘图设置"命令，打开"草图设置"对话框，设置"捕捉和栅格"选项卡里的相关参数，结果如图 3-27 所示。

（2）单击"默认"选项卡"绘图"面板中的"直线"按钮╱，任选一点作为起点 A，然后按尺寸绘制各线段，得到的结果如图 3-26 所示。

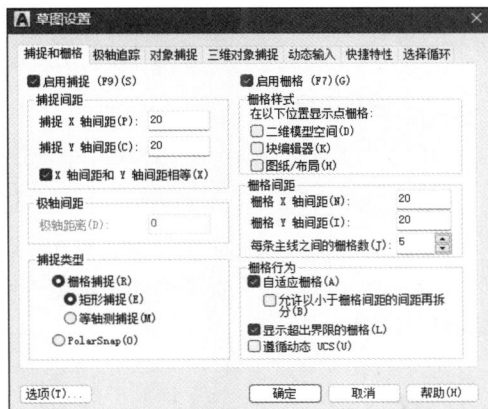

图 3-27　"捕捉和栅格"选项卡参数设置

3.2.4　正交模式

当需要绘制水平直线或垂直直线时，用光标选择直线段的端点很难保证两个点能够严格沿着水平方向或垂直方向。为此，可启用 AutoCAD 正交模式，这样画线或移动对象时只能沿水平方向或垂直方向移动光标，也就是只能绘制平行于坐标轴的正交直线段。

1. 调用方式

▼ 命令行：ORTHO。

▼ 状态栏："正交模式"按钮 ⌐。

▼ 快捷键：F8。

2. 操作步骤

在命令行输入命令后，命令行提示与操作如下。

```
命令: ORTHO  ↙
输入模式 [开(ON)/关(OFF)] <开>:（设置开或关）
```

3.2.5　案例——"正交模式"绘图

1. 学习目标

本案例绘制如图 3-28 所示图形。通过本案例学习，学会"正交模式"绘图的使用方法。

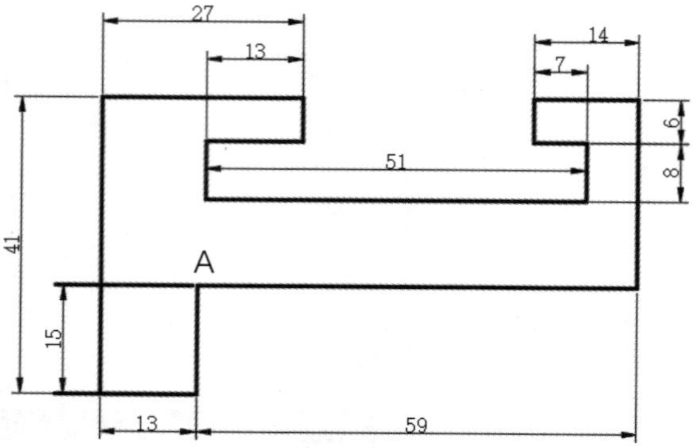

图 3-28　"正交模式"绘图

2. 设计思路

开启"正交模式"，用"直线"命令绘制图形。

3. 操作步骤

（1）单击状态栏上"正交模式"按钮，启用"正交模式"功能。

（2）单击"默认"选项卡的"绘图"面板中的"直线"按钮，绘制一系列直线段。命令行的提示与操作如下。

```
命令: _line
指定第一个点:　（适当位置指定第一点 A）
指定下一点或 [放弃(U)]: 15 ↵　（鼠标下移，输入 15）
指定下一点或 [放弃(U)]: 13 ↵　（鼠标水平左移，输入 13）
指定下一点或 [闭合(C)/放弃(U)]: 41 ↵　（鼠标竖直上移，输入 41）
指定下一点或 [闭合(C)/放弃(U)]: 27 ↵　（鼠标水平右移，输入 27）
指定下一点或 [闭合(C)/放弃(U)]: 6 ↵　（鼠标竖直下移，输入 6）
指定下一点或 [闭合(C)/放弃(U)]: 13 ↵　（鼠标水平左移，输入 13）
指定下一点或 [闭合(C)/放弃(U)]: 8 ↵　（鼠标竖直下移，输入 8）
指定下一点或 [闭合(C)/放弃(U)]: 51 ↵　（鼠标水平右移，输入 51）
指定下一点或 [闭合(C)/放弃(U)]: 8 ↵　（鼠标竖直上移，输入 8）
指定下一点或 [闭合(C)/放弃(U)]: 7 ↵　（鼠标水平左移，输入 7）
指定下一点或 [闭合(C)/放弃(U)]: 6 ↵　（鼠标竖直上移，输入 6）
指定下一点或 [闭合(C)/放弃(U)]: 14 ↵　（鼠标水平右移，输入 14）
指定下一点或 [闭合(C)/放弃(U)]: 26 ↵　（鼠标竖直下移，输入 26）
指定下一点或 [闭合(C)/放弃(U)]: C ↵　（图形闭合）
```

最终得到如图 3-28 所示图形。

3.3　对象捕捉

在绘图的过程中，用户经常需要指定一些点，　而这些点中有些是已有对象上的点（例如端点、中点、圆心、两个对象的交点等)。此时，如果仅凭用户的观察，很难非常准确地将这些点找到。为此，AutoCAD 提供了对象捕捉功能，利用该功能，用户可以迅速、准确地捕捉到某些特殊点，从而能够精确地绘制出所需图形。

3.3.1　打开对象捕捉功能

用户可以通过"对象捕捉"工具栏、"对象捕捉"快捷菜单等方式调用对象捕捉功能。

1．"对象捕捉"工具栏

AutoCAD 为用户提供了"对象捕捉"工具栏，如图 3-29 所示。在绘图过程中，当需要指定某点时，单击"对象捕捉"工具栏上对应的特征点按钮，再把光标移动到要捕捉的对象上的特征点附近，即可捕捉到该对象特征点。

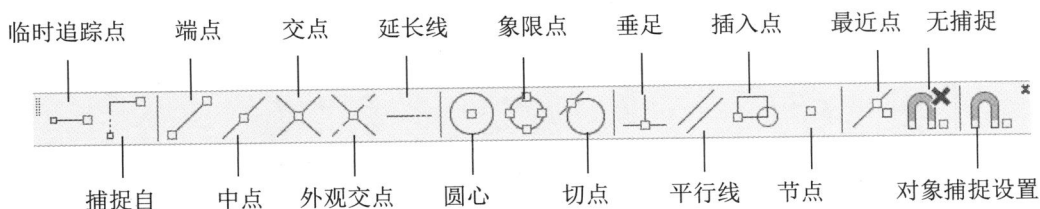

图 3-29　"对象捕捉"工具栏

在"对象捕捉"工具栏中，各捕捉工具的名称及功能如表 3-3 所示。

表 3-3　特殊位置点捕捉

捕捉模式	快捷命令	功　能
临时追踪点	TT	创建对象捕捉所使用的临时点
捕捉自	FRO	建立一个临时参考点，作为指出后继点的基础
端点	END	捕捉直线段或圆弧的最近端点
中点	MID	捕捉直线段或圆弧等对象的中点
交点	INT	捕捉直线段、圆弧、圆等对象之间的交点
外观交点	APP	捕捉两个对象在视图平面上的交点
延长线	EXT	捕捉直线段或圆弧的延长线上的点
圆心	CEN	捕捉圆或圆弧的圆心
象限点	QUA	捕捉圆或圆弧的象限点
切点	TAN	捕捉圆或圆弧的切点
垂足	PER	捕捉垂直于线、圆或圆弧上的点
平行线	PAR	捕捉与指定线平行的线上的点
节点	NOD	捕捉节点对象
插入点	INS	捕捉块、图形、文字或属性的插入点
最近点	NEA	捕捉离拾取点最近的线段、圆、圆弧或点等对象上的点
无捕捉	NON	关闭对象捕捉模式
对象捕捉设置	OSNAP	设置自动捕捉模式

2．"对象捕捉"快捷菜单

当需要指定某点时，用户可按住 Shift 键或者 Ctrl 键，然后单击鼠标右键，即可弹出"对象捕捉"快捷菜单，如图 3-30 所示。从该菜单上选择需要的菜单项，再把光标移动到要捕捉对象的特征点附近，即可捕捉到该对象特征点。

3. "自动捕捉"模式

AutoCAD 允许用户设置自动捕捉，即当用户把光标放在一个对象上时，系统自动捕捉到该对象上所有符合条件的几何特征点，并显示出相应的标记。如果把光标放在捕捉点上多停留一会，系统还会显示该捕捉点的信息提示，这样，用户在选择之前，可以预览和确认捕捉点。

打开并设置自动捕捉模式的步骤是：选择菜单栏中的"工具"→"绘图设置"命令，打开"草图设置"对话框，选择"对象捕捉"选项卡，选中"启用对象捕捉"复选框，然后在"对象捕捉模式"选项组里选中需要的复选框即可，如图 3-31 所示。

图 3-30 "对象捕捉"快捷菜单

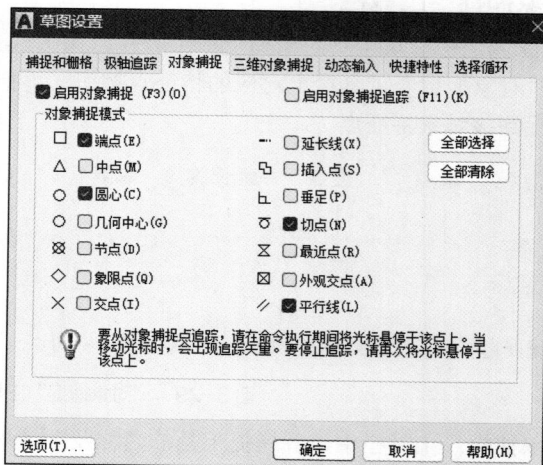

图 3-31 "对象捕捉"设置

3.3.2 运行捕捉模式和覆盖捕捉模式

对象捕捉工具的启用模式可分为运行捕捉模式和覆盖捕捉模式。

在"草图设置"对话框的"对象捕捉"选项卡中，设置的对象捕捉工具始终处于运行状态，直到关闭为止，该启用模式称为运行捕捉模式。

如果在点的命令行提示下输入关键字（如 MID、CEN），或者单击"对象捕捉"工具栏中的工具，或者在"对象捕捉"快捷菜单中选择相应的命令，只能临时打开捕捉模式，这种启用对象捕捉工具的模式称为覆盖捕捉模式。该启用模式下设置的对象捕捉的选项仅对本次捕捉点有效，在命令行中显示一个"于"标记。

3.3.3 案例——绘制垫片

1. 学习目标

本案例绘制如图 3-32 所示的垫片图形。通过本案例，读者可以进一步掌握对象捕捉工具的使用方法。

2. 设计思路

设置好"对象捕捉"的选项，再利用"对象捕捉"工具绘制图形。

3. 操作步骤

（1）单击"默认"选项卡的"图层"面板中的"图层特性"按

扫码看视频

绘制垫片

图 3-32 垫片

钮 ，弹出"图层特性管理器"对话框，新建两个图层："中心线"图层，颜色为红色，线型为 CENTER，其余属性采用系统默认设置；"粗实线"图层，颜色为蓝色，线宽为 0.30mm，其余属性采用系统默认设置。

（2）将"中心线"图层设置为当前图层。单击"默认"选项卡的"绘图"面板中的"直线"按钮 ，在适当位置绘制相互垂直的中心线。

（3）选择菜单栏中的"工具"→"绘图设置"命令，打开"草图设置"对话框，选择"对象捕捉"选项卡，选中"启用对象捕捉"复选框，勾选"交点""端点"复选框，单击"确定"按钮，关闭对话框。

（4）将"粗实线"图层设置为当前图层。单击"默认"选项卡的"绘图"面板中的"圆"按钮 ，绘制半径为 15 的圆，在指定圆心时，捕捉两条中心线的交点，如图 3-33（a）所示，绘制结果如图 3-33（b）所示。

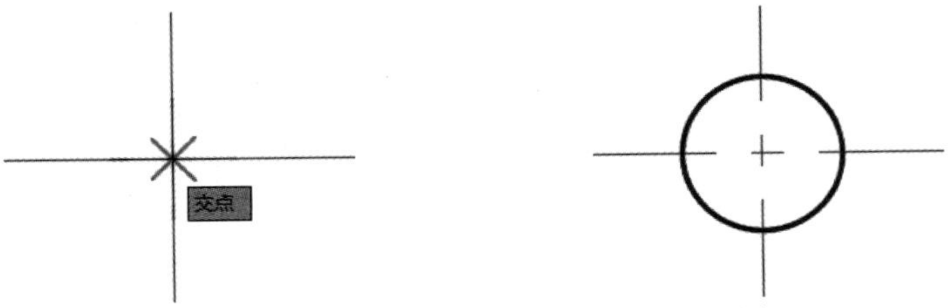

图 3-33　绘制中心圆

（5）单击"默认"选项卡的"绘图"面板中的"圆弧"按钮 ，绘制圆弧。命令行的提示与操作如下。

```
命令: _arc
指定圆弧的起点或 [圆心(C)]: C ↵
指定圆弧的圆心:　（捕捉垂直中心线的交点）
指定圆弧的起点: @40,0 ↵
指定圆弧的端点(按住 Ctrl 键以切换方向)或 [角度(A)/弦长(L)]: A ↵
指定夹角(按住 Ctrl 键以切换方向): 180 ↵
```

（6）单击状态栏上"正交模式"按钮 ，启用"正交模式"功能。单击"默认"选项卡的"绘图"面板中的"直线"按钮 ，绘制一系列直线段。命令行的提示与操作如下。

```
命令: _line
指定第一个点:　（捕捉圆弧左端点）
指定下一点或 [放弃(U)]: 30 ↵　　（鼠标竖直下移，输入 30）
指定下一点或 [放弃(U)]: 80 ↵　　（鼠标水平右移，输入 80）
指定下一点或 [闭合(C)/放弃(U)]:　（捕捉圆弧右端点）
指定下一点或 [闭合(C)/放弃(U)]: ↵
```

最终绘制结果如图 3-32 所示。

3.4 自动追踪

自动追踪是指按指定角度或通过与其他对象建立指定关系绘制对象。自动追踪工具包括极轴追踪和对象捕捉追踪两种追踪工具。

3.4.1 极轴追踪

使用极轴追踪工具可以用指定的角度绘制对象。用户在极轴追踪模式下确定目标点时，系统会在光标接近指定的角度方向上显示临时的对齐路径，并自动地在对齐路径上捕捉距离光标最近的点，同时给出该点的信息提示，用户可基于此准确地确定目标点。

1. 调用方式

◈ 命令行：DDOSNAP。
◈ 菜单栏："工具"→"绘图设置"。
◈ 工具栏："对象捕捉"→"对象捕捉设置" ⬚。
◈ 状态栏："极轴追踪"按钮 ⬚。
◈ 快捷键：F10。

2. 操作步骤

按照上面的命令调用方式操作或者在"极轴追踪"开关上单击鼠标右键，在弹出的快捷菜单中选择"正在追踪设置"选项，如图3-34所示。系统打开"草图设置"对话框，选择"极轴追踪"选项卡，完成极轴追踪的设置，如图3-35所示的。

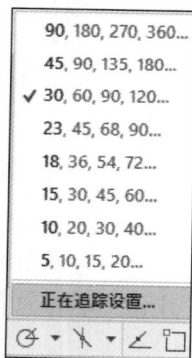

图3-34　"极轴追踪"快捷菜单

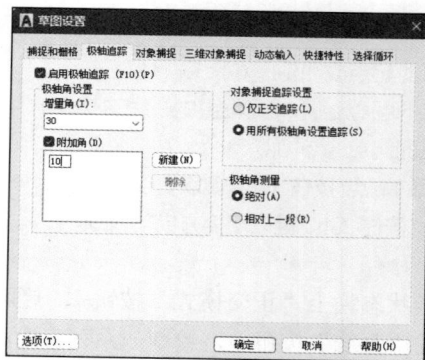

图3-35　"极轴追踪"选项卡

3. 选项说明

（1）"启用极轴追踪"复选框：启用或关闭极轴追踪功能。

（2）"极轴角设置"选项组：设置极轴角的值。可以在"增量角"下拉列表框中选择一种角度值，也可选中"附加角"复选框，单击"新建"按钮设置任意多个附加角。系统在进行极轴追踪时，同时追踪增量角和附加角。

（3）"对象捕捉追踪设置"选项组：有"仅正交追踪"和"用所有极轴角追踪"两种模式可选。

（4）"极轴角测量"选项组："绝对"选项，即以当前坐标系为基准计算极轴追踪角；"相对上一线段"选项，即以最后创建的两个点之间的线段为基准计算极轴追踪角。

> **提示与技巧**
>
> 　　当极轴追踪的状态设置为打开时，用户仍可以用光标在非对齐方向上指定目标点，这与对象捕捉的工作模式不同。当这两种功能均处于打开状态时，只能以对象捕捉（包括栅格捕捉和极轴捕捉）的工作模式为准。

3.4.2　对象捕捉追踪

对象捕捉追踪，可以看作是对象捕捉工具和极轴追踪工具的联合应用。

1. 调用方式

- ▼ 命令行：DDOSNAP。
- ▼ 菜单栏："工具"→"绘图设置"。
- ▼ 工具栏："对象捕捉"→"对象捕捉设置" 🔒。
- ▼ 状态栏："对象捕捉追踪"按钮 ∠。
- ▼ 快捷键：F11。

2. 操作步骤

按照上面的方式调用方式或者在"对象捕捉"或"对象捕捉追踪"开关上单击鼠标右键，在弹出的快捷菜单中选择"设置"选项，系统打开"草图设置"对话框，然后选择"对象捕捉"选项卡，勾选"启用对象捕捉追踪"复选框，即完成对象捕捉追踪设置。

> **提示与技巧**
>
> 　　对象捕捉追踪工具应与对象捕捉工具配合使用。使用对象捕捉追踪工具前必须打开一个或多个对象捕捉选项，但极轴追踪工具的开关状态不影响对象捕捉追踪工具的使用，即使极轴追踪工具处于关闭状态，用户仍然可以在对象捕捉追踪工具中使用极轴角进行追踪。

3.4.3　案例——绘制三角形

1. 学习目标

如图 3-36 所示，已给定三角形 AMN，要求在三角形 AMN 的基础上，以 MN 为中位线绘制三角形 ABC。通过本案例，读者可以掌握对象捕捉工具和对象捕捉追踪工具的使用方法。

扫码看视频

绘制三角形

2. 设计思路

利用对象捕捉工具和对象捕捉追踪工具绘制直线图形。

3. 操作步骤

（1）打开文件"源文件\初始文件\第 3 章\案例——三角形（初始文件）.dwg"，图中为已绘制的三角形 AMN 图形。

（2）选择菜单栏中的"工具"→"绘图设置"命令，打开"草图设置"对话框，选择"对象捕捉"选项卡，选中"启用对象捕捉"和"启用对象捕捉追踪"复选框，勾选"端点""延长线"和"平行线" 3 个复选框，单击"确定"按钮，关闭对话框。

图 3-36 原图及结果图

（3）单击"默认"选项卡的"绘图"面板中的"直线"按钮 ✏，捕捉图三角形 AMN 的 M 点作为起点，然后沿着 AM 的延长线方向拖动鼠标，系统会显示一条通过 AM 的辅助线和一个极坐标标记形式的追踪提示，该提示给定了光标与 M 点之间的距离和辅助线的方位，如图 3-37 所示。假定已知 AM=Ω，由于 AM=MB，所以应在命令行中输入 Ω，并按 Enter 键，这样 MB 就绘制好了。

（4）通过 MN 的平行追踪辅助线与 AN 的延伸线的交点确定 C 点。在"直线"命令的"指定下一点或[放弃(U)]:"提示下，移动光标通过 MN 的任意位置，直至 MN 上出现平行捕捉标志，接着沿平行 MN 的方向拖动鼠标，屏幕上会显示一条平行于 MN 的辅助线和一个极坐标标记形式的追踪提示，如图 3-38 所示。接着把光标移动到 N 点，直到出现"+"标记，然后沿着 AN 延伸线的方向拖动鼠标，此时会显示一条通过 AN 的辅助线和一个包含光标至 N 点距离和辅助线方位的追踪提示，一直拖动鼠标直至系统同时显示通过 B 点和 AN 的两条辅助线，而追踪提示也变为两条辅助线的方位。此时两条辅助线的交点即是 C 点，如图 3-39 所示，单击拾取该点。

图 3-37 延长线追踪

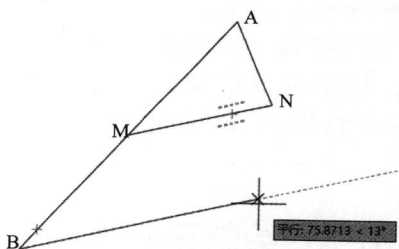

图 3-38 平行线追踪

图 3-39 对象捕捉追踪

（5）捕捉 N 点并单击拾取该点，即得到所要的图形。

3.5　动态输入

动态输入工具可以在绘图平面上直接动态地输入绘制对象的各种参数，使绘图变得直观简捷。动态输入工具主要由指针输入、标注输入、动态提示三部分组成。

1．调用方式

- ☑ 命令行：DSETTINGS。
- ☑ 菜单栏："工具"→"绘图设置"。
- ☑ 工具栏："对象捕捉"→"对象捕捉设置" 🔲。
- ☑ 状态栏："动态输入"按钮 ⊢（仅限于打开与关闭）。
- ☑ 快捷键：F12（仅限于打开与关闭）。

2．操作步骤

按照上面的方式调用方式或者在"动态输入"开关上单击鼠标右键，在弹出的快捷菜单中选择"动态输入设置"选项，系统打开"草图设置"对话框的"动态输入"选项卡，如图 3-40 所示。

3．选项说明

（1）启用指针输入：当开启了"启用指针输入"选项且有命令在执行时，十字光标的位置将在其附近的工具栏提示中显示对应的坐标。可以在工具栏提示中输入所需坐标值，而不必在命令行中输入。使用 Tab 键可以在多个工具栏提示中实现切换。单击"设置"按钮，打开"指针输入设置"对话框，可以设置指针输入的格式和可见性，如图 3-41 所示。

图 3-40　"动态输入"选项卡　　　　图 3-41　"指针输入设置"对话框

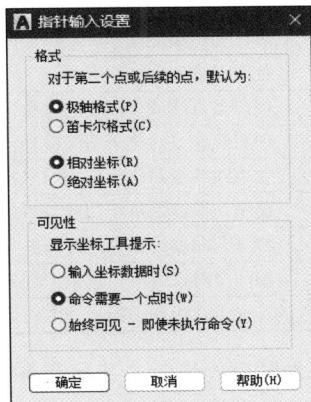

（2）可能时启用标注输入：若启用标注输入，当命令提示输入第二点时，工具栏提示将显示距离和角度值。标注输入可以用于绘制直线、多段线、圆、圆弧、椭圆等。

（3）动态提示：启用动态提示时，提示信息会显示在光标附近的工具栏提示中。用户可以在工具栏提示（而不是在命令行）中输入参数。

💡 提示与技巧

使用动态输入进行坐标输入时，输入的都是相对坐标。直角坐标用","隔开，极坐标用"<"隔开，或用 Tab 键切换距离和角度输入。

3.6 对象约束

约束能够准确地控制草图中的对象。草图约束有两种类型：几何约束和尺寸约束。

3.6.1 几何约束

几何约束用于确定对象间或对象上各点间的几何关系，如平行、垂直、同心或重合等。例如，可添加平行约束使两条线段平行，添加重合约束使两端点重合等。

"几何"面板（在"参数化"选项卡内）及"几何约束"工具栏如图 3-42 所示。主要的几何约束选项功能如表 3-4 所示。

图 3-42 "几何"面板及"几何约束"工具栏

表 3-4 主要的几何约束选项及其功能

约束模式	功　　能
重合	约束两个点使其重合，或者约束一个点使其位于曲线（或曲线延长线）上
共线	使两条线段位于同一条无限长的直线上
同心	使选定的圆、圆弧或椭圆保持同一中心点
固定	将几何约束应用于一对对象时，选择对象的顺序及选择每个对象的点可能会影响对象彼此间的放置方式
平行	使两条直线保持相互平行
垂直	使两条直线或多段线的夹角保持 90°
水平	使直线或点对位于与当前坐标系的 X 轴平行的位置
竖直	使直线或点对位于与当前坐标系的 Y 轴平行的位置
相切	使两条曲线保持相切或与其延长线保持相切
平滑	将样条曲线约束为连续，并与其他样条曲线、直线、圆弧或多段线保持连续
对称	使两个对象或两个点关于选定的直线保持对称
相等	将选定圆弧和圆的尺寸重新调整为半径相同，或将选定直线的尺寸重新调整为长度相同

在添加几何约束时，选择两个对象的顺序将决定对象怎样更新。通常，所选的第二个对象会根据第一个对象进行调整。例如，应用"平行"约束时，选择的第二个对象将调整为平行于第一个对象。

3.6.2 案例——几何约束带轮

1. 学习目标

本案例对带轮传动进行几何约束，如图 3-43 所示。通过本案例，读者可以进一步掌握几何约束的操作技能。

2. 设计思路

利用绘图命令绘制带轮传动大致轮廓，再进行几何约束操作。

扫码看视频

几何约束带轮

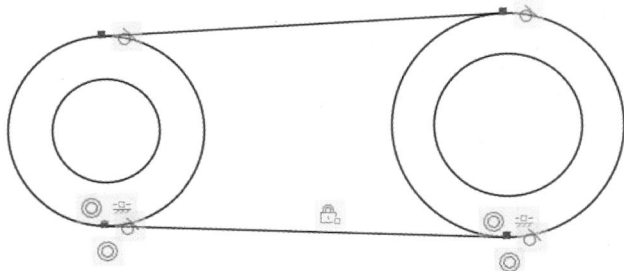

图 3-43　带轮传动图

3．操作步骤

（1）利用"直线""圆"命令绘制带轮传动的大致轮廓，如图 3-44 所示。

（2）单击"参数化"选项卡的"几何"面板中的"固定"按钮 🔒，选择下侧的直线添加固定约束。命令行提示如下。

```
命令: _GcFix
选择点或 [对象(O)] <对象>: （选取下侧直线）
```

结果如图 3-45 所示。

（3）单击"参数化"选项卡的"几何"面板中的"重合"按钮 └，选取左侧外圆和下侧直线的左端点，命令行提示如下。

```
命令: _GcCoincident
选择第一个点或 [对象(O)/自动约束(A)] <对象>: O ↙    （选择对象方式）
选择对象: （选取左侧的外圆）
选择点或 [多个(M)]: （选取下侧直线左端点）
```

采用相同的方法，将上下侧 2 条直线与左右 2 个外圆所有的结合点添加重合约束，如图 3-46 所示。

图 3-44　大致轮廓

图 3-45　添加固定约束

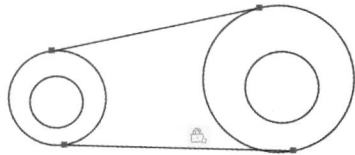

图 3-46　添加重合约束

（4）单击"参数化"选项卡的"几何"面板中的"相切"按钮 ○，选取直线与外圆添加相切约束关系，命令行提示如下。

```
命令: _GcTangent
选择第一个对象: （选取下侧直线）
选择第二个对象: （选取左侧外圆）
```

采用相同的方法，添加 2 条直线与 2 个外圆之间的相切约束关系，如图 3-47 所示。

（5）单击"参数化"选项卡的"几何"面板中的"同心"按钮◎，选取左侧的两个圆添加同心约束关系，命令行提示如下。

```
命令: _GcConcentric
选择第一个对象：（选取左侧外圆）
选择第二个对象：（选取左侧内圆）
```

采用相同的方法，添加右侧两个圆的同心约束关系，如图 3-48 所示。

（6）单击"参数化"选项卡的"几何"面板中的"水平"按钮═，选取左右两侧的圆添加水平约束关系，命令行提示如下。

```
命令: _GcHorizontal
选择对象或 [两点(2P)]<两点>: 2P ↙  （选择两点方式）
选择第一个点：（选取左侧圆心）
选择第二个点：（选取右侧圆心）
```

完成了左右两侧圆心水平约束关系的添加，如图 3-49 所示。

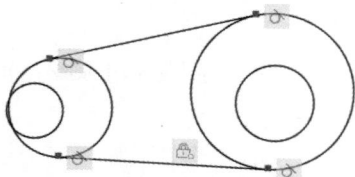

图 3-47　添加相切约束　　　图 3-48　添加同心约束　　　图 3-49　添加水平约束

3.6.3　尺寸约束

尺寸约束可以控制对象的大小、角度及两点间距离等，此类约束可以是数值，也可以是变量及函数。改变尺寸约束，则约束将驱动对象发生相应变化。"标注"面板（在"参数化"选项卡内）及"标准约束"工具栏如图 3-50 所示。

在生成尺寸约束时，用户可以选择草图曲线、边、基准平面或基准轴上的点，以生成水平、垂直和角度尺寸。

生成尺寸约束时，系统会生成一个表达式，其名称和值显示在弹出的对话框文本区域中，如图 3-51 所示。用户可以用编辑命令修改该表达式的名称和值。

图 3-50　"标注"面板及"标注约束"工具栏

图 3-51　尺寸约束编辑示意图

生成尺寸约束时，只要选中几何体，其尺寸的标注及其延长线和箭头就会全部显示出来，将尺寸箭头拖曳到位，然后单击完成尺寸约束。生成尺寸约束后，用户可以随时更改尺寸约束，只需在图形区选中标注值后双击，然后可以根据其生成过程中所采用的格式修改其名称、值或位置。

3.6.4　案例——尺寸约束带轮

1．学习目标

本案例对带轮传动进行尺寸约束，如图 3-52 所示。通过本案例，读者可以进一步掌握尺寸约束的操作技能。

扫码看视频

尺寸约束带轮

2．设计思路

先添加半径尺寸约束，再添加长度尺寸约束。

图 3-52　带轮传动图

3．操作步骤

（1）打开文件"源文件\初始文件\第 3 章\案例——尺寸约束带轮（初始文件）.dwg"，图中为已添加几何约束的带轮图形。

（2）单击"参数化"选项卡的"标注"面板中的"直径"按钮，选取左侧内圆标注尺寸并更改尺寸为 40，按 Enter 键确认。命令行提示如下。采用相同的方法，添加其他 3 个圆的直径尺寸分别为 100、50、150，如图 3-53 所示。

命令: _DcDiameter
选择圆弧或圆：（选取左侧内圆）
标注文字 = 35.62
指定尺寸线位置：（将尺寸箭头拖动到适当的位置，并修改尺寸为 40）

（3）单击"参数化"选项卡的"标注"面板中的"线性"按钮，标注左右两侧圆心之间距离的长度尺寸，并更改尺寸为 300，按 Enter 键确认。命令行提示如下。结果如图 3-54 所示。

命令: _DcLinear
指定第一个约束点或 [对象(O)] <对象>：（选取左侧圆圆心）
指定第二个约束点：（选取右侧圆圆心）
指定尺寸线位置：（将尺寸箭头拖动到适当的位置）
标注文字 = 215.7 （更改尺寸为 300）

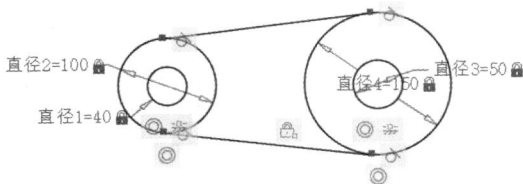

图 3-53　添加直径尺寸

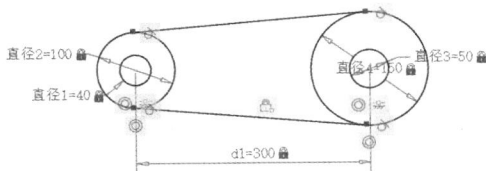

图 3-54　添加长度尺寸

3.7 综合案例

扫码看视频

绘制储物柜

3.7.1 综合案例——绘制储物柜

1. 学习目标

本案例绘制储物柜，如图 3-55 所示。通过本案例，读者可以进一步掌握对象捕捉、对象捕捉追踪、极轴追踪和正交模式等辅助绘图工具的使用方法。

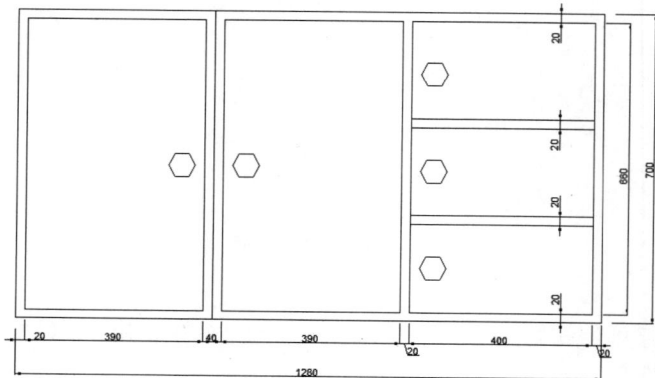

图 3-55 储物柜

2. 设计思路

在对象捕捉、自动追踪和正交模式等功能的配合下，利用直线、多边形命令绘制图形。

3. 操作步骤

（1）选择菜单栏中的"工具"→"绘图设置"命令，打开"草图设置"对话框，启用并设置"极轴追踪"和"对象捕捉追踪"，分别如图 3-56 和图 3-57 所示。单击状态栏的"正交模式"按钮 ，打开"正交模式"。

图 3-56 设置"极轴追踪"选项卡

图 3-57 设置"对象捕捉"选项卡

（2）单击"默认"选项卡的"绘图"面板中的"直线"按钮 ，配合"极轴追踪"工具绘制储物柜的外框轮廓。命令行的提示与操作如下。绘制结果如图 3-58 所示。

命令: _line

指定第一个点： （在适当位置拾取一点）

指定下一点或 [放弃(U)]: 1280 ↙ （鼠标水平右移）

指定下一点或 [放弃(U)]: 700 ↙ （鼠标竖直上移）

指定下一点或 [闭合(C)/放弃(U)]: 1280 ↙ （鼠标水平左移）

指定下一点或 [闭合(C)/放弃(U)]: C ↙ （闭合）

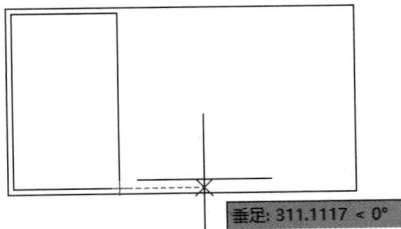

（3）重复执行"直线"命令，配合"捕捉自"功能绘制内框轮廓。命令行的提示与操作如下。绘制结果如图 3-59 所示。

命令: _line （按住 Shift 键并单击鼠标右键，在弹出的快捷菜单中选择"自"命令）

指定第一个点: _from 基点: <偏移>: @20,20 ↙

指定下一点或 [放弃(U)]: 390 ↙ （鼠标水平右移）

指定下一点或 [放弃(U)]: 660 ↙ （鼠标竖直上移）

指定下一点或 [闭合(C)/放弃(U)]: 390 ↙ （鼠标水平左移）

指定下一点或 [闭合(C)/放弃(U)]: C ↙ （闭合）

图 3-58 绘制结果（1）

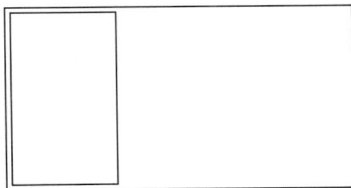

图 3-59 绘制结果（2）

（4）重复执行"直线"命令，配合"对象捕捉"和"对象捕捉追踪"等工具继续绘制内框轮廓。命令行的提示与操作如下。绘制结果如图 3-61 所示。

命令: _line

指定第一个点: 40 ↙ （配合垂足捕捉功能引出对象追踪矢量，如图 3-60 所示）

指定下一点或 [放弃(U)]: 390 ↙ （鼠标水平右移）

指定下一点或 [放弃(U)]: 660 ↙ （鼠标竖直上移）

指定下一点或 [闭合(C)/放弃(U)]: 390 ↙ （鼠标水平左移）

指定下一点或 [闭合(C)/放弃(U)]: C ↙ （闭合）

（5）重复执行"直线"命令，配合"临时捕捉"和"交点捕捉"等工具继续绘制内部轮廓线，命令行的提示与操作如下。绘制结果如图 3-63 所示。

垂足: 311.1117 < 0°

图 3-60 引出对象追踪矢量

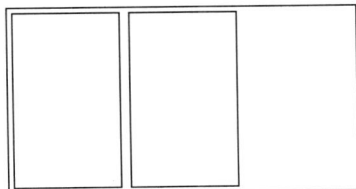

图 3-61 绘制结果（3）

命令: _line　（按住 Shift 键并单击鼠标右键，在弹出的快捷菜单中选择"临时追踪点"命令）

指定第一个点: _tt 指定临时对象追踪点：　（捕捉如图 3-62 所示的端点）

指定第一个点: 20 ↙　（鼠标水平移）

指定下一点或 [放弃(U)]: 400 ↙　（鼠标水平右移）

指定下一点或 [放弃(U)]: 660 ↙　（鼠标竖直上移）

指定下一点或 [闭合(C)/放弃(U)]: 400 ↙　（鼠标水平左移）

指定下一点或 [闭合(C)/放弃(U)]: c ↙　（闭合）

图 3-62　捕捉端点

图 3-63　绘制结果（4）

（6）重复执行"直线"命令，配合"捕捉到垂足"功能绘制内部的垂直线，命令行的提示与操作如下。绘制结果如图 3-65 所示。

命令: _line

指定第一个点:430 ↙　（引出如图 3-64 所示的延伸矢量）

指定下一点或 [放弃(U)]:　（鼠标竖直上移，捕捉垂足点）

指定下一点或 [放弃(U)]:　↙

（7）单击"默认"选项卡的"绘图"面板中的"定距等分"按钮，将垂直线段进行定距等分（点样式根据前述相关知识预先设置）。命令行的提示与操作如下。绘制结果如图 3-66 所示。

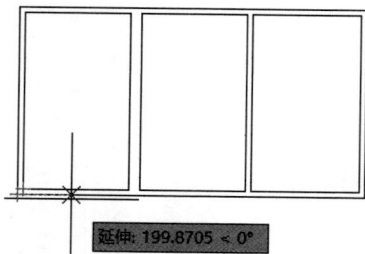

延伸: 199.8705 < 0°

图 3-64　引出延伸矢量

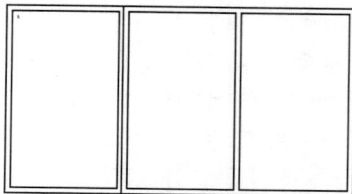

图 3-65　绘制结果（5）

命令: _measure

选择要定距等分的对象：　（选择要等分的对象）

指定线段长度或 [块(B)]: 220 ↙　（设定等分距离）

（8）重复执行"直线"命令，配合"节点捕捉"和"捕捉到垂足"工具，绘制 2 条水平线，绘制结果如图 3-67 所示。

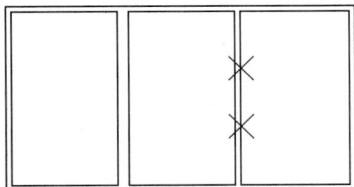

图 3-66　定距等分

图 3-67　绘制结果（6）

（9）重复执行"直线"命令，配合"对象捕捉追踪"和"极轴追踪"等工具继续绘制水平线，命令行的提示与操作如下。

命令: _line
指定第一个点: 20 ↙　（配合"捕捉到垂足"功能向下引出对象追踪矢量，如图 3-68 所示）
指定下一点或 [放弃(U)]: 400 ↙　（鼠标水平右移）
指定下一点或 [放弃(U)]: ↙

（10）重复上述步骤，绘制另外一条水平线，绘制结果如图 3-69 所示。

垂足: 66.5863 < 270°

图 3-68　向下引出对象追踪矢量

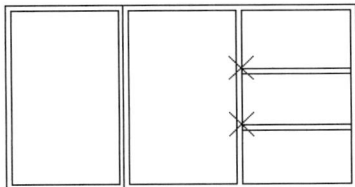

图 3-69　绘制结果（7）

（11）单击"默认"选项卡的"绘图"面板中的"多边形"按钮，配合"捕捉自"和"对象捕捉"等工具绘制六边形把手。命令行的提示与操作如下。绘制结果如图 3-71 所示。

命令: _polygon 输入侧面数 <4>:6 ↙
指定正多边形的中心点或 [边(E)]:　（按住 Shift 键并单击鼠标右键，在弹出的快捷菜单中选择"自"命令）
_from 基点:　（捕捉如图 3-70 所示的端点）
<偏移>: @-50,330 ↙
输入选项 [内接于圆(I)/外切于圆(C)] <I>: ↙
指定圆的半径: 30 ↙

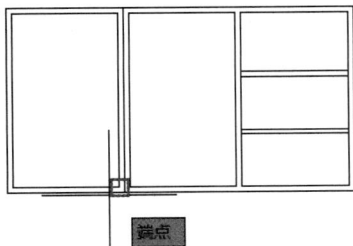

端点

图 3-70　捕捉端点

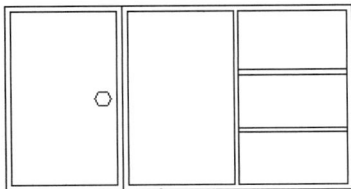

图 3-71　绘制结果（8）

（12）重复执行"多边形"命令，绘制其他的六边形把手，最终结果如图 3-55 所示。

3.7.2 综合案例——绘制阶梯轴

1. 学习目标

本案例绘制如图 3-72 所示阶梯轴图形。通过本案例，读者可以进一步掌握图层、几何约束及尺寸约束等辅助工具的使用方法。

2. 设计思路

设置好图层，绘制阶梯轴轮廓图形，再添加对象约束。

图 3-72 绘制阶梯轴

3. 操作步骤

（1）单击"默认"选项卡的"图层"面板中的"图层特性"按钮 🖥，弹出"图层特性管理器"选项板，新建"中心线"和"轮廓线"2 个图层并完成相关的设置，结果如图 3-73 所示。

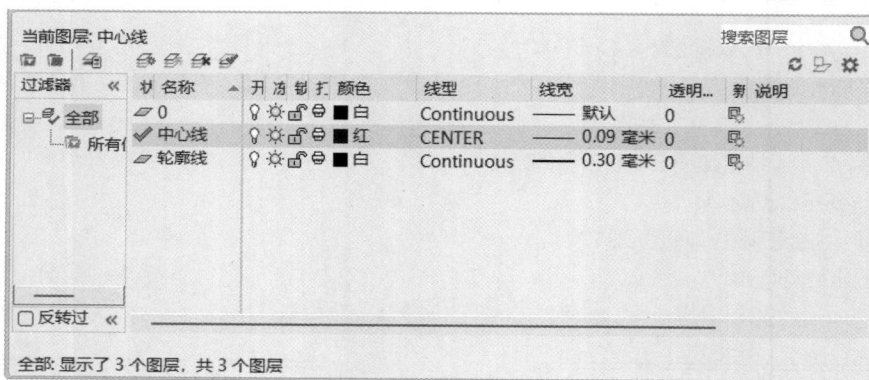

图 3-73 新建图层及设置

（2）将"中心线"图层设置为当前图层。单击"默认"选项卡的"绘图"面板中的"直线线"按钮 ╱，在适当位置绘制阶梯轴的水平中心线。

（3）将"轮廓线"图层设置为当前图层。单击"默认"选项卡的"绘图"面板中的"直线线"按钮 ╱，绘制阶梯轴的大致轮廓线。结果如图 3-74 所示。

（4）单击"参数化"选项卡的"几何"面板中的"固定"按钮 🔒，选择中心线添加固定约束。结果如图 3-75 所示。

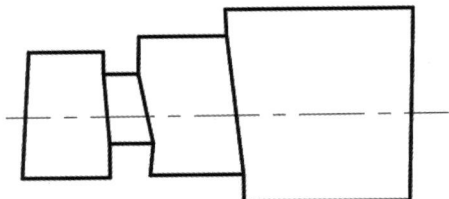

图 3-74　阶梯轴大致轮廓线

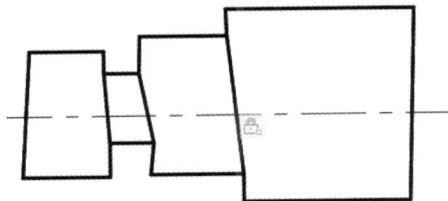

图 3-75　添加固定约束

（5）单击"参数化"选项卡的"几何"面板中的"重合"按钮╚，选取左侧竖直线下端点和下侧水平直线左端点，命令行提示如下。

```
命令: _GcCoincident
选择第一个点或 [对象(O)/自动约束(A)] <对象>: （选取左侧竖直线下端点）
选择第二个点或 [对象(O)] <对象>: （选取下侧水平直线左端点）
```

采用相同的方法，添加各个端点之间的重合约束，结果如图 3-76 所示。

（6）单击"参数化"选项卡的"几何"面板中的"共线"按钮↗，添加轴肩竖线之间的共线约束，结果如图 3-77 所示。

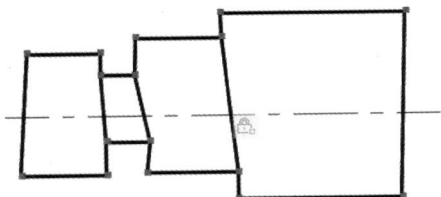

图 3-76　添加重合约束

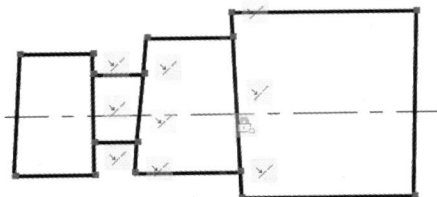

图 3-77　添加共线约束

（7）单击"参数化"选项卡的"几何"面板中的"竖直"按钮╢，给所有竖线添加竖直约束，结果如图 3-78 所示。

（8）单击"参数化"选项卡的"几何"面板中的"水平"按钮═，给所有水平线添加水平约束，结果如图 3-79 所示。

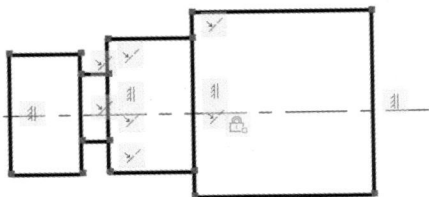

图 3-78　添加竖直约束

图 3-79　添加水平约束

（9）单击"参数化"选项卡的"几何"面板中的"对称"按钮中，给所有水平直线添加相对于水平中心线的对称约束，结果如图 3-80 所示。

（10）分别单击"参数化"选项卡的"标注"面板中的"水平"按钮▣及"竖直"按钮▣，对阶梯轴尺寸进行约束设置，结果如图 3-81 所示。

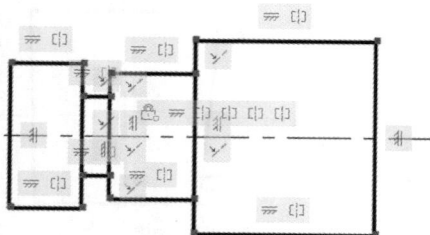

图 3-80 添加对称约束

图 3-81 添加尺寸约束

3.8 小结与提升

3.8.1 知识小结

本章主要学习了 AutoCAD 软件的一些绘图辅助工具，具体包括图层、精确定位、对象捕捉、自动追踪、动态输入、对象约束等。熟练掌握本章讲解的各种操作技能，不仅能为图形的绘制和编辑操作奠定良好的基础，也为精确绘图及简单方便地管理图形提供了条件，同时为后面章节的学习打下坚实的基础。

练习题 1 演示

3.8.2 技能提升

练习题 1：绘制如图 3-82 所示的图形。

【练习目的】掌握对象捕捉工具的设置方法及应用、坐标的动态输入方法，灵活运用临时追踪点的捕捉模式绘图。

【思路点拨】

（1）调用"直线"命令，配合正交模式、极坐标输入绘制外轮廓线。

（2）调用"直线"命令，配合临时追踪工具，绘制剩余线条。

练习题 2 演示

练习题 2：打开文件"源文件\初始文件\第 3 章\练习题 2（初始文件）.dwg"，使用"直线"命令并利用对象捕捉工具将图 3-83 中的左图修改成右图。

图 3-83 练习题 2 的图形

【练习目的】熟练掌握对象捕捉工具的设置方法及应用技能。

【思路点拨】

（1）设置并启用对象捕捉工具。

图 3-82 练习题 1 的图形

（2）调用"直线"命令，配合对象捕捉工具，绘制图形。

练习题 3：绘制如图 3-84 所示的图形。

扫码看视频

练习题 3 演示

【练习目的】掌握几何约束、尺寸约束工具的使用方法，灵活运用自动追踪点的捕捉模式绘图。

【思路点拨】

（1）用"圆""圆弧""直线"命令绘制大致轮廓图形。

（2）添加几何约束、尺寸约束。

图 3-84　练习题 3 的图形

3.8.3　素养提升

绘制图形时，有时需要精确定位到某一点，有时需要准确地控制图形之间的几何或尺寸关系，这就需要我们有一丝不苟、兢兢业业的态度。精准绘制图形、反复核对、修改图纸，反映的就是追求卓越、精益求精的工匠精神。

从宏大壮观的长城、故宫，到精美雅致的瓷器、丝绸；从拥有"四大发明"的文明古国，到连续十余年位居世界第一的制造大国……有一种实干叫中国制造，有一种传承叫工匠精神。匠心筑梦，大国崛起，中国工匠正引领中国制造打造中国品牌。

工匠精神反映的是一种执着专注、精益求精、一丝不苟、追求卓越的状态。它不仅体现在对产品的精心打造和精工制作上，更体现在对工作、职业的敬畏和追求上。在当今社会，我们应该积极倡导和弘扬工匠精神，让它在各个领域都得到充分的发挥和展现。

第 **4** 章

平面图形的编辑

平面图形的编辑是指对已有的图形进行复制、移动、改变形状、删除等操作。AutoCAD具有强大的图形编辑功能，提供了丰富的图形编辑命令，交替使用绘图和编辑命令，用户可以花较少的时间获得较复杂的图形。

知识目标

（1）熟悉选择对象的方法。
（2）掌握利用"复制""镜像""偏移""阵列"命令复制对象的方法。
（3）掌握利用"移动""旋转""缩放""修剪""延伸""拉伸""倒角""圆角""打断""分解"等命令改变图形位置和形状的方法。

能力目标

培养编辑平面图形的操作能力和使用各种技巧快速绘制复杂图形的应用能力。

素养目标

养成具体问题具体分析的习惯和科学、缜密、严谨的工作作风。

部分案例预览

4.1　选择对象

在编辑图形前，首先需要对待编辑的图形对象进行选择，再对其进行编辑加工，这些被选择的对象统称为选择集。为了提高选择的速度和准确性，系统提供了多种构造选择集的方法，下面介绍一些常用的选择对象的方法。

1. 直接选择对象（点选）

这是一种默认选择方式，提示"选择对象:"时，光标变为一个小方框（拾取框），将拾取框移至待选对象上并单击，则该对象即被选中并以高亮显示，可依次选取多个对象。

2. 矩形窗口选择

在"选择对象:"提示下，通过光标给定一个矩形窗口，此给定窗口即为选择窗口。

（1）鼠标从左向右确定矩形

如图 4-1（a）所示，先确定窗口的左侧角点 1，再向右拖动定义窗口的右侧角点 2，此时只有完全包含在选择窗口中的对象才会被选中。

（2）鼠标从右向左确定矩形

如图 4-1（b）所示，先确定窗口的右侧角点 1，再向左拖动定义窗口的左侧角点 2，则窗口内的对象和与窗口边缘边相交的对象全部被选中。此选择方式也叫"窗交"选择。

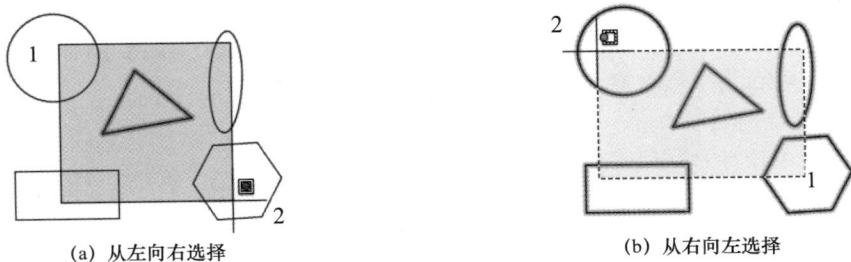

(a) 从左向右选择　　　　　(b) 从右向左选择

图 4-1　矩形选择窗口

3. 圈围

在"选择对象:"提示下输入 WP 后按 Enter 键，然后输入第一角点，第二角点……绘制出一个不规则的多边形窗口，此时只有完全包含在窗口中的图形才会被选中。如图 4-2 所示。

4. 栏选

当提示"选择对象:"时输入 F 后按 Enter 键，该方式可指定一个不封闭的多边形窗口，用来选取与窗口线相交的对象。如图 4-3 所示。

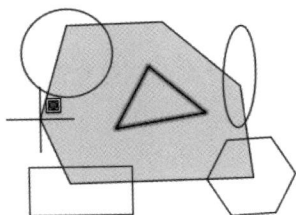

图 4-2　"圈围"对象选择方式

图 4-3　"栏选"对象选择方式

5. 圈交

类似于"圈围"方式，在"选择对象:"提示下输入 CP 后按 Enter 键，后续操作与"圈围"方式相同，区别在于本方式下与多边形边界窗口相交的对象也会被选中。

6. 上一个

在"选择对象:"提示下输入 L 后按 Enter 键，系统会自动选取最后绘出的一个对象。

7. 全部

在"选择对象:"提示下输入 ALL 后按 Enter 键，将选取绘图区内的全部对象。

8. 添加或删除对象

在"选择对象:"提示下，可直接选取或利用矩形窗口等方式选择要添加的图形元素（一个或多个）。若要删除对象，可先按住 Shift 键，再从选择集中选择要清除的图形元素。

9. 快速选择对象

快速选择是指一次性选择图中所有具有相同属性的图形对象，调用该命令的方法通常有以下 3 种。

① 单击"默认"选项卡"实用工具"面板中的"快速选择"按钮 。

② 在绘图区中单击鼠标右键，在弹出的快捷菜单中选择"快速选择"命令。

③ 在命令行中执行 QSELECT 命令。

执行上述任意一种命令后，系统都将弹出如图 4-4 所示的"快速选择"对话框，使用该对话框可以快速选择对象。

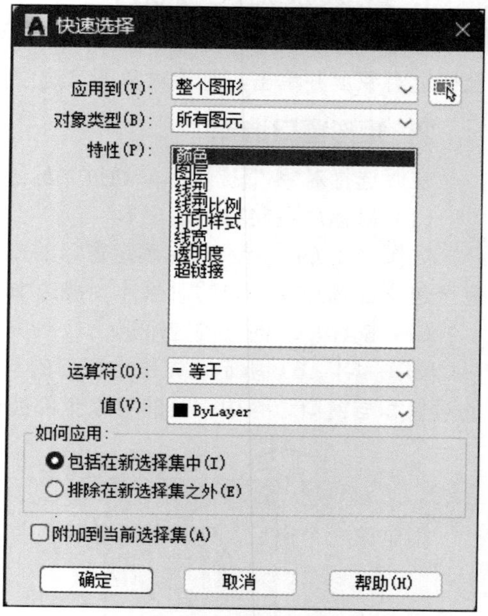

图 4-4 "快速选择"对话框

4.2 复制类命令

本节详细介绍复制类命令，包括"复制""镜像""偏移"及"阵列"。利用好这些命令，可以方便地编辑、绘制图形。

4.2.1 "复制"命令

在绘制图形时，如果某一部分在图形中出现的次数较多，为了提高绘图速度，可先绘制这部分的一个完整图形，然后使用"复制"命令把这部分图形复制到图形的其他地方。使用"复制"命令，可对用户选定的图形进行一次或多次复制并且保留原图。

1. 调用方式

◥ 命令行：COPY。

◥ 菜单栏："修改"→"复制"。

▼　工具栏："修改"→"复制" 📇。

▼　功能区："默认"→"修改"→"复制" 📇。

▼　快捷菜单：选择要复制的对象，在绘图区内单击鼠标右键，在弹出的快捷菜单中选择"复制选择"命令。

2．操作步骤

用上述任一方式调用"复制"命令后，命令行提示与操作如下。

> 命令:_copy
> 选择对象:　（选择要复制的对象）

用户可选择一个或多个对象，按 Enter 键结束选择操作。命令行提示如下。

> 当前设置：复制模式 = 多个
> 指定基点或 [位移(D)/模式(O)] <位移>:　（指定基点或位移）

3．选项说明

（1）指定基点：通过基点和放置点来定义一个矢量，指示复制对象的移动距离和方向。当用户指定基点后，AutoCAD 提示如下。

> 指定第二个点或 [阵列(A)] <使用第一个点作为位移>:

指定第二个点后，选择的对象将被复制一次。复制完成后，命令行会继续提示如下。

> 指定第二个点或 [阵列(A)/退出(E)/放弃(U)] <退出>:

用户可以不断指定新的第二个点，从而实现多次复制。

（2）位移（D）：通过输入一个三维数值或指定一个点来指定对象副本在当前 X、Y、Z 轴上的位置。

（3）模式（O）：确定是否自动重复该命令，设置的复制模式为单个或多个。

4.2.2　案例——绘制多个圆

1．学习目标

本案例绘制如图 4-5 所示图形。通过本案例，读者可以进一步掌握"复制"命令的使用方法。

2．设计思路

先绘制 1 个圆，再利用"复制"命令绘制其余的圆。

3．操作步骤

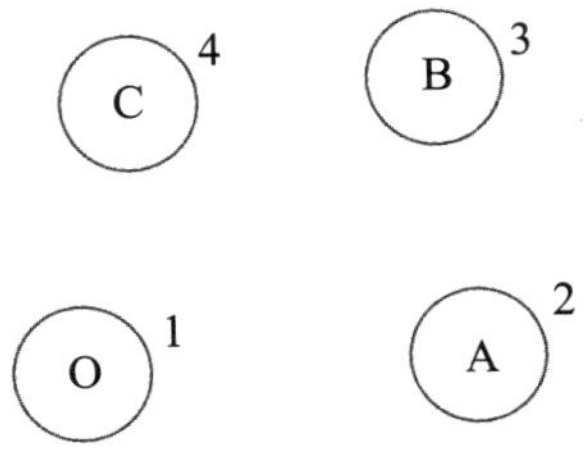

（1）单击"默认"选项卡的"绘图"面板中的"圆"按钮 ⊙，在适当位置绘制圆 1。

（2）单击"默认"选项卡的"修改"面板中的"复制"按钮 📇，复制圆。命令行提示与操作如下。

扫码看视频

绘制多个圆

图 4-5　多个圆

```
命令: _copy
选择对象: （选择已绘制的圆 1）
选择对象: ↙ （结束选择对象）
当前设置: 复制模式 = 多个
指定基点或 [位移(D)/模式(O)] <位移>: （选取圆 1 的圆心 O）
指定第二个点或 [阵列(A)] <使用第一个点作为位移>: （指定点 A，复制出圆 2）
指定第二个点或 [阵列(A)/退出(E)/放弃(U)] <退出>: （指定点 B，复制出圆 3）
指定第二个点或 [阵列(A)/退出(E)/放弃(U)] <退出>: （指定点 C，复制出圆 4）
指定第二个点或 [阵列(A)/退出(E)/放弃(U)] <退出>: ↙
```

这样就在 A、B、C 三处分别复制了 3 个同样的圆，如图 4-5 所示。

4.2.3 "镜像"命令

在绘制具有对称形状的图形时，可不必绘制出整个图形，而是先绘制出图形的一半，另一半使用"镜像"命令完成。这样不但保证了图形的对称性，也提高了绘图的速度。

1. 调用方式

▼ 命令行：**MIRROR**。
▼ 菜单栏："修改"→"镜像"。
▼ 工具栏："修改"→"镜像" ⚠。
▼ 功能区："默认"→"修改"→"镜像" ⚠。

2. 操作步骤

用上述任一方式调用"镜像"命令后，命令行提示与操作如下。

```
命令: _mirror
选择对象: （选择要镜像的对象）
选择对象: ↙ （结束选择对象）
指定镜像线的第一点: （指定镜像线的第一个点）
指定镜像线的第二点: （指定镜像线的第二个点）
要删除源对象吗? [是(Y)/否(N)] <否>: （是否要删除源对象）
```

通过两点确定一条镜像线，对被选择的对象以该线为对称轴进行镜像操作。

💡 **提示与技巧**

　　若选取的对象为文本，可配合系统变量 MIRRTEXT 创建镜像文字。当 MIRRTEXT 的值为 1（开启状态）时，文字对象将同其他对象一样被镜像处理，如图 4-6（a）所示；当 MIRRTEXT 的值设置为 0（关闭状态）时，创建的镜像文字对象方向不作改变，如图 4-6（b）所示。

计算机绘图　　图绘机算计　　　计算机绘图　　计算机绘图
AutoCAD　　ＤＡＣотиA　　　AutoCAD　　　AutoCAD

　　　(a) MIRRTEXT=1　　　　　　　　　　　　(b) MIRRTEXT=0

图 4-6　文本镜像

4.2.4 案例——绘制压板

1. 学习目标

本案例将图 4-7 中的图形修改成图 4-8 中的图形。通过本案例，读者可以进一步掌握"镜像"命令的使用方法。

扫码看视频

绘制压板

2. 设计思路

先选择要镜像的对象，再确定镜像线。

3. 操作步骤

（1）打开文件"源文件\初始文件\第 4 章\案例——压板（初始文件）.dwg"。如图 4-7 所示。

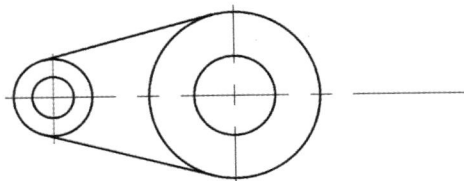
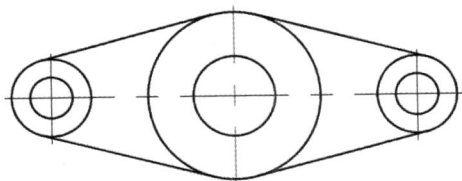

图 4-7 初始图形　　　　　　　　　　图 4-8 压板

（2）单击"默认"选项卡的"修改"面板中的"镜像"按钮 ⚠，对左侧图形进行镜像操作。命令行提示与操作如下。

```
命令: _mirror
选择对象:　（鼠标从右向左确定矩形选择窗口，如图 4-9 所示）
选择对象: ↙
指定镜像线的第一点:　（捕捉中心线端点 A）
指定镜像线的第二点:　（捕捉中心线端点 B，如图 4-10 所示）
要删除源对象吗? [是(Y)/否(N)] <否>: ↙
```

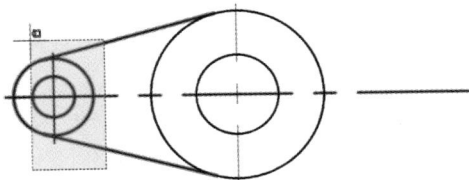
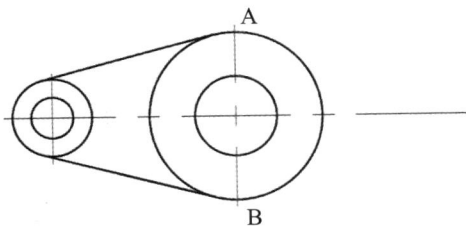

图 4-9 从右向左确定矩形选择窗口　　　　　图 4-10 镜像线

完成镜像操作，所得结果如图 4-8 所示。

4.2.5 "偏移"命令

在绘制图形过程中，经常需要绘制平行线或者一个与指定对象平行且保持距离的新对象，如多台阶圆孔的水平投影图、塑料零件的二级或三级止口等。若用"偏移"命令绘制，可大大提高工作效率。"偏移"命令可以构造一个与指定对象（直线、圆弧、圆、椭圆、多线等）平行或保持相等距离的新对象，如图 4-11 所示。

图 4-11 "偏移"命令的应用示例

1. 调用方式

- ▼ 命令行：OFFSET。
- ▼ 菜单栏："修改"→"偏移"。
- ▼ 工具栏："修改"→"偏移" ⊆。
- ▼ 功能区："默认"→"修改"→"偏移" ⊆。

2. 操作步骤

用上述任一方式调用"偏移"命令后，命令行提示与操作如下。

```
命令：_offset
当前设置: 删除源=否  图层=源  OFFSETGAPTYPE=0
指定偏移距离或 [通过(T)/删除(E)/图层(L)] <0.0000>：  （指定要偏移的距离值）
选择要偏移的对象，或 [退出(E)/放弃(U)] <退出>：  （选择要偏移的对象）
指定要偏移的那一侧上的点，或 [退出(E)/多个(M)/放弃(U)] <退出>：  （指定偏移的方向）
选择要偏移的对象，或 [退出(E)/放弃(U)] <退出>：
```

3. 选项说明

（1）指定偏移距离：根据用户指定的距离绘出偏移对象。

（2）通过（T）：指定偏移的通过点。若选择该选项，系统将提示如下。

```
选择要偏移的对象，或 [退出(E)/放弃(U)] <退出>：  （选择要偏移的对象）
指定通过点或 [退出(E)/多个(M)/放弃(U)] <退出>：  （指定偏移对象的一个通过点）
```

上述操作完成后，在指定的通过点绘制出偏移对象，如图 4-12 所示。

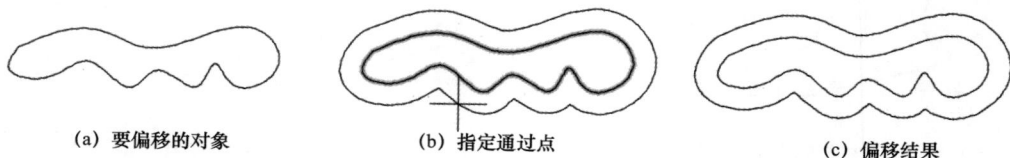

(a) 要偏移的对象   (b) 指定通过点   (c) 偏移结果

图 4-12 指定偏移的通过点

（3）删除(E)：偏移后是否删除源对象。若选择该选项，系统将提示如下。

```
要在偏移后删除源对象吗? [是(Y)/否(N)] <否>：
```

（4）图层(L)：确定偏移对象的图层是当前图层还是源对象所在的图层。若选择该选项，系统将提示如下。

输入偏移对象的图层选项 [当前(C)/源(S)] <源>:

上述操作完成后系统根据指定的图层绘出偏移对象。

💡 **提示与技巧**

　　在使用"偏移"命令时，如果用户使用距离方式，则输入的距离值需大于零，对于具有宽度的多段线，其距离基于中心线计算。"偏移"命令是一个单对象编辑命令，在使用过程中，只能以直接拾取的方式选择对象。

4.2.6　案例——绘制地板砖

1. 学习目标

　　本案例绘制如图 4-13 所示的地板砖图形。通过本案例，读者可以进一步掌握多边形的绘制方法及"偏移"命令的使用方法。

2. 设计思路

　　先绘制正六边形及对角线，再利用"偏移"命令对六边形和对角线进行偏移。

图 4-13　地板砖图形

3. 操作步骤

　　（1）单击"默认"选项卡的"绘图"面板中的"多边形"按钮，绘制一个外切于半径为 20 的圆的正六边形。

　　（2）单击"默认"选项卡的"绘图"面板中的"直线"按钮，绘制正六边形的 3 条对角线。如图 4-14 所示。

　　（3）单击"默认"选项卡的"修改"面板中的"偏移"按钮，对六边形进行偏移。命令行提示与操作如下。重复上述步骤，分别再次对六边形进行距离值为 8 和 10 的偏移。结果如图 4-15 所示。

```
命令: _offset
当前设置: 删除源=否　图层=源　OFFSETGAPTYPE=0
指定偏移距离或 [通过(T)/删除(E)/图层(L)] <1.0000>:2 ↙　（指定偏移距离值）
选择要偏移的对象，或 [退出(E)/放弃(U)] <退出>:　（选择已绘制的正六边形）
指定要偏移的那一侧上的点，或 [退出(E)/多个(M)/放弃(U)] <退出>:　（指定六边形内任意一点）
选择要偏移的对象，或 [退出(E)/放弃(U)] <退出>: ↙
```

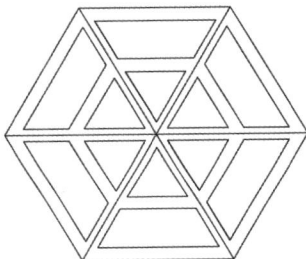

　　（4）单击"默认"选项卡的"修改"面板中的"偏移"按钮，分别对 3 条对角线进行左、右距离值均为 1 的偏移。结果如图 4-16 所示。

　　（5）单击"默认"选项卡的"修改"面板中的"修剪"按钮，对图形中多余线条进行修剪，最终效果如图 4-13 所示。

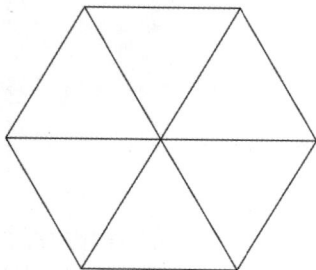

图 4-14 正六边形及对角线　　图 4-15 偏移正六边形　　图 4-16 偏移对角线

4.2.7 "阵列"命令

当在一幅图形中有许多排列有序、形状和大小相同的图形时，可以先绘制出其中的一个，然后使用"阵列"命令绘制剩余的图形。"阵列"命令可对用户指定的对象进行构建矩形阵列、路径阵列或环形阵列的重复复制。

1. 调用方式

▼ 命令行：ARRAY。

▼ 菜单栏："修改" → "阵列"。

▼ 工具栏："修改" → "阵列" 🔲 ₀ ₀ ₀ 。

▼ 功能区："默认" → "修改" → "矩形阵列" 🔲 /"路径阵列" ₀ /"环形阵列" ₀ 。

2. 操作步骤

用上述任一方式调用"阵列"命令后，命令行提示与操作如下。

命令: _array
选择对象：　（选择要阵列的对象，按 Enter 键结束选择）
输入阵列类型 [矩形(R)/路径(PA)/极轴(PO)] <矩形>：　（选择阵列类型）

3. 选项说明

（1）矩形（R）：使选定对象的副本以指定的行数、列数和层数分布。

（2）路径（PA）：使选定对象的副本沿指定路径均匀分布。选择该选项，系统将提示如下。

选择路径曲线：　（选择一条曲线作为阵列路径）
选择夹点以编辑阵列或 [关联(AS)/方法(M)/基点(B)/切向(T)/项目(I)/行(R)/层(L)/对齐项目(A)/z 方向(Z)/退出(X)] <退出>：　（选择各选项输入值；也可通过夹点调整阵列行数和层数）

（3）极轴(PO)：对象副本在绕指定中心点或旋转轴的环形阵列中均匀分布。选择该选项，系统将提示如下。

指定阵列的中心点或 [基点(B)/旋转轴(A)]：　（指定阵列的中心点、基点或旋转轴）
选择夹点以编辑阵列或 [关联(AS)/基点(B)/项目(I)/项目间角度(A)/填充角度(F)/行(ROW)/层(L)/旋转项目(ROT)/退出(X)] <退出>：　（选择各选项输入值；也可通过夹点调整角度，填充角度）

4.2.8　案例——绘制中国结

1. 学习目标

本案例绘制如图 4-17 所示中国结图形。通过本案例，读者可以进一步掌握"圆弧""偏移"及"阵列"等命令的使用方法。

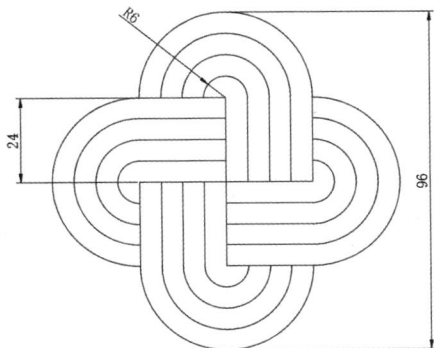

扫码看视频

绘制中国结

图 4-17　中国结

2. 设计思路

绘制圆弧并将圆弧偏移，绘制直线并将直线偏移，再利用"阵列"命令将图形复制为环形阵列。具体流程如图 4-18 所示。

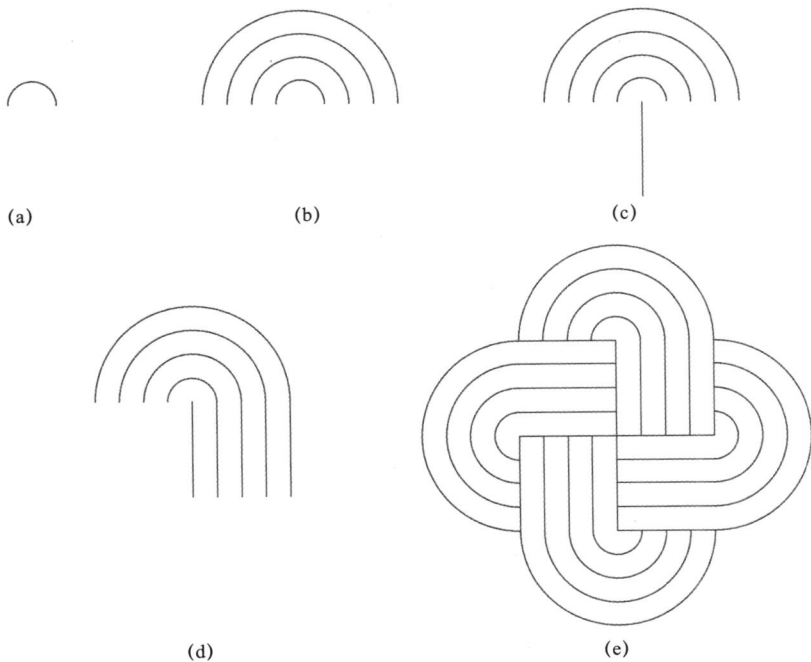

图 4-18　绘制中国结的流程

3. 操作步骤

（1）单击"默认"选项卡的"绘图"面板中的"圆心，起点，角度"按钮 ，绘制 1 个半圆弧（其他绘制圆弧的方式同样可以完成）。命令行提示与操作如下。得到如图 4-18（a）所示的结果。

```
命令: _arc
指定圆弧的起点或 [圆心(C)]: _c
指定圆弧的圆心: 200,200  ↙
指定圆弧的起点: @6,0  ↙
指定圆弧的端点(按住 Ctrl 键以切换方向)或 [角度(A)/弦长(L)]: _a
指定夹角(按住 Ctrl 键以切换方向): 180  ↙
```

（2）单击"默认"选项卡的"修改"面板中的"偏移"按钮⬚，将半圆弧向外偏移 6，连续偏移 3 次，得到如图 4-18（b）所示的结果。

（3）单击"默认"选项卡的"绘图"面板中的"直线"按钮✎，绘制 1 条起点在圆心，长度为 24 的竖直线段，如图 4-18（c）所示。

（4）单击"默认"选项卡的"修改"面板中的"偏移"按钮⬚，将竖直线段向右偏移 6，连续偏移 4 次，得到如图 4-18（d）所示的结果。

（5）单击"默认"选项卡的"修改"面板中的"环形阵列"按钮⬚，将已绘图形复制为阵列。命令行提示与操作如下。

```
命令: _arraypolar
选择对象:   （选择全部对象）
选择对象:  ↙
类型 = 极轴   关联 = 是
指定阵列的中心点或 [基点(B)/旋转轴(A)]:   （捕捉图 4-18（d）中最左边竖直线段的下端点）
选择夹点以编辑阵列或 [关联(AS)/基点(B)/项目(I)/项目间角度(A)/填充角度(F)/行(ROW)/层(L)/旋
转项目(ROT)/退出(X)] <退出>: I  ↙
输入阵列中的项目数或 [表达式(E)] <6>: 4  ↙   （指定阵列的项目数）
选择夹点以编辑阵列或 [关联(AS)/基点(B)/项目(I)/项目间角度(A)/填充角度(F)/行(ROW)/层(L)/旋
转项目(ROT)/退出(X)] <退出>:  ↙
```

得到效果如图 4-18（e）所示。

💡 **提示与技巧**

　　行间距为正数，由原图向上排列对象的副本；反之，向下排列。列间距为正数，由原图向右排列；反之，向左排列。角度为正值，表示沿逆时针方向复制环形阵列；角度为负值，表示沿顺时针方向复制环形阵列。旋转环形阵列时，每个对象都取其自身同一位置的一个参考点作为基点，绕阵列中心，旋转一定的角度。

4.3　改变位置类命令

　　如果需要改变当前图形或图形某部分的位置，则可使用"移动""旋转"或"缩放"等改变位置类的命令。

4.3.1　"移动"命令

"移动"命令可以把图形上指定的一个或一组对象从现在的位置移动到新的位置，且不改变其方向和大小。移动结束后，原图消失。

1. 调用方式

▼ 命令行：MOVE。

▼ 菜单栏："修改" → "移动"。

▼ 工具栏："修改" → "移动" ✛。

▼ 功能区："默认" → "修改" → "移动" ✛。

▼ 快捷菜单：选择要移动的对象，在绘图区内单击鼠标右键，在弹出的快捷菜单中选择"移动"命令。

2. 操作步骤

用上述任一方式调用"移动"命令后，命令行提示与操作如下。

> 命令:_move
> 选择对象：　（选择要移动的对象）
> 选择对象：

选择要移动的对象，按 Enter 键结束选择。系统将提示如下。

> 指定基点或 [位移(D)] <位移>:
> 指定第二个点或 <使用第一个点作为位移>:

各选项功能与"复制"命令的相关选项功能类似，所不同的是通过"移动"命令使对象被移动后，原图消失了。

4.3.2　"旋转"命令

"旋转"命令能以用户指定的基点和旋转角对指定的对象进行旋转，从而改变对象的方向。

1. 调用方式

▼ 命令行：ROTATE。

▼ 菜单栏："修改" → "旋转"。

▼ 工具栏："修改" → "旋转" ↻。

▼ 功能区："默认" → "修改" → "旋转" ↻。

▼ 快捷菜单：选择要旋转的对象，在绘图区内单击鼠标右键，在弹出的快捷菜单中选择"旋转"命令。

2. 操作步骤

用上述任一方式调用"旋转"命令后，命令行提示与操作如下。

> 命令: _rotate
> UCS 当前的正角方向：ANGDIR=逆时针　ANGBASE=0

选择对象：（选择要旋转的对象）

选择对象：↙ （结束选择）

指定基点：（指定旋转的基点）

指定旋转角度，或 [复制(C)/参照(R)] <0>:（指定旋转角度或其他选项）

3. 选项说明

（1）复制（C）：选择该选项，则在旋转对象的同时，保留源对象。

（2）参照（R）：采用参照方式旋转对象。选择该选项，系统将提示如下。

指定参照角 <0>:（用户指定一个参照角）

指定新角度或 [点(P)] <0>:（指定以参照角为基准的新的角度）

上述操作完成后，对象被旋转到指定的角度位置。

4.3.3 案例——绘制曲柄

扫码看视频

绘制曲柄

1. 学习目标

本案例将图 4-19（a）修改为图 4-19（b）。通过本案例，读者可以进一步掌握"旋转"命令的使用方法。

2. 设计思路

先选择要旋转的对象，再确定基点和旋转角度。

3. 操作步骤

（1）打开文件"源文件\初始文件\第 4 章\案例——曲柄（初始文件）.dwg"。如图 4-19（a）图所示。

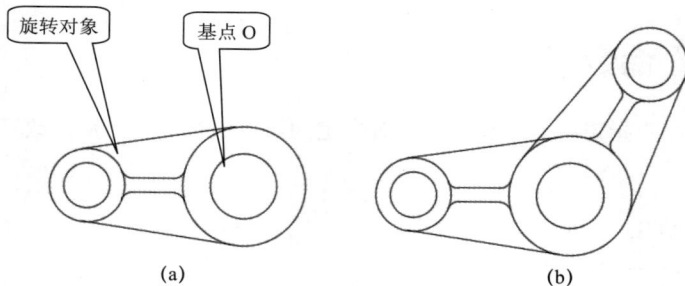

旋转对象　基点 O

(a)　　　　　　　(b)

图 4-19　曲柄

（2）单击"默认"选项卡的"修改"面板中的"旋转"按钮 ℃，将左图部分进行旋转。命令行提示与操作如下。得到图 4-19（b）所示结果。

命令: _rotate

UCS 当前的正角方向: ANGDIR=逆时针 ANGBASE=0

选择对象：（选择左图中要旋转的对象）

选择对象：↙ （结束选择）

指定基点：（捕捉 O 点作为旋转的基点）

指定旋转角度，或 [复制(C)/参照(R)] <0>: C ↙ （使用复制选项）

旋转一组选定对象。

指定旋转角度，或 [复制(C)/参照(R)] <0>: -120 ↙ （指定旋转角度）

4.3.4 "缩放"命令

使用"缩放"命令，可放大或缩小选定对象，缩放后对象的比例保持不变。

1. 调用方式

▼ 命令行：SCALL。

▼ 菜单栏："修改"→"缩放"。

▼ 工具栏："修改"→"缩放" ⬚。

▼ 功能区："默认"→"修改"→"缩放" ⬚。

▼ 快捷菜单：选择要缩放的对象，在绘图区内单击鼠标右键，在弹出的快捷菜单中选择"缩放"命令。

2. 操作步骤

用上述任一方式调用"缩放"命令后，命令行提示与操作如下。

```
命令:_scall
选择对象: （选择要缩放的对象，按 Enter 键结束选择）
指定基点: （指定缩放操作的基点）
指定比例因子或 [复制(C)/参照(R)]:
```

3. 选项说明

（1）指定比例因子：系统根据用户指定的比例因子将对象相对于基点缩放。如果比例因子大于 1，则放大对象；如果比例因子大于 0 但小于 1，则缩小对象。

（2）复制(C)：在缩放过程中保留源对象。

（3）参照(R)：将对象按参考的方式缩放。选中该选项，系统将提示如下。

```
指定参照长度 <1.0000>:
指定新的长度或 [点(P)] <1.0000>:
```

系统根据参考长度与新长度值自动计算比例因子，然后进行相应的缩放。

⚙ **提示与技巧**

　　有时候，使用"参照"方式比使用直接给出比例因子的方式更为方便。例如，假设有一个矩形，其一边的当前长度为 3.5 个绘图单位，现在要把该边放大到 17.5 个绘图单位，如果采用直接给出比例因子方式，就必须先计算出比例因子，再输入该值。如果使用参考方式，只需输入参考长度 3.5 和新的长度 17.5，就能很容易地把矩形的对应边放大到预期的 17.5 个绘图单位。

　　用户可以通过指定待缩放线段的两个端点的方法指定参照长度。之后指定新的长度，可以采用指定新的点的方法，也可以采用"拖动"实体的方法。

4.3.5 案例——绘制图标

扫码看视频

绘制图标

1. 学习目标

绘制如图 4-20 所示图标。通过本案例，读者可以进一步掌握"阵列""缩放"等命令的使用方法。

2. 设计思路

先绘制正七边形及辅助直线，再绘制圆弧并环形阵列，最后对图形进行参照缩放。

3. 操作步骤

（1）单击"默认"选项卡"绘图"面板中的"多边形"按钮⬠，绘制正七边形，尺寸可适当选取，再绘制一条连接七边形几何中心和任一边中点的直线段，结果如图 4-21 所示。

（2）单击"默认"选项卡"绘图"面板中的"三点"方式绘圆按钮○，以七边形的两个相邻端点及辅助直线的切点为圆上三点，绘制一个圆，并修剪多余线条，结果如图 4-22 所示。

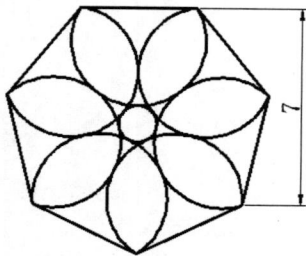

图 4-20 图标

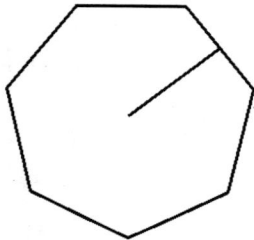

图 4-21 绘制七边形和直线

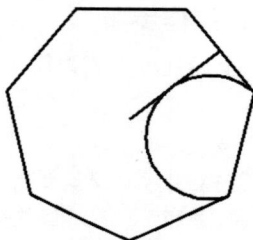

图 4-22 绘制圆弧

（3）删除辅助直线，单击"默认"选项卡的"修改"面板中的"环形阵列"按钮⬡，将圆弧进行阵列，阵列的项目数为 7，结果如图 4-23 所示。

（4）单击"默认"选项卡的"绘图"面板中的"圆"按钮⊙，绘制一个圆心在七边形的几何中心，与阵列的圆弧相切的中心小圆，结果如图 4-24 所示。

（5）单击"默认"选项卡的"修改"面板中的"缩放"按钮🔲，缩放图形。命令行提示与操作如下。

```
命令: _scale
选择对象:  （选择全部图形）
选择对象: ↙
指定基点:  （捕捉七边形几何中心点）
指定比例因子或 [复制(C)/参照(R)]: R ↙
指定参照长度 <6.4443>:  （捕捉角点 m）
指定第二点:  （指定点 n，如图 4-25 所示）
指定新的长度或 [点(P)] <8.0000>: 7 ↙
```

得到最终效果如图 4-20 所示。

图 4-23　阵列圆弧　　　　　　　　图 4-24　绘制中心圆　　　　　　　图 4-25　参照缩放

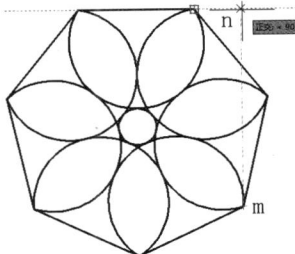

4.4　改变形状类命令

使用改变形状类命令对指定对象进行编辑，可使编辑的对象的几何特性发生改变，这类命令包括"修剪""延伸""拉伸""拉长""圆角""倒角"等。

4.4.1　"修剪"命令

"修剪"命令可以在一个或多个对象选中的边上精确地修剪对象（包括隐含交点）。

1．调用方式

- ▼ 命令行：TRIM。
- ▼ 菜单栏："修改"→"修剪"。
- ▼ 工具栏："修改"→"修剪" ✂。
- ▼ 功能区："默认"→"修改"→"修剪" ✂。

2．操作步骤

用上述任一方式调用"修剪"命令后，命令行提示与操作如下。

```
命令:_trim
当前设置:投影=UCS，边=无
选择剪切边...
选择对象或 <全部选择>：（选择一个或多个剪切边）
```

按 Enter 键结束对象选择，系统接着提示：

```
选择要修剪的对象或按住 Shift 键选择要延伸的对象，或者[栏选(F)/窗交(C)/投影(P)/边(E)/删除(R)]:
```

3．选项说明

（1）选择要修剪的对象：选择被修剪的边。该选项为默认选项。

（2）按住 Shift 键选择要延伸的对象：在选择对象时，如果按住 Shift 键，系统将自动把"修剪"命令转换成"延伸"命令。

（3）栏选（F）：系统以"栏选"的方式选择被修剪的对象，如图 4-26 所示。

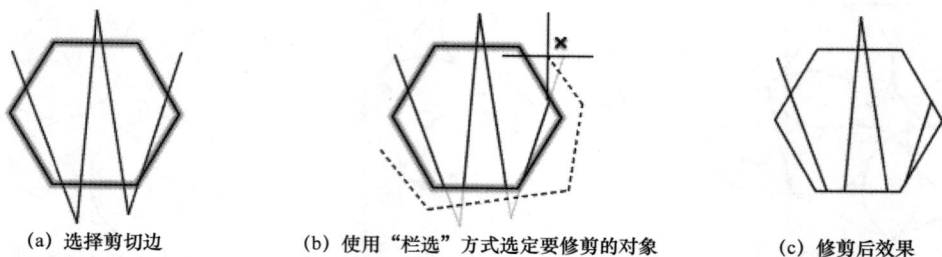

(a) 选择剪切边　　　　(b) 使用"栏选"方式选定要修剪的对象　　　　(c) 修剪后效果

图 4-26　"栏选"修剪对象

（4）窗交(C)：系统以"窗交"的方式选择被修剪对象，如图 4-27 所示。

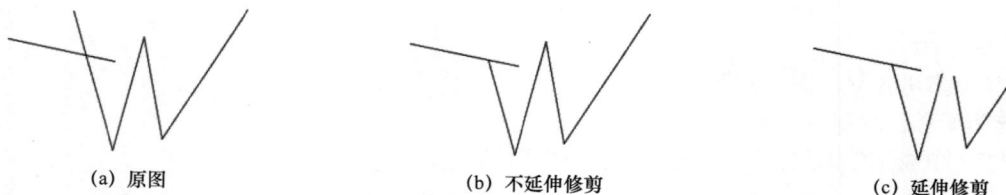

(a) 选择剪切边　　　　(b) 使用"窗交"方式选定要修剪的对象　　　　(c) 修剪后效果

图 4-27　"窗交"修剪对象

（5）投影（P）：以三维空间中的对象在二维平面上的投影边界作为修剪边界。

（6）边（E）：可以选择对象的修剪方式。若选择该选项，系统将提示如下。

输入隐含边延伸模式 [延伸(E)/不延伸(N)] <不延伸>:

修剪方式包括延伸边界进行修剪和不延伸边界修剪对象（只修剪与修剪边相交的对象）。如图 4-28 所示。

(a) 原图　　　　(b) 不延伸修剪　　　　(c) 延伸修剪

图 4-28　"延伸"与"不延伸"模式下修剪的区域对比

4.4.2　案例——绘制"8"字

1. 学习目标

绘制如图 4-29 所示"8"字图形。通过本案例，读者可以进一步掌握"圆""偏移"及"修剪"命令的使用方法。

2. 设计思路

利用"圆"命令绘制圆，利用"偏移"命令对圆进行偏移操作，再对多余线条进行修剪。

扫码看视频

绘制"8"字

3. 操作步骤

（1）单击"默认"选项卡的"绘图"面板中的"圆"按钮⊙，绘制圆心为(200,200)、半径为 20 和圆心为(200,150)、半径为 25 的 2 个圆。

（2）单击"默认"选项卡的"修改"面板中的"偏移"按钮⊜，对已绘制的圆进行偏移。命令行提示与操作如下。

> 命令: _offset
> 当前设置: 删除源=否　图层=源　OFFSETGAPTYPE=0
> 指定偏移距离或 [通过(T)/删除(E)/图层(L)] <1.0000>:7 ↙　（偏移距离值为 7）
> 选择要偏移的对象，或 [退出(E)/放弃(U)] <退出>:　（选择圆 A）
> 指定要偏移的那一侧上的点，或 [退出(E)/多个(M)/放弃(U)] <退出>:　（指定圆 A 外一点）
> 选择要偏移的对象，或 [退出(E)/放弃(U)] <退出>: ↙　（结束选择）

采用相同的方法，将圆 B 向外偏移 10。结果如图 4-30 所示。

（3）单击"默认"选项卡的"修改"面板中的"修剪"按钮⁺，对多余线条进行修剪。命令行提示与操作如下。

> 命令: _trim
> 当前设置:投影=UCS，边=无
> 选择剪切边...
> 选择对象或 <全部选择>:　（选择上下两个外圆）
> 选择对象: ↙　（结束选择）
> 选择要修剪的对象或按住 Shift 键选择要延伸的对象，或者[栏选(F)/窗交(C)/投影(P)/边(E)/删除(R)]:　（选择上下外圆相交的里面部分）
> 选择要修剪的对象，或按住 Shift 键选择要延伸的对象，或[栏选(F)/窗交(C)/投影(P)/边(E)/删除(R)/放弃(U)]: ↙　（结束选择）

最终得到如图 4-29 所示效果。

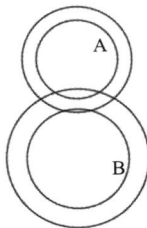

图 4-29　"8"字图形　　　　　图 4-30　绘制圆及偏移圆

4.4.3　"延伸"命令

"延伸"命令与"修剪"命令相反，利用"延伸"命令可延伸用户在图形中选定的对象，使其准确地到达用户在图中指定的边界上。

1. 调用方式

▼ 命令行：EXTEND。

▼ 菜单栏："修改"→"延伸"。

▼ 工具栏："修改"→"延伸" ⇥。

▼ 功能区："默认"→"修改"→"延伸" ⇥。

2. 操作步骤

用上述任一方式调用"延伸"命令后，命令行提示与操作如下。

> 命令: _extend
> 当前设置:投影=UCS，边=无
> 选择边界的边...
> 选择对象或 <全部选择>:　（选择一个或多个边界对象）

按 Enter 键结束边界对象选择，系统将提示如下。

> 选择要延伸的对象，或按住 Shift 键选择要修剪的对象，或[栏选(F)/窗交(C)/投影(P)/边(E)/放弃(U)]:

3. 选项说明

（1）"延伸"命令各选项含义及使用方法和"修剪"命令相似，不同之处在于：使用"延伸"命令时如果在按住 Shift 键的同时选择对象，则执行"修剪"命令；使用"修剪"命令时，如果在按住 Shift 键的同时选择对象，则执行"延伸"命令。

（2）隐含边延伸模式包括延伸和不延伸两种模式。选择延伸模式，系统会假想将延伸边界延伸，使延伸边伸长到与指定边界相交的位置，如图 4-31（b）所示；选择不延伸模式，指定对象只与指定边界实际相交，如图 4-31（c）所示。

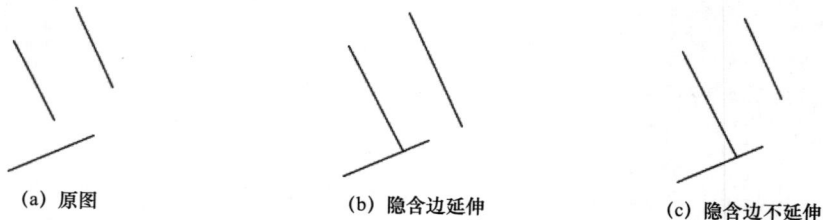

(a) 原图　　　　(b) 隐含边延伸　　　　(c) 隐含边不延伸

图 4-31　隐含边延伸与不延伸对比

4.4.4　案例——绘制多边形

1. 学习目标

将图 4-32（a）修改为图 4-32（b）。通过本案例，读者可以进一步掌握"延伸"命令的使用方法。

2. 设计思路

利用"延伸"命令修改图形。

3. 操作步骤

（1）打开文件"源文件\初始文件\第 4 章\案例——多边形（初始文件）.dwg"，如图 4-32（a）所示。

扫码看视频

绘制多边形

（2）单击"默认"选项卡的"修改"面板中的"延伸"按钮 ，将图 4-32（a）部分进行延伸。命令行提示与操作如下。得到图 4-32（a）所示结果。

```
命令: _extend
当前设置:投影=UCS，边=延伸
选择边界的边...
选择对象或 <全部选择>: （拾取直线 A、B、C、D）
选择对象: ↙ （结束选择）
选择要延伸的对象或按住 Shift 键选择要修剪的对象，或者[栏选(F)/窗交(C)/投影(P)/边(E)]: E ↙
输入隐含边延伸模式 [延伸(E)/不延伸(N)] <延伸>: E ↙
选择要延伸的对象，或按住 Shift 键选择要修剪的对象，或[栏选(F)/窗交(C)/投影(P)/边(E)/放弃(U)]:
（分别拾取直线 A、B、C、D 的要延伸端）
```

(a)   (b)

图 4-32 多边形

4.4.5 "拉伸"命令

"拉伸"命令可以拉伸、缩短及移动对象，该命令通过改变端点的位置修改图形对象，编辑过程中除了被伸长、缩短的对象外，其他图元的大小及相互间的几何关系将保持不变。拉伸前后的图形对比如图 4-33 所示。

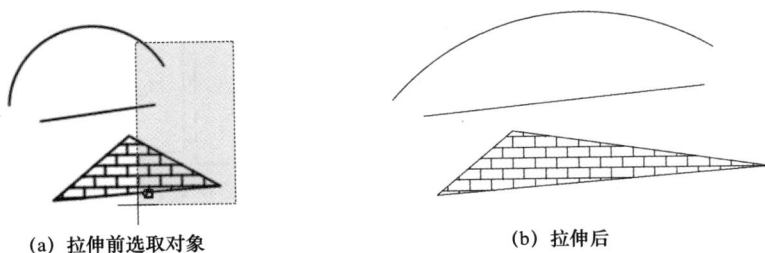

(a) 拉伸前选取对象   (b) 拉伸后

图 4-33 拉伸前后的图形对比

1. 调用方式

▼ 命令行：STRETCH。
▼ 菜单栏："修改"→"拉伸"。
▼ 工具栏："修改"→"拉伸" 。
▼ 功能区："默认"→"修改"→"拉伸" 。

2. 操作步骤

用上述任一方式调用"拉伸"命令后，命令行提示与操作如下。

命令:_stretch
以交叉窗口或交叉多边形选择要拉伸的对象...
选择对象: （采用交叉窗口的方式选择要拉伸的对象）↙
指定基点或 [位移(D)] <位移>: （指定拉伸的基点）
指定第二个点或 <使用第一个点作为位移>: （指定拉伸的移至点）

3. 选项说明

指定第一个点后，若指定第二个点，系统将根据这两点决定矢量拉伸对象。若直接按 Enter 键，系统会把第一个点作为 X 轴和 Y 轴的分量值。

💡 **提示与技巧**

① 必须采用交叉窗口（窗交）或交叉多边形（圈围）方式选择拉伸对象。

② 由"直线""圆弧"和"多段线"命令绘制的直线段或圆弧段，若整个实体都在选取窗口内，执行的结果是对其进行移动。

③ "拉伸"命令仅移动在圈围区域内的顶点和端点，不更改那些在圈围区域外的顶点和端点。部分包含在交叉窗口或交叉多边形区域内的对象将被拉伸。

4.4.6 案例——拉伸阶梯轴

扫码看视频

拉伸阶梯轴

1. 学习目标

将图 4-34 所示图形修改为图 4-35 所示图形。通过本案例，读者可以进一步掌握"拉伸"命令的使用方法。

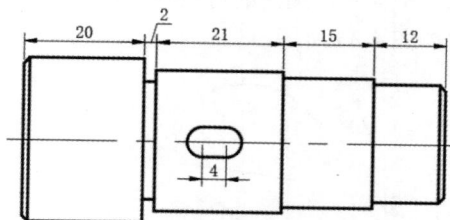

图 4-34　阶梯轴原图形　　　　　　　图 4-35　拉伸修改后图形

2. 设计思路

分 2 次利用"拉伸"命令修改图形。

3. 操作步骤

（1）打开文件"源文件\初始文件\第 4 章\案例——拉伸阶梯轴（初始文件）.dwg"。如图 4-34 所示。

（2）单击"默认"选项卡的"修改"面板中的"拉伸"按钮，对 AB 段进行拉伸。命令行提示与操作如下。这样 AB 段被拉伸了，如图 4-37 所示。

命令: _stretch
以交叉窗口或交叉多边形选择要拉伸的对象...

选择对象：　（在绘图区域由右向左交叉选择要拉伸的 AB 段，如图 4-36 所示）↙
指定基点或 [位移(D)] <位移>：　（任意位置单击指定拉伸的基点）
指定第二个点或 <使用第一个点作为位移>：　@5,0 ↙

图 4-36　交叉窗口选择 AB 段

图 4-37　AB 段被拉伸

（3）单击"默认"选项卡的"修改"面板中的"拉伸"按钮，对 BC 段进行拉伸修改。命令行提示与操作如下。至此 BC 段被缩短了，如图 4-39 所示。

命令：_stretch
以交叉窗口或交叉多边形选择要拉伸的对象…
选择对象：　（在绘图区域由右向左交叉选择要拉伸的 BC 段，如图 4-38 所示）↙
指定基点或 [位移(D)] <位移>：　（任意位置单击指定拉伸的基点）
指定第二个点或 <使用第一个点作为位移>：　@-4,0 ↙

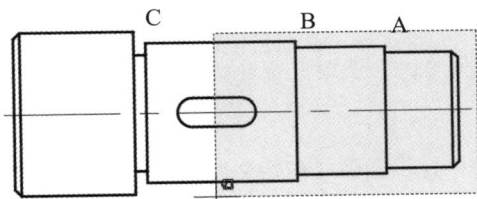

图 4-38　交叉窗口选择 BC 段

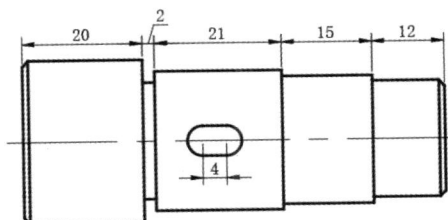

图 4-39　BC 段被缩短

4.4.7　"拉长"命令

在绘制图形过程中，经常需要修改一些线段的长度，或者圆弧的包含角，此时可以使用 AutoCAD 所提供的"拉长"命令来完成。

1. 调用方式

- 命令行：LENGTHEN。
- 菜单栏："修改"→"拉长"。
- 功能区："默认"→"修改"→"拉长"。

2. 操作步骤

用上述任一方式调用"拉长"命令后，命令行提示与操作如下。

命令: _lengthen

选择要测量的对象或 [增量(DE)/百分比(P)/总计(T)/动态(DY)] <总计(T)>:

3. 选项说明

（1）增量（DE）：以增量方式修改选择对象的长度或角度。

（2）百分比（P）：以相对原长度的百分比来修改直线或者圆弧的长度。

（3）总计（T）：以指定新的总长度值或总角度值来改变对象的长度或角度。

（4）动态（DY）：打开动态拖曳模式。在该模式下，可以使用拖动鼠标的方法来动态地改变对象的长度或角度。

> **提示与技巧**
>
> 可用以拉长的对象包括圆弧、直线、椭圆弧、不封闭多段线和不封闭样条曲线。"拉伸"和"拉长"命令都可以改变对象的大小，所不同的是"拉长"只改变对象的长度，且不受边界的局限；而"拉伸"不仅改变对象的大小，同时改变对象的形状。

4.4.8 案例——拉长圆弧

扫码看视频

拉长圆弧

1. 学习目标

将图 4-39（a）修改成图 4-39（b）。通过本案例，读者可以进一步掌握"拉长"命令各选项的使用方法。

2. 设计思路

分别使用"增量（DE）""百分比（P）"和"总计（T）"选项设置参数修改圆弧图形。

3. 操作步骤

（1）打开文件"源文件\初始文件\第 4 章\案例——拉长圆弧（初始文件）.dwg"。如图 4-40（a）所示。

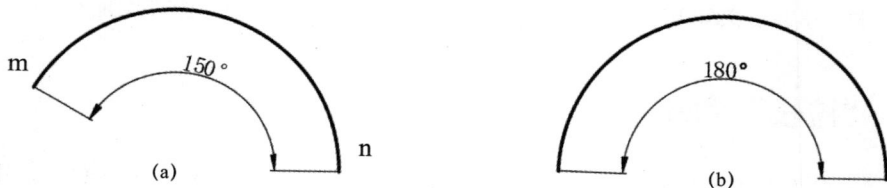

图 4-40 拉长圆弧

（2）单击"默认"选项卡的"修改"面板中的"拉长"按钮，使用"增量（DE）"选项对圆弧 mn 进行拉长。命令行提示与操作如下。

命令: _lengthen

选择要测量的对象或 [增量(DE)/百分比(P)/总计(T)/动态(DY)] <总计(T)>: DE ↙（选择增量(DE)选项）

输入长度增量或 [角度(A)] <1.0000>: A ↙

输入角度增量 <30>: 30 ↙（角度增加 30 度）

选择要修改的对象或 [放弃(U)]:（拾取圆弧的 m 端）

得到图 4-40（b）所示结果。

（3）采用相同的方法拉伸，分别设置"百分比(P)：120"和"总计(T)：180"选项参数，同样可以得到图 4-39（b）所示效果。读者还可尝试使用"动态(DY)"选项，同样能完成。

4.4.9　"圆角"命令

"圆角"是指使用一个指定半径的圆弧与两个对象相切。可以对相交的直线、多段线的直线段、圆、圆弧、射线或构造线绘制圆角，也可以对相互平行的直线、构造线和射线绘制圆角。

1. 调用方式

▼ 命令行：FILLET。
▼ 菜单栏："修改"→"圆角"。
▼ 工具栏："修改"→"圆角"。
▼ 功能区："默认"→"修改"→"圆角"。

2. 操作步骤

用上述任一方式调用"圆角"命令后，命令行提示与操作如下。

命令：_fillet
当前设置: 模式 = 修剪，半径 = 0.0000
选择第一个对象或 [放弃(U)/多段线(P)/半径(R)/修剪(T)/多个(M)]：（点取第一个对象或选择其他选项）
选择第二个对象，或按住 Shift 键选择对象以应用角点或 [半径(R)]：（点取第二个对象）

3. 选项说明

（1）多段线(P)：在多段线中的每两条相交线段的顶点处创建圆角。
（2）半径(R)：确定要绘制的圆角的圆弧半径。
（3）修剪(T)：确定圆角连接两条边时是否修剪边界，如图 4-41 所示。

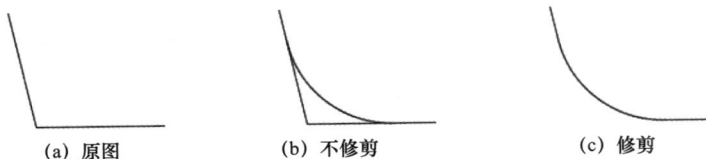

(a) 原图　　　　(b) 不修剪　　　　(c) 修剪

图 4-41　"圆角"命令的修剪模式

（4）多个(M)：同时为多个对象创建圆角。
（5）按住 Shift 键并选择两条直线，可以快速创建零距离倒角或零半径圆角。

💡 **提示与技巧**

若选取的两个对象不在同一图层，系统将在当前图层创建圆角，同时，圆角的颜色、线宽和线型的设置也是在当前图层中进行。若圆角的半径太大，则不能绘制圆角。若对两平行线绘制圆角，系统自动将圆角的半径定为两条平行线间距的一半。

4.4.10 案例——绘制轮胎

1. 学习目标

绘制如图 4-42 所示轮胎图形。通过本案例，读者可以进一步掌握"构造线""圆""直线""偏移""阵列""圆角"等命令的使用方法。

扫码看视频

绘制轮胎

2. 设计思路

绘制辅助构造线，绘制 5 个同心圆，绘制轮辐并对轮辐绘制圆角，再将轮辐排布为阵列。

3. 操作步骤

（1）单击"默认"选项卡"绘图"面板中的"构造线"按钮 ，在任意位置绘制 2 条垂直相交（1 条水平和 1 条垂直）的构造线。

图 4-42 轮胎

（2）单击"默认"选项卡"绘图"面板中的"圆"按钮 ，绘制 5 个同心圆，圆心是构造线的交点，半径分别为 7、12、43、48 和 53，结果如图 4-43 所示。

（3）单击"默认"选项卡"修改"面板中的"偏移"按钮 ，将水平构造线分别向上、向下偏移 5，结果如图 4-44 所示。

（4）单击"默认"选项卡"修改"面板中的"圆角"按钮 ，对轮辐进行圆角。命令行提示与操作如下。采用相同的方法，对偏移的 2 条水平构造线与半径为 43 和半径为 12 的圆绘制其他圆角，结果如图 4-45 所示。

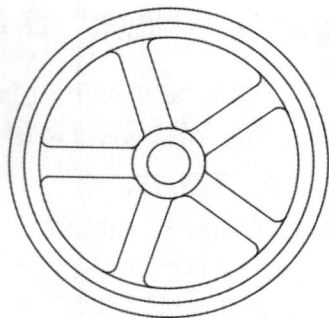

```
命令: _fillet
当前设置: 模式 = 修剪，半径 = 0.0000
选择第一个对象或 [放弃(U)/多段线(P)/半径(R)/修剪(T)/多个(M)]: R ↙
指定圆角半径 <0.0000>: 3 ↙    （圆角半径为 3）
选择第一个对象或 [放弃(U)/多段线(P)/半径(R)/修剪(T)/多个(M)]: （选择向上偏移的水平构造线的左端）
选择第二个对象，或按住 Shift 键选择对象以应用角点或 [半径(R)]: （选择半径为 43 的圆）
```

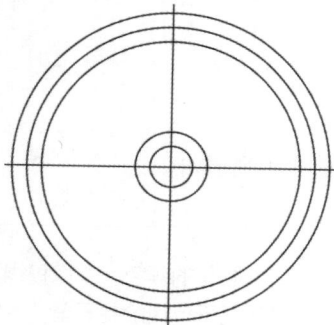

图 4-43 绘制同心圆　　　　　图 4-44 偏移水平构造线　　　　　图 4-45 轮辐圆角

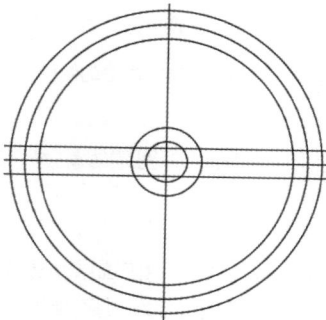

（5）单击"默认"选项卡的"修改"面板中的"环形阵列"按钮 ，将轮辐进行阵列操作。命令行提示与操作如下。

命令: _arraypolar

选择对象:　（选择轮辐）

选择对象:　↙

类型 = 极轴　关联 = 是

指定阵列的中心点或 [基点(B)/旋转轴(A)]:　（捕捉圆心）

选择夹点以编辑阵列或 [关联(AS)/基点(B)/项目(I)/项目间角度(A)/填充角度(F)/行(ROW)/层(L)/旋转项目(ROT)/退出(X)] <退出>: I　↙

输入阵列中的项目数或 [表达式(E)] <6>: 5　↙

选择夹点以编辑阵列或 [关联(AS)/基点(B)/项目(I)/项目间角度(A)/填充角度(F)/行(ROW)/层(L)/旋转项目(ROT)/退出(X)] <退出>:　↙

（6）删除辅助构造线，最终结果如图 4-42 所示。

4.4.11　"倒角"命令

在绘制零件图的过程中，经常需要绘制之间两条直线的倒角，或者零件外轮廓各面之间的倒角。如果用"直线"命令来绘制，将是非常繁琐的事情，而用"倒角"命令则可轻而易举地完成操作。

1．调用方式

▼ 命令行：CHAMFER。

▼ 菜单栏："修改"→"倒角"。

▼ 工具栏："修改"→"倒角"　。

▼ 功能区："默认"→"修改"→"倒角"　。

2．操作步骤

用上述任一方式调用"倒角"命令后，命令行提示与操作如下。

命令: _chamfer

（"修剪"模式）当前倒角距离 1 = 0.0000，距离 2 = 0.0000

选择第一条直线或 [放弃(U)/多段线(P)/距离(D)/角度(A)/修剪(T)/方式(E)/多个(M)]:　（点取第一条直线或其他选项）

选择第二条直线，或按住 Shift 键选择直线以应用角点或 [距离(D)/角度(A)/方法(M)]:　（点取第二条直线）

3．选项说明

（1）多段线（P）：对整条多段线绘制倒角。

（2）距离（D）：用于设置第一个倒角距离和第二个倒角距离。如图 4-46 所示。

（3）角度（A）：根据一个倒角距离和一个角度绘制倒角。如图 4-47 所示。

（4）修剪（T）：确定倒角时是否修剪源对象，与"圆角"命令相同。

（5）方式（E）：确定使用距离方式还是角度方式绘制倒角。

（6）多个（M）：为多个对象倒斜角。

图 4-46　距离方式倒角

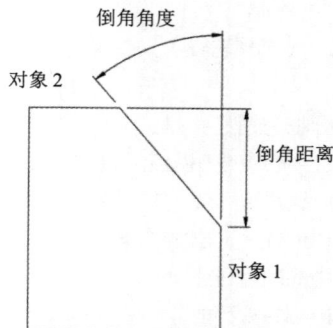

图 4-47　角度方式倒角

提示与技巧

　　如果两条直线平行或发散，则不能绘制倒角。当两个倒角距离均为零时，该命令将延伸选定的两条直线使之相交，但不产生倒角。若以修剪模式对相交的两条边绘制倒角，AutoCAD 总是保留所拾取的对象。

4.4.12　案例——矩形倒角

扫码看视频

矩形倒角

1．学习目标

　　利用"倒角"命令将图 4-48（a）修改成图 4-48（b）。通过本案例，读者可以进一步掌握"倒角"命令的使用方法。

　　　　　（a）　　　　　　　　　　　　　　　　　（b）

图 4-48　矩形倒角

2．设计思路

　　分别使用距离方式倒角和角度方式倒角对矩形进行编辑修改。

3．操作步骤

　　（1）打开文件"源文件\初始文件\第 4 章\案例——矩形倒角（初始文件）.dwg"。如图 4-48（a）所示。

　　（2）单击"默认"选项卡的"修改"面板中的"倒角"按钮，使用"距离"选项对 AB 边进行倒角。命令行提示与操作如下。

命令: _chamfer

（"修剪"模式）当前倒角距离 1 = 0.0000，距离 2 = 0.0000

选择第一条直线或 [放弃(U)/多段线(P)/距离(D)/角度(A)/修剪(T)/方式(E)/多个(M)]: D ↙

指定 第一个 倒角距离 <0.0000>: 10 ↙

指定 第二个 倒角距离 <0.0000>: 30 ↙

选择第一条直线或 [放弃(U)/多段线(P)/距离(D)/角度(A)/修剪(T)/方式(E)/多个(M)]:（选择 B 边）

选择第二条直线，或按住 Shift 键选择直线以应用角点或 [距离(D)/角度(A)/方法(M)]:（选择 A 边）

（3）再次单击"默认"选项卡的"修改"面板中的"倒角"按钮，使用"角度"选项对 BC 边倒角。命令行提示与操作如下。

命令: _chamfer

（"修剪"模式）当前倒角距离 1 = 10.0000，距离 2 = 30.0000

选择第一条直线或 [放弃(U)/多段线(P)/距离(D)/角度(A)/修剪(T)/方式(E)/多个(M)]: A ↙

指定第一条直线的倒角长度 <0.0000>: 20 ↙

指定第一条直线的倒角角度 <0>: 50 ↙

选择第一条直线或 [放弃(U)/多段线(P)/距离(D)/角度(A)/修剪(T)/方式(E)/多个(M)]:（选择 C 边）

选择第二条直线，或按住 Shift 键选择直线以应用角点或 [距离(D)/角度(A)/方法(M)]:（选择 B 边）

至此，完成对矩形的倒角操作，结果如图 4-48（b）所示。

4.4.13　"打断"命令

"打断"命令可删除部分对象或把对象分解为两部分。

1. 调用方式

▼ 命令行：BREAK。

▼ 菜单栏："修改"→"打断"。

▼ 工具栏："修改"→"打断" □。

▼ 功能区："默认"→"修改"→"打断" □。

2. 操作步骤

用上述任一方式调用"打断"命令后，命令行提示与操作如下。

命令: _break

选择对象:（点取要打断的对象）

指定第二个打断点 或 [第一点(F)]:

3. 选项说明

（1）当用户用点取方式选择目标时，AutoCAD 默认把目标的拾取点看作为第一断点。

（2）当出现"指定第二个打断点或[第一点(F)]:"提示时，可用 3 种方式响应：若输入第二个打断点，对象上从拾取点到第二点之间的部分被删除；若输入@，系统从拾取点处切开实体；若输入F，则表示拾取点不作为第一个打断点，要重新在目标上选取第一个打断点。

提示与技巧

对圆、矩形等封闭图形进行打断时，根据选取点的不同顺序，AutoCAD 将删除不同的对象，默认删除沿逆时针方向从第一个打断点到第二个打断点之间的一段对象。如图 4-49 所示。

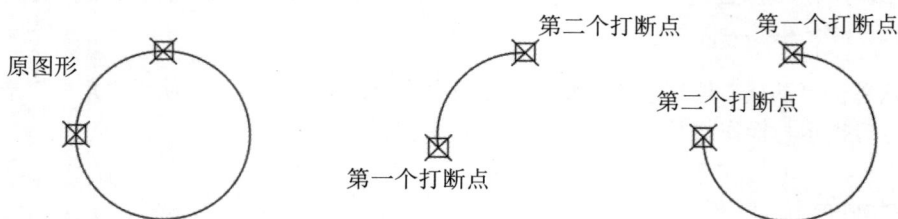

图 4-49　打断示例

4.4.14　案例——绘制花朵

扫码看视频

绘制花朵

1. 学习目标

绘制图 4-50 所示的花朵图形。通过本案例，读者可以进一步掌握"圆""打断""阵列"等命令的使用方法。

2. 设计思路

先绘制圆并利用"打断"命令编辑圆得到圆弧，再对圆弧进行阵列操作。

3. 操作步骤

（1）单击"默认"选项卡的"绘图"面板中的"圆"按钮⊙，绘制 2 个比例适当的圆，如图 4-51所示。

（2）单击"默认"选项卡的"修改"面板中的"打断"按钮凸，打断小圆。命令行提示与操作如下。

```
命令: _break
选择对象:　（选择小圆上适当的一点）
指定第二个打断点 或 [第一点(F)]:　（选择小圆上适当的另一点）
```

（3）采用相同的方法打断大圆。结果如图 4-52 所示。

图 4-50　花朵　　　　　　　图 4-51　绘制圆　　　　　　图 4-52　打断圆

（4）单击"默认"选项卡的"修改"面板中的"环形阵列"按钮🔅，对打断的圆弧进行阵列操作。命令行提示与操作如下。

```
命令: _arraypolar
选择对象: （选择已打断的圆弧）
选择对象: ↙
类型 = 极轴  关联 = 否
指定阵列的中心点或 [基点(B)/旋转轴(A)]: （在适当位置指定阵列中心点）
选择夹点以编辑阵列或 [关联(AS)/基点(B)/项目(I)/项目间角度(A)/填充角度(F)/行(ROW)/层(L)/旋转
项目(ROT)/退出(X)] <退出>: I ↙
   输入阵列中的项目数或 [表达式(E)] <6>: 8 ↙
   选择夹点以编辑阵列或 [关联(AS)/基点(B)/项目(I)/项目间角度(A)/填充角度(F)/行(ROW)/层(L)/旋转
项目(ROT)/退出(X)] <退出>: ↙
```

最终效果如图 4-50 所示。

4.4.15　"打断于点"命令

"打断于点"命令是将对象在某一点处打断，从而把对象在打断点处拆分成两部分。该命令与"打断"命令类似，所不同的是，"打断于点"只能作用于一点，而"打断"命令可指定不同的两点打断。

1. 调用方式

▼ 命令行：BREAK。

▼ 工具栏："修改" → "打断于点"□。

▼ 功能区："默认" → "修改" → "打断于点"□。

2. 操作步骤

用上述任一方式调用"打断于点"命令后，命令行提示与操作如下。

```
命令: _break
选择对象: （点取要打断的对象）
指定第二个打断点 或 [第一点(F)]: _f  （系统自动执行"第一点(F)"选项）
指定第一个打断点: （指定打断点）
指定第二个打断点: @  （系统自动将第二个打断点设为@，即两个断点在相同的坐标上）
```

4.4.16　"分解"命令

"分解"命令将由多个对象组合而成的合成对象（如多段线、图块等）分解为独立对象，从而更方便对各个独立对象进行编辑。

1. 调用方式

▼ 命令行：EXPLODE。

▼ 菜单栏："修改" → "分解"。

☑ 工具栏："修改"→"分解" 📦。

☑ 功能区："默认"→"修改"→"分解" 📦。

2. 操作步骤

用上述任一方式调用"分解"命令后，命令行提示与操作如下。

命令: _explode
选择对象: （选择要分解的对象）

4.4.17 案例——分解煤气灶图块

扫码看视频

分解煤气灶图块

1. 学习目标

利用"分解"命令对图 4-53 所示的图块进行分解。通过本案例，读者可以进一步掌握"分解"命令的使用方法。

2. 设计思路

利用"分解"命令将图块分解。

3. 操作步骤

（1）打开文件"源文件\初始文件\第 4 章\案例——分解煤气灶图块（初始文件）.dwg"，如图 4-53 所示。

（2）单击"默认"选项卡的"修改"面板中的"分解"按钮 📦，将图块分解。命令行提示与操作如下。

命令: _explode
选择对象: （选择煤气灶图块）
选择对象: ↙

完成"分解"命令后，全选图形，得到如图 4-54 所示的效果，即该图形被分解为多个对象。

图 4-53　煤气灶图块　　　　　　　　　　图 4-54　分解

4.4.18 "合并"命令

"合并"命令可以将直线、圆弧、椭圆弧及样条曲线等独立的对象合并为一个对象。

1. 调用方式

- ▼ 命令行：JOIN。
- ▼ 菜单栏："修改" → "合并"。
- ▼ 工具栏："修改" → "合并" ✦。
- ▼ 功能区："默认" → "修改" → "合并" ✦。

2. 操作步骤

用上述任一方式调用"合并"命令后，命令行提示与操作如下。

```
命令: _join
选择源对象或要一次合并的多个对象:   （选择一个对象）
选择要合并的对象:   （选择另一个对象）
选择要合并的对象: ↙
```

需要注意的是，合并两条或多条圆弧或椭圆弧时，将从源对象开始按逆时针方向合并圆弧或椭圆，如图 4-55 所示。

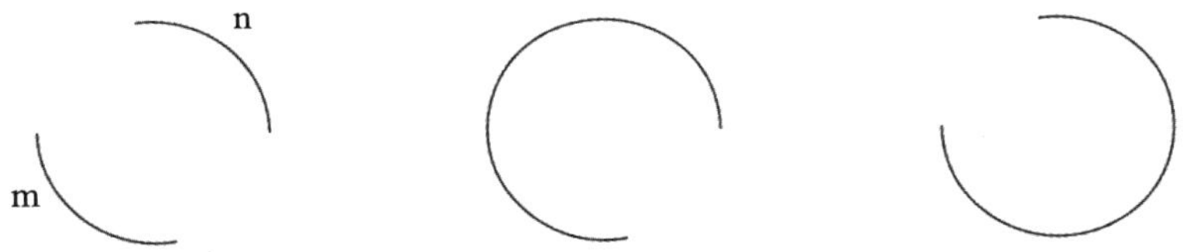

(a) 原图形   (b) 源对象选择 n   (c) 源对象选择 m

图 4-55　圆弧合并示例

4.5　删除及恢复类命令

如果需要删除图形的某部分或对已删除的部分进行恢复，可使用删除及恢复类命令，包括"删除""恢复"等命令。

4.5.1　"删除"命令

使用"删除"命令可从已有图形中删除指定对象，不保留任何痕迹。

1. 调用方式

- ▼ 命令行：ERASE。
- ▼ 菜单栏："修改" → "删除"。
- ▼ 工具栏："修改" → "删除" ✐。
- ▼ 功能区："默认" → "修改" → "删除" ✐。
- ▼ 快捷菜单：选择要删除的对象，在绘图区内单击鼠标右键，在弹出的快捷菜单中选择"删除"命令。

2. 操作步骤

可以先调用"删除"命令再选择被删除的对象，也可以先选择被删除的对象再调用"删除"命令。在选择被删除对象时，可用拾取框选取，也可用"窗口"或"窗交"方式选择。

4.5.2 "恢复"命令

使用"恢复"命令可恢复由上一个"删除"命令删除的对象。

1. 调用方式

▼ 命令行：OOPS。

2. 操作步骤

在命令行窗口中输入 OOPS 后按 Enter 键，就可恢复最近一次"删除"命令删除的对象。若连续多次使用"删除"命令，之后想要恢复前几次被删除的对象，则需要使用 UNDO 命令。

4.6 综合案例

4.6.1 综合案例——绘制压盖

扫码看视频

绘制压盖

1. 学习目标

本案例绘制如图 4-56 所示的压盖图形。通过本案例，读者可以进一步掌握"图层""直线""圆""偏移""修剪""阵列""圆角"等命令的使用方法。

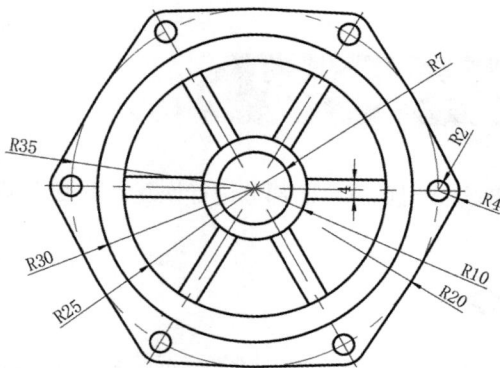

图 4-56　压盖

2. 设计思路

先设置好图层，再绘制辅助线和同心圆，偏移、修剪直线，绘制小圆及切线，最后将小圆及切线排布为阵列并进行圆角。绘制流程如图 4-57 所示。

3. 操作步骤

（1）单击"默认"选项卡的"图层"面板中的"图层特性"按钮，弹出"图层特性管理器"选项板，新建"中心线""轮廓线"和"尺寸线"3 个图层并完成相关的设置，结果如图 4-58 所示。

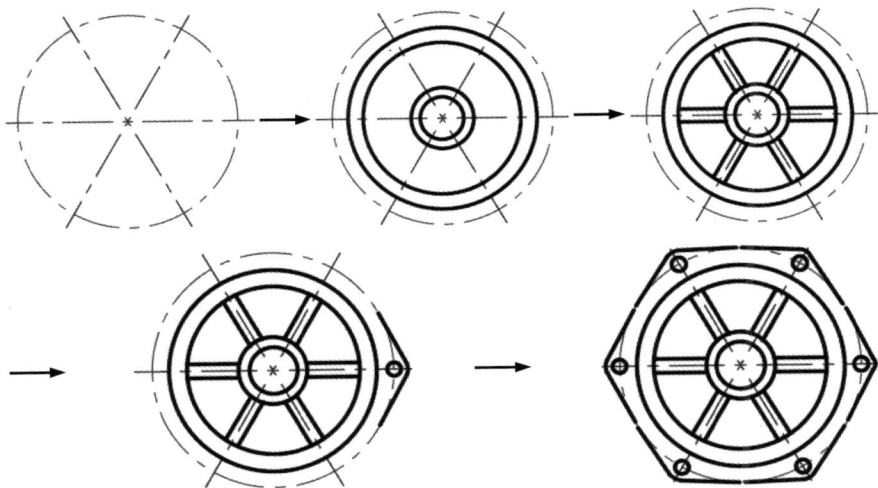

图 4-57 压盖绘制流程

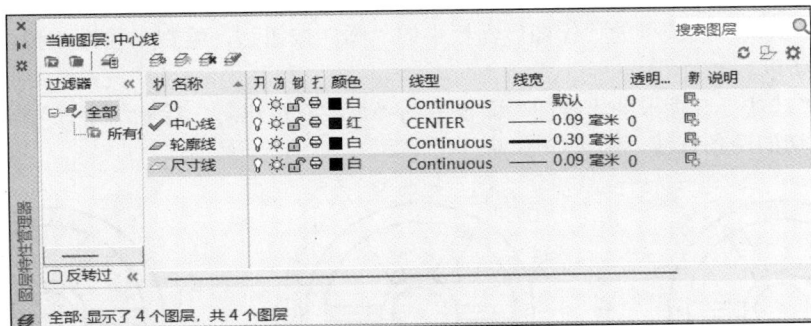

图 4-58 图层设置

（2）将"中心线"图层置为当前图层。单击"默认"选项卡的"绘图"面板中的"直线"按钮，绘制 1 条水平辅助线。

（3）单击"默认"选项卡的"修改"面板中的"环形阵列"按钮，将水平辅助线复制为阵列。命令行提示与操作如下。

```
命令: _arraypolar
选择对象:（选择水平辅助线）
选择对象: ↙
类型 = 极轴  关联 = 否
指定阵列的中心点或 [基点(B)/旋转轴(A)]:（捕捉水平辅助线的中点）
选择夹点以编辑阵列或 [关联(AS)/基点(B)/项目(I)/项目间角度(A)/填充角度(F)/行(ROW)/层(L)/旋转
项目(ROT)/退出(X)] <退出>: I ↙
输入阵列中的项目数或 [表达式(E)] <8>: 6 ↙
选择夹点以编辑阵列或 [关联(AS)/基点(B)/项目(I)/项目间角度(A)/填充角度(F)/行(ROW)/层(L)/旋转
项目(ROT)/退出(X)] <退出>: ↙
```

（4）单击"默认"选项卡的"绘图"面板中的"圆"按钮，绘制辅助圆，圆心为辅助线的交点，半径为 35。结果如图 4-59 所示。

（5）将"轮廓线"图层置为当前图层。单击"默认"选项卡的"绘图"面板中的"圆"按钮 ⊘，绘制 4 个同心圆，圆心为辅助线的交点，半径分别为 7、10、25 和 30。结果如图 4-60 所示。

（6）单击"默认"选项卡的"修改"面板中的"偏移"按钮 ⊜，将 3 条辅助线向两侧各偏移 2，并将偏移后的直线置于当前图层。结果如图 4-61 所示。

图 4-59　绘制辅助圆　　　　图 4-60　绘制同心圆　　　　图 4-61　偏移直线

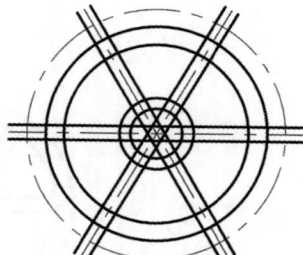

（7）单击"默认"选项卡的"修改"面板中的"修剪"按钮 ▼，对上一步偏移的直线进行修剪。结果如图 4-62 所示。

（8）单击"默认"选项卡的"绘图"面板中的"圆"按钮 ⊘，绘制半径为 2 和 4 的 2 个小圆。结果如图 4-63 所示。

（9）单击"默认"选项卡的"绘图"面板中的"直线"按钮 ╱，绘制与半径为 4 的小圆和半径为 35 辅助圆相切的两条直线，结果如图 4-64 所示。

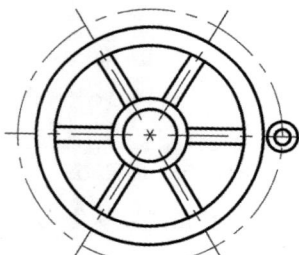

图 4-62　修剪直线　　　　图 4-63　绘制小圆　　　　图 4-64　绘制相切直线

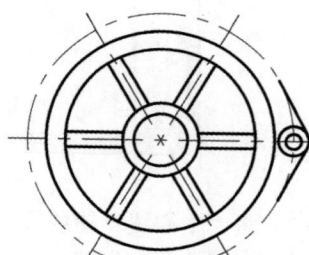

（10）单击"默认"选项卡的"修改"面板中的"修剪"按钮 ▼，对半径为 4 的小圆进行修剪。结果如图 4-65 所示。

（11）单击"默认"选项卡的"修改"面板中的"环形阵列"按钮 ⁂，对图 4-66 所示选中部分图形进行"阵列"操作。得到结果如图 4-67 所示。

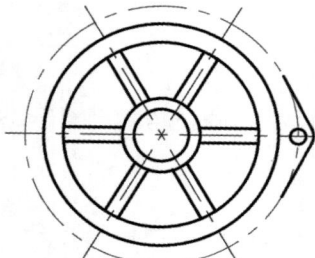

图 4-65　修剪 R4 小圆　　　　图 4-66　选择进行阵列操作的图形

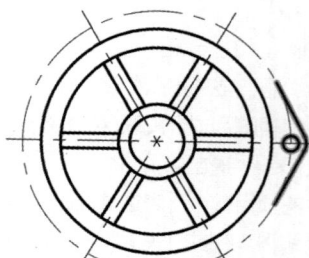

（12）单击"默认"选项卡的"修改"面板中的"圆角"按钮 ⌐，将圆角半径设置为 20，在"阵列"操作后的相切直线间绘制圆角。最终结果如图 4-68 所示。

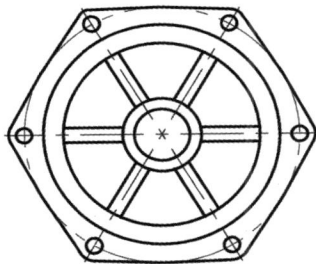

图 4-67　阵列操作结果图　　　　图 4-68　直线间绘制圆角

4.6.2　综合案例——绘制马桶平面图

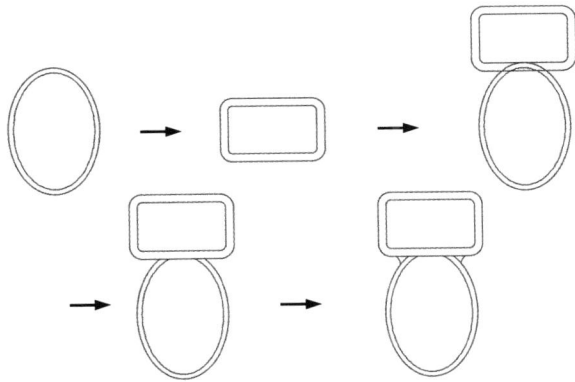
扫码看视频

绘制马桶平面图

1. 学习目标

本案例绘制如图 4-69 所示的马桶平面图。通过本案例，读者可以进一步掌握"矩形""椭圆""偏移""移动""修剪""圆角""镜像"等命令的使用方法。

2. 设计思路

利用"矩形"及"圆角"命令绘制圆角矩形；利用"椭圆"及"偏移"命令绘制同心椭圆；利用"移动"命令对齐位置。绘制流程如图 4-70 所示。

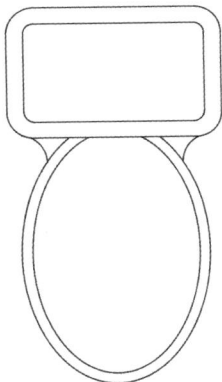

图 4-69　马桶平面图　　　　　　图 4-70　马桶平面图绘制流程

3. 操作步骤

（1）单击"默认"选项卡的"绘图"面板中的"椭圆（圆心方式）"按钮 ⊙，绘制椭圆。命令行提示与操作如下。

```
命令: _ellipse
指定椭圆的轴端点或 [圆弧(A)/中心点(C)]: _c
指定椭圆的中心点:　（适当位置指定中心点）
指定轴的端点: @180,0 ↙　（水平半轴长度 180）
指定另一条半轴长度或 [旋转(R)]: @0,260 ↙　（垂直半轴长度 260）
```

（2）单击"默认"选项卡的"修改"面板中的"偏移"按钮 ⊆，将椭圆向内偏移 20。

（3）单击"默认"选项卡的"绘图"面板中的"矩形"按钮 □，在任意位置绘制一个 410×260 的直角矩形；再利用"偏移"命令，将矩形向内偏移 32。

（4）单击"默认"选项卡的"修改"面板中的"圆角"按钮◯，对外侧矩形绘制半径为 50 的圆角，对内侧矩形绘制半径为 20 的圆角。结果如图 4-71 所示。

（5）单击"默认"选项卡的"修改"面板中的"移动"按钮✣，移动矩形。命令行提示与操作如下。结果图 4-72 所示结果。

```
命令: _move
选择对象:    （选择 2 个矩形）
选择对象:    ↙
指定基点或 [位移(D)] <位移>:    （捕捉内侧矩形的下侧水平线段的中点）
指定第二个点或 <使用第一个点作为位移>:    （捕捉外侧椭圆上侧的象限点）
```

（6）单击"默认"选项卡的"修改"面板中的"修剪"按钮✂，修剪矩形和椭圆相交的椭圆线条。结果如图 4-73 所示。

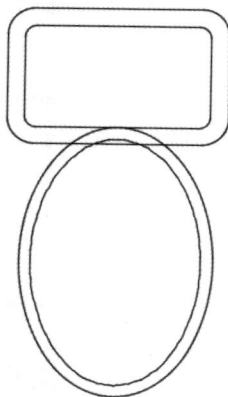

图 4-71　圆角矩形　　　　图 4-72　移动矩形　　　　图 4-73　修剪椭圆线条

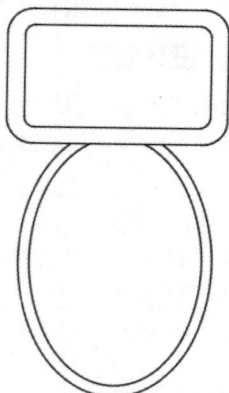

（7）单击"默认"选项卡的"绘图"面板中的"圆弧"按钮◯，在矩形左下侧和外椭圆间绘制一段弧。结果如图 4-74 所示。

（8）单击"默认"选项卡的"修改"面板中的"修剪"按钮✂，对多余弧线进行修剪。最后执行"镜像"命令，将修剪好的弧线水平镜像到右侧，得到最终效果如图 4-75 所示。

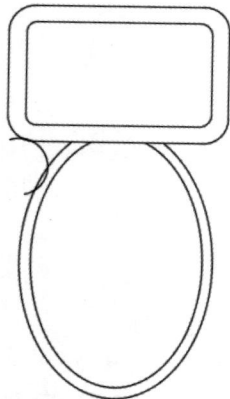

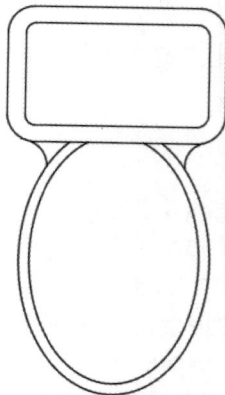

图 4-74　绘制圆弧　　　　图 4-75　修剪圆弧并进行"镜像"操作

4.7 小结与提升

4.7.1 知识小结

在绘制图形时，仅使用绘图命令或绘图工具，只能绘制一些基本的图形。为了绘制复杂图形，常常需要借助于图形编辑命令。本章主要介绍了对象的选择方法以及平面图形的编辑方法。选择对象可以单独点选，也可以通过各种窗口选择方法选择一组图像，还可以利用快速选择在整个图形中选取具有某一相同特性的对象或某一类的对象。平面图形的编辑是图形的"后加工"过程，也是绘制复杂图形的必要方法。

本章详细介绍了 AutoCAD 提供的基本编辑命令，包括"删除""恢复""复制""移动""旋转""延伸""缩放""拉伸""偏移""阵列""镜像""修剪""倒角"和"圆角"等。通过本章的学习，读者可以对绘制的图形进行进一步修改，使绘制的图形更加精确，并且提高绘图效率。

4.7.2 技能提升

练习题 1：绘制如图 4-76 所示的图形。

【练习目的】掌握"圆""直线"等基本绘图命令，掌握偏移、镜像、圆角等图形编辑技能。

【思路点拨】

（1）利用"圆"命令绘制同心圆或对圆偏移。

（2）利用"镜像""圆角"等命令修改图形。

练习题 2：绘制如图 4-77 所示的图形。

【练习目的】掌握偏移、镜像、修剪等图形编辑技能。

【思路点拨】

（1）利用"偏移"命令确定 5 个圆的圆心并绘制圆。

（2）利用"相切，相切，半径"方式绘制小圆。

（3）将小圆镜像处理并修剪多余弧线。

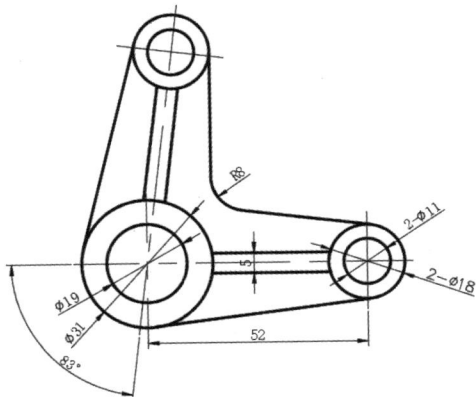

图 4-76 练习题 1 图形

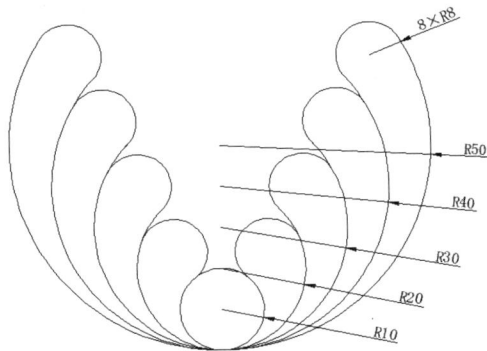

图 4-77 练习题 2 图形

练习题 3：绘制如图 4-78 所示的图形。

【练习目的】熟练掌握偏移、阵列等图形编辑技能。

【思路点拨】

（1）绘制 1 条直线段并将其偏移得到 4 条直线段。

（2）利用"环形阵列"命令得到 4 个图形。

（3）再次执行"环形阵列"命令。

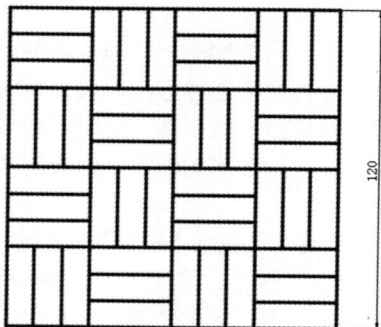

扫码看视频

练习题 3 演示

图 4-78　练习题 3 图形

4.7.3　素养提升

　　中国古代虽然没有现代意义上的工程制图，但人们已经有了通过图形来表达和传递工程信息的意识。春秋战国时期，建筑工程图样开始出现，主要用于宫殿、庙宇等建筑的规划设计。随着时间的推移，工程制图在技术上逐渐成熟，特别是在隋唐时期，建筑工程图样得到了广泛应用。

　　中国的传统工程制图思想对现代工程制图的影响深远而重大，这种影响不仅体现在技术层面上的传承和创新，更体现在文化层面上的渗透和融合。

　　在技术层面，中国的传统工程制图经历了长时间的实践和积累，形成了一套独特的理论和方法。例如，传统工程制图中的"投影法""透视法"等基本原理，以及"图谱"等表现形式，都在现代工程制图中得到了广泛应用。这些原理和方法为现代工程制图提供了重要的基础，使现代工程制图能够更加准确、生动地表达和传递工程信息。同时，中国的传统工程制图在实践中积累的丰富经验，也为现代工程制图提供了宝贵的参考和借鉴。

　　在文化层面，中国传统工程制图深受中国传统文化和美学思想的影响，注重图形的象征意义和寓意。这种文化特色的渗透和融合，使中国的传统工程制图不仅具有实用价值，更是具有艺术价值。在现代工程制图中，这种文化底蕴的传承和创新也是不可或缺的，它不仅能够丰富工程制图的内涵和表现力，还能够提升工程设计的文化品质和社会价值。

第 5 章

复杂二维绘图与编辑

对于一般的二维图形，用户使用前面介绍的基本二维绘图和编辑命令就可以完成绘制。然而，还有一些特殊图形，如剖视图中的剖面线、建筑图中的墙体线以及一些不规则线条等复杂的二维图形，需要用户使用AutoCAD提供的面域、图案填充、多段线、样条曲线及多线等复杂二维绘图与编辑命令才能完成。

知识目标

（1）熟悉面域的概念、创建方法及面域布尔运算。
（2）掌握图案填充的创建及编辑方法，熟悉对象属性编辑操作。
（3）掌握多段线、样条曲线、多线的绘制和编辑方法。

能力目标

（1）具有快速绘制和编辑复杂二维图形的操作能力。
（2）具有工程图样创新设计的能力。

素养目标

培养勇于探索、精益求精的工作素质。

部分案例预览

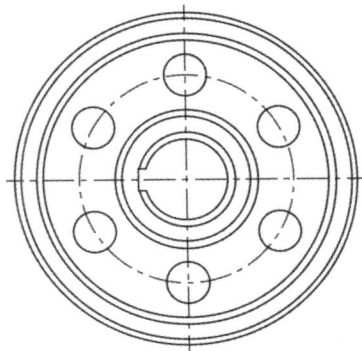

5.1 面域

  面域是由封闭边界所形成的二维封闭区域，它的内部可以包含孔。从外观上看，面域和一般的封闭线框没什么区别，但是实际上面域如同一张纸，除了包括边界，还包括边界内的平面。

  对于已创建的面域对象，用户可以进行填充图案和着色等操作，还可分析面域的几何特性（如面积）和物理特性（如质心、惯性矩等）。

5.1.1 创建面域

1. 调用方式

- ☑ 命令行：REGION。
- ☑ 菜单栏："绘图"→"面域"。
- ☑ 工具栏："绘图"→"面域" ▣。
- ☑ 功能区："默认"→"绘图"→"面域" ▣。

2. 操作步骤

用上述任一方式调用"面域"命令后，命令行提示与操作如下。

```
命令: _region
选择对象:
```

  选择对象（必须是各自形成闭合区域的对象，如椭圆）后，系统将所选的对象自动转换成面域。

提示与技巧

  REGION 命令只能通过平面闭合环来创建面域，即组成边界的对象或者自行封闭，或者与其他对象有公共端点，从而形成封闭的区域，同时它们必须在同一平面上。如果是对象内部相交而构成的封闭区域，就不能使用 REGION 命令生成面域，而须通过BOUNDARY 命令来创建。在命令行输入 BOUNDARY 并按Enter 键后，AutoCAD 将弹出图 5-1 所示的"边界创建"对话框，对象类型选择"面域"，则创建的图形将是一个面域，而不是边界。

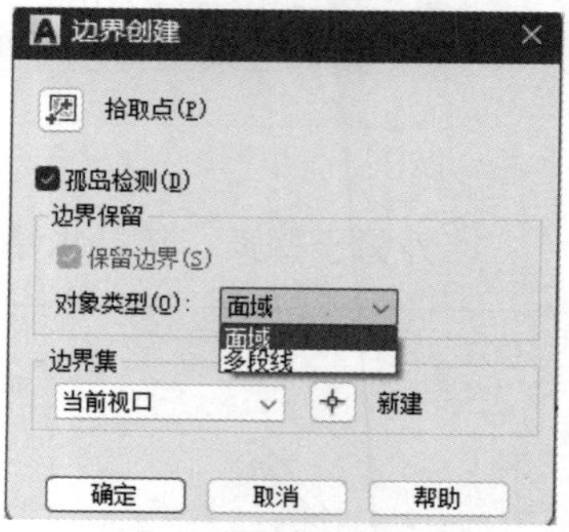

图 5-1 "边界创建"对话框

5.1.2 面域布尔运算

  布尔运算是一种数学上的逻辑运算，在使用 AutoCAD 绘图时，特别是当绘制比较复杂的图形时，能够极大提高绘图效率。布尔运算的对象只包括实体和共面的面域，对普通的线条图形对象无法使用布尔运算。

  下面介绍面域布尔运算，有关实体布尔运算的内容将在后面章节介绍。

1．调用方式

▼ 命令行：UNION（并集）/ SUBTRACT（差集）/ INTERSECT（交集）。
▼ 菜单栏："修改"→"实体编辑"→"并集"/"差集"/"交集"。
▼ 工具栏："实体编辑"→"并集" /"差集" /"交集" 。
▼ 功能区："三维工具"→"实体编辑"→"并集"/"差集"/"交集"。

2．操作步骤

用上述任一方式调用"并集"/"差集"/"交集"命令后，命令行提示"选择对象:"。用户选择对象后，系统将对所选择的面域进行并集/差集/交集运算。三种布尔运算的含义及示例如图 5-2 所示。

（1）并集运算：将多个面域合并为一个面域。图 5-2（b）所示的是面域 m 与面域 n 并集运算的结果。

（2）差集运算：用一个面域减去另一个面域。图 5-2（c）所示的是从面域 m 中减去面域 n 的差集运算的结果。

（3）交集运算：创建多个面域的交集，即多个面域的公共部分。图 5-2（d）所示的是面域 m 与面域 n 交集运算的结果。

| (a) 面域原图 | (b) 并集运算 | (c) 差集运算 | (d) 交集运算 |

图 5-2 面域布尔运算

5.1.3 案例——绘制链轮

1．学习目标

绘制图 5-3 所示的链轮图形。通过本案例，读者可以进一步掌握"圆""多边形"命令及面域创建方法与面域布尔运算。

图 5-3 链轮

2．设计思路

先绘制图形，再创建面域，最后进行面域布尔运算。

3．操作步骤

（1）单击"默认"选项卡的"绘图"面板中的"圆"按钮，在适当位置绘制 1 个半径为 180 的大圆。

（2）单击"默认"选项卡的"绘图"面板中的"多边形"按钮，以此圆的圆心作为中心，绘制 1 个边长为 50 的正六边形。结果如图 5-4 所示。

（3）单击"默认"选项卡的"绘图"面板中的"圆"按钮，绘制 1 个小圆。命令行提示与操作如下。结果如图 5-5 所示。

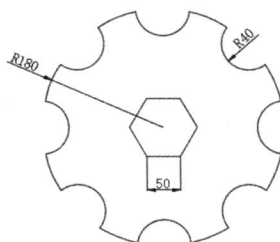

```
命令: _circle
指定圆的圆心或 [三点(3P)/两点(2P)/切点、切点、半径(T)]:  （捕捉大圆的左侧象限点）
指定圆的半径或 [直径(D)] <180.0000>: 40 ↙
```

（4）单击"默认"选项卡的"修改"面板中的"环形阵列"按钮，使用"阵列"命令复制其余 7 个小圆。结果如图 5-6 所示。

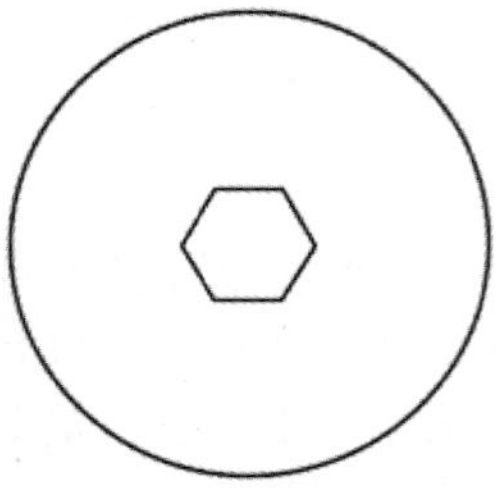

图 5-4　绘制大圆和正六边形 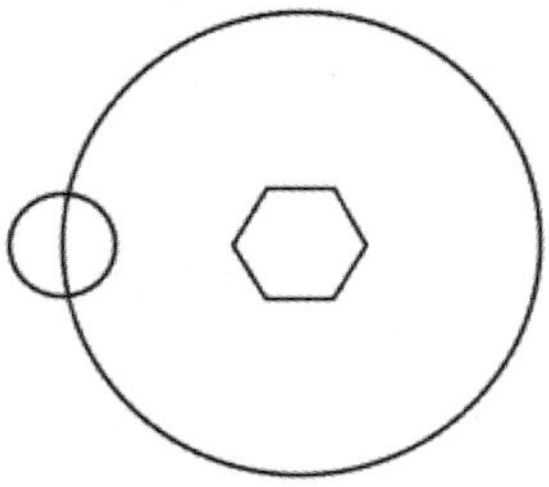　　　图 5-5　绘制小圆 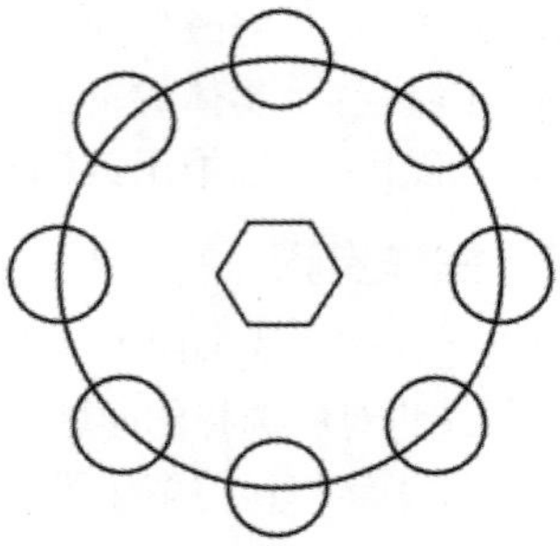　　　图 5-6　使用"阵列"命令

（5）单击"默认"选项卡的"绘图"面板中的"面域"按钮，将已绘制好的 1 个大圆和 8 个小圆全部创建为面域。

（6）选择菜单栏中的"修改"→"实体编辑"→"差集"命令，对面域进行差集运算。命令行提示与操作如下。

命令: _subtract 选择要从中减去的实体、曲面和面域...

选择对象：（选择大圆）

选择对象：↙

选择要减去的实体、曲面和面域...

选择对象：（依次选择 8 个小圆，最后按 Enter 键结束"对象选择"提示）

至此，完成了图形的绘制，得到图 5-3 所示效果。

5.2　图案填充

在绘制图形时经常会遇到这种情况，比如在绘制物体的剖面或断面时，需要使用某一种图案来充满某个指定区域，这个实现指定区域充满某一种图案的过程就叫作图案填充。图案填充经常用于在剖视图中表示对象的材料类型，以便增加图样的可读性。

5.2.1　图案填充的操作

1．调用方式

▼　命令行：BHATCH。

▼　菜单栏："绘图"→"图案填充"。

▼　工具栏："绘图"→"图案填充"。

▼　功能区："默认"→"绘图"→"图案填充"。

2．操作步骤

用上述任一方式调用"图案填充"命令后，系统将打开"图案填充创建"选项卡，如图 5-7 所示。

图 5-7　"图案填充创建"选项卡

3．选项说明

（1）"边界"面板

① "拾取点" ：以拾取点的形式确定填充区域的边界。在希望进行填充的封闭区域内任意拾取一点，AutoCAD 会自动确定出包围该点的封闭填充边界，同时以高亮形式显示这些边界，如图 5-8 所示。

(a) 拾取一点　　　　　　　　(b) 填充区域　　　　　　　　(c) 填充结果

图 5-8　"拾取点"方式确定填充边界

② "选择边界对象" ：以选择对象的方式确定填充区域边界。被选择的对象应能够构成封闭的边界区域，否则无法实现填充效果，如图 5-9 所示。

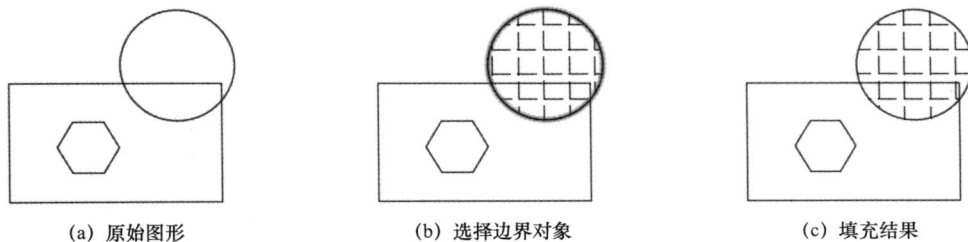

(a) 原始图形　　　　　　　　(b) 选择边界对象　　　　　　　　(c) 填充结果

图 5-9　"选择边界对象"方式确定填充边界

③ "删除边界" ：从边界定义中删除之前添加的任何对象，如图 5-10 所示。

④ "重新创建边界" ：围绕选定的图案填充或填充对象创建多段线或面域，并使其与图案填充对象相关联（可选）。

⑤ "显示边界对象" ：选择构成选定关联图案填充对象的边界对象，使用显示的夹点可修改图案填充边界。

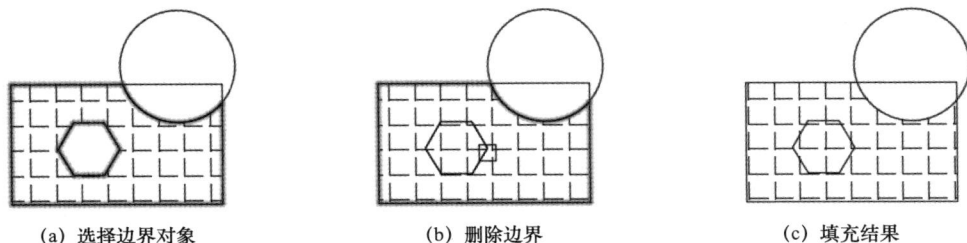

(a) 选择边界对象　　　　　　　　(b) 删除边界　　　　　　　　(c) 填充结果

图 5-10　删除区域内部"岛"后的边界

⑥ "保留边界对象" ▨：确定如何处理图案填充的边界对象。包括 "不保留边界" "保留边界-多段线" 和 "保留边界-面域" 选项。

（2）"图案" 面板

显示所有预定义和自定义图案的预览图像。

（3）"特性" 面板

① "图案填充类型" ▨：指定填充图案的类型，包括渐变色、图案和用户自定义等模式。

② "图案填充颜色" ▨：替代实体填充和填充图案的当前颜色。

③ "背景色" ▨：指定填充图案背景的颜色。

④ "图案填充透明度"：设定新图案填充或填充的透明度，替代当前对象的透明度。

⑤ "角度"：指定图案填充或填充的角度。

⑥ "填充图案比例" ▨：放大或缩小填充图案。

⑦ "相对于图纸空间" ▨：相对于图纸空间单位缩放填充图案。

⑧ "交叉线" ▨：绘制第二组直线，与原始直线成 90° 角，从而构成交叉线（仅当 "图案填充类型" 设定为 "用户定义" 时可用）。

⑨ "ISO 笔宽"：基于选定的笔宽缩放 ISO 图案（仅对于预定义的 ISO 图案可用）。

（4）"原点" 面板

① "设定原点" ▨：直接指定新的图案填充原点。

② "左下" ▨：把图案填充原点设定在图案填充边界矩形范围的左下角。

③ "右下" ▨：把图案填充原点设定在图案填充边界矩形范围的右下角。

④ "左上" ▨：把图案填充原点设定在图案填充边界矩形范围的左上角。

⑤ "右上" ▨：把图案填充原点设定在图案填充边界矩形范围的右上角。

⑥ "中心" ▨：把图案填充原点设定在图案填充边界矩形范围的中心。

⑦ "使用当前原点" ▨：把图案填充原点设定在 HPORIGIN 系统变量中存储的默认位置。

⑧ "存储为默认原点" ▨：把新图案填充原点的值存储在 HPORIGIN 系统变量中。

（5）"选项" 面板

① "关联" ▨：确定填充的图案与填充边界是否保持关联关系。

② "注释性" ▲：确定图案填充是否为注释性。

③ "特性匹配" ▨：包括使用当前原点和使用源图案填充的原点两种方式。

④ "允许的间隙"：指定将对象用作图案填充边界时可以忽略的最大间隙。默认值为 0，该值指定对象必须为封闭区域而没有间隙。

⑤ "创建独立的图案填充"：在指定了几个单独的闭合边界时进行控制，是创建单个图案填充对象，还是创建多个图案填充对象。

⑥ "孤岛检测"：包括 "普通孤岛检测" "外部孤岛检测" "忽略孤岛检测" 方式。选择不同的孤岛检测方式，将得到不同的填充效果，如图 5-11 所示。

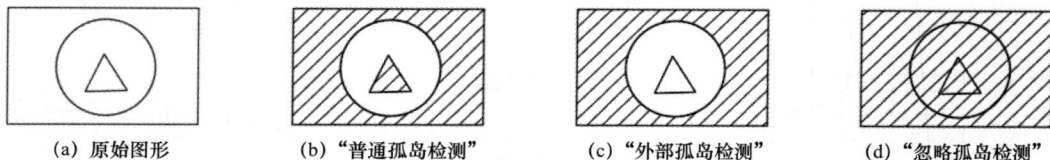

(a) 原始图形　　　　(b) "普通孤岛检测"　　　　(c) "外部孤岛检测"　　　　(d) "忽略孤岛检测"

图 5-11　孤岛填充效果

⑦ "绘图次序"：为图案填充或填充指定绘图次序，包括 "不指定" "后置" "前置" "置于边界之后" 和 "置于边界之前" 等选项。

5.2.2　渐变色填充的操作

在绘制美工、装潢等图纸时，有时需要填充一种或多种颜色，以便达到好的颜色修饰效果，此时可用"渐变色"命令来完成。

1. 调用方式

- ☑ 命令行：GRADIENT。
- ☑ 菜单栏："绘图"→"渐变色"。
- ☑ 工具栏："绘图"→"渐变色" ▤。
- ☑ 功能区："默认"→"绘图"→"渐变色" ▤。

2. 操作步骤

用上述任一方式调用"渐变色"命令后，系统将打开"图案填充创建"选项卡，如图 5-12 所示。面板中各按钮的含义与 5.2.1 小节中介绍的类似，这里不再赘述。

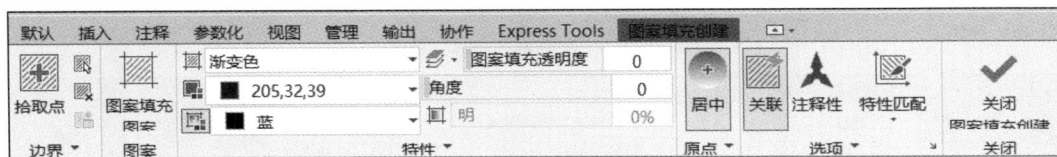

图 5-12　"图案填充创建"选项卡

5.2.3　编辑填充的图案

对于已有的图案填充对象，可以通过"编辑图案填充"命令进行修改。

1. 调用方式

- ☑ 命令行：HATCHEDIT。
- ☑ 菜单栏："修改"→"对象"→"图案填充"。
- ☑ 工具栏："修改"→"编辑图案填充" ▨。
- ☑ 功能区："默认"→"修改"→"编辑图案填充" ▨。

2. 操作步骤

用上述任一方式调用"编辑图案填充"命令后，命令行提示与操作如下。

```
命令: _hatchedit
选择图案填充对象:
```

选取图案填充对象后，系统将打开图 5-13 所示的"图案填充编辑"对话框。该对话框中各选项含义与图 5-7 中的"图案填充创建"选项卡中各选项的含义类似。

也可直接选择填充的图案，系统将打开图 5-14 所示的"图案填充编辑器"选项卡，在此进行编辑修改。

图 5-13 "图案填充编辑"对话框

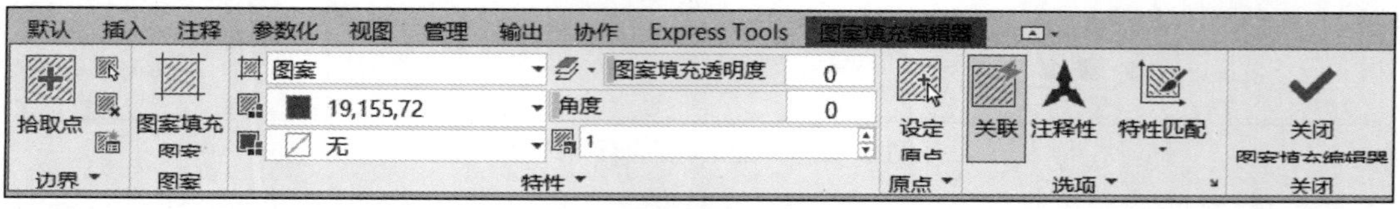

图 5-14 "图案填充编辑器"选项卡

5.2.4 案例——绘制拼花图地砖

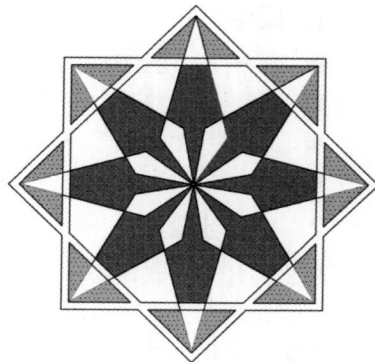

1. 学习目标

绘制图 5-15 所示的拼花图地砖。通过本案例，读者可以进一步掌握"图案填充""修剪""旋转""阵列"等命令的灵活使用方法。

扫码看视频

绘制拼花图地砖

2. 设计思路

主要运用"直线""旋转""修剪""阵列""偏移"等命令绘制、编辑图形，再进行图案填充。

3. 操作步骤

（1）单击"默认"选项卡的"绘图"面板中的"直线"按钮，在适当位置绘制 1 条长度为 120 的竖直线 mn，如图 5-16 所示。

图 5-15 拼花图地砖

（2）单击"默认"选项卡的"修改"面板中的"旋转"按钮，旋转复制竖直线 mn。命令行提示与操作如下。

```
命令: _rotate
UCS 当前的正角方向: ANGDIR=逆时针 ANGBASE=0
选择对象: （旋转直线 mn）
选择对象: ↙
```

指定基点：（捕捉直线 mn 的上端点）

指定旋转角度，或 [复制(C)/参照(R)] <45>：　C ↙

旋转一组选定对象。

指定旋转角度，或 [复制(C)/参照(R)] <45>：　15 ↙

再次使用"旋转"命令对直线 mn 旋转复制，基点选择 mn 直线的下端点，旋转角度为-35°。得到如图 5-17 所示的结果。

（3）单击"默认"选项卡的"修改"面板中的"修剪"按钮，修剪多余的线条，结果如图 5-18 所示。

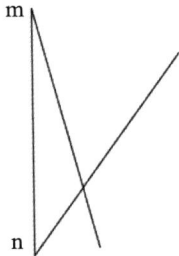

图 5-16　绘制直线　　　　　图 5-17　旋转复制直线　　　　　图 5-18　修剪线条

（4）单击"默认"选项卡的"修改"面板中的"镜像"按钮，对图形进行镜像操作，并删除直线 mn，得到图 5-19 所示结果。

（5）单击"默认"选项卡的"修改"面板中的"环形阵列"按钮，对图形进行阵列复制。命令行提示与操作如下。结果如图 5-20 所示。

命令: _arraypolar

选择对象：（选择全部图形）

选择对象：↙

类型 = 极轴　关联 = 否

指定阵列的中心点或 [基点(B)/旋转轴(A)]：（捕捉图形下方的端点）

选择夹点以编辑阵列或 [关联(AS)/基点(B)/项目(I)/项目间角度(A)/填充角度(F)/行(ROW)/层(L)/旋转项目(ROT)/退出(X)] <退出>:I ↙

输入阵列中的项目数或 [表达式(E)] <6>: 4 ↙

选择夹点以编辑阵列或 [关联(AS)/基点(B)/项目(I)/项目间角度(A)/填充角度(F)/行(ROW)/层(L)/旋转项目(ROT)/退出(X)] <退出>: ↙

（6）单击"默认"选项卡的"修改"面板中的"旋转"按钮，完成旋转复制图形。命令行提示与操作如下。得到的结果如图 5-21 所示。

命令: _rotate

UCS 当前的正角方向：ANGDIR=逆时针　ANGBASE=0

选择对象：（选择全部图形）

选择对象：↙

指定基点：（捕捉图形的中心点）

指定旋转角度，或 [复制(C)/参照(R)] <325>：　C ↙

旋转一组选定对象。

指定旋转角度，或 [复制(C)/参照(R)] <325>： 45 ↙

图 5-19　镜像复制图形　　　图 5-20　阵列复制图形　　　图 5-21　旋转复制

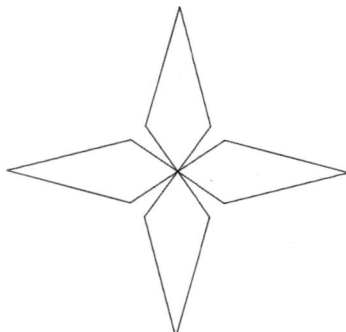

（7）单击"默认"选项卡的"绘图"面板中的"多段线"按钮⟶，捕捉图形的 8 个端点，绘制 2 个闭合四边形，结果如图 5-22 所示。

（8）单击"默认"选项卡的"修改"面板中的"偏移"按钮⊂，将 2 个四边形向外偏移 5，结果如图 5-23 所示。

（9）单击"默认"选项卡的"修改"面板中的"修剪"按钮，对 2 个四边形区域相交的区域进行相互修剪，结果如图 5-24 所示。

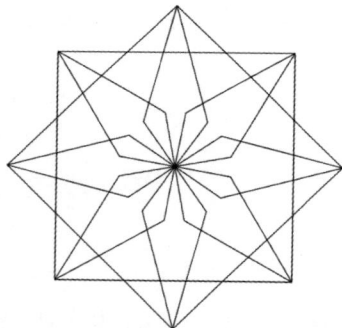

图 5-22　绘制四边形　　　图 5-23　偏移四边形　　　图 5-24　修剪四边形

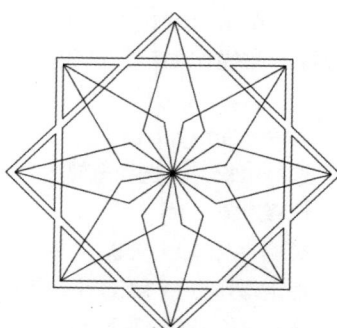

（10）单击"默认"选项卡的"绘图"面板中的"图案填充"按钮，打开"图案填充创建"选项卡，设置填充图案与参数，如图 5-25 所示，再拾取需要填充的区域进行图案填充。得到图 5-26 所示的效果。

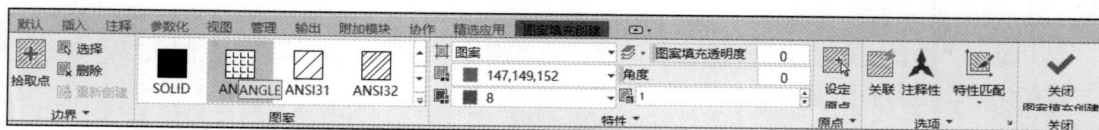

图 5-25　设置填充图案与参数（1）

（11）单击"默认"选项卡的"绘图"面板中的"图案填充"按钮，打开"图案填充创建"选项卡，再次设置填充图案与参数，如图 5-27 所示，拾取需要填充的其他区域进行图案填充。得到图 5-28 所示效果。

图 5-26　填充内部区域

图 5-27　设置填充图案与参数（2）

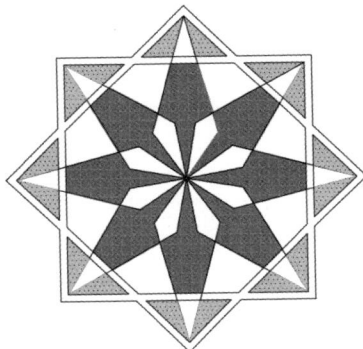

图 5-28　填充其他区域

5.3　多段线

多段线是由多条直线段或者圆弧段所组成的组合体，它们既可以一起编辑，也可以分别编辑，还可以具有不同的宽度。

5.3.1　绘制多段线

1. 调用方式

▽ 命令行：PLINE（快捷命令：PL）。

▽ 菜单栏："绘图"→"多段线"。

▽ 工具栏："绘图"→"多段线" ⌐。

▽ 功能区："默认"→"绘图"→"多段线" ⌐。

2. 操作步骤

用上述任一方式调用"多段线"命令后，命令行提示与操作如下。

命令:_pline
指定起点:　（指定多段线的起点）
当前线宽为　0.0000
指定下一个点或 [圆弧(A)/半宽(H)/长度(L)/放弃(U)/宽度(W)]:　（指定多段线的下一点或其他选项）

3．选项说明

（1）指定下一个点：像"直线"命令一样，指定下一端点。

（2）圆弧（A）：转为绘制圆弧方式。选择该项，系统将提示如下。绘制圆弧的方法与"圆弧"命令相似。

指定圆弧的端点(按住 Ctrl 键以切换方向)或[角度(A)/圆心(CE)/闭合(CL)/方向(D)/半宽(H)/直线(L)/半径(R)/第二个点(S)/放弃(U)/宽度(W)]:

（3）半宽（H）：指定多段线的中心到其一边的宽度，也就是宽度的一半。选择该选项，系统将提示如下。

指定起点半宽 <1.0000>:　（指定起点半宽）
指定端点半宽 <1.0000>:　（指定端点半宽）

（4）长度（L）：该选项允许以前一线段的角度绘制一个指定长度的新线段；若前一线段为圆弧，将产生一条与圆弧相切的线段。

（5）放弃（U）：删除最后添加到多段线上的直线段或圆弧段。

（6）宽度（W）：指定后面要画的多段线的宽度。

提示与技巧

多段线可以具有固定的宽度或锥度；有宽度的多段线可以形成实心圆和圆环；连续相接的直线或圆弧可以形成一个封闭的多边形或椭圆；可以在指定的地方对多段线绘制倒角和圆角。

5.3.2 案例——绘制圆箭头图形

1．学习目标

绘制图 5-29 所示的圆箭头图形。通过本案例，读者可以进一步掌握绘制多段线的方法。

扫码看视频

绘制圆箭头图形

2．设计思路

通过改变多段线的宽度和类型来完成图形的绘制。

3．操作步骤

（1）单击"默认"选项卡的"绘图"面板中的"圆"按钮 ⊘，绘制一半径为 30 的辅助圆。

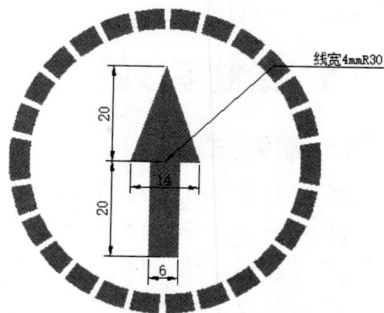

图 5-29　圆箭头图形

（2）单击"默认"选项卡的"绘图"面板中的"多段线"按钮，绘制多段线。命令行提示与操作如下。

```
命令: _pline
指定起点: （捕捉辅助圆的右象限点）
当前线宽为 0.0000
指定下一个点或 [圆弧(A)/半宽(H)/长度(L)/放弃(U)/宽度(W)]: W ↵
指定起点宽度 <0.0000>: 4 ↵
指定端点宽度 <4.0000>: ↵
指定下一个点或 [圆弧(A)/半宽(H)/长度(L)/放弃(U)/宽度(W)]: A ↵
指定圆弧的端点(按住 Ctrl 键以切换方向)或[角度(A)/圆心(CE)/方向(D)/半宽(H)/直线(L)/半径(R)/第
二个点(S)/放弃(U)/宽度(W)]: （捕捉辅助圆的左象限点）
指定圆弧的端点(按住 Ctrl 键以切换方向)或[角度(A)/圆心(CE)/闭合(CL)/方向(D)/半宽(H)/直线(L)/
半径(R)/第二个点(S)/放弃(U)/宽度(W)]: （再次捕捉辅助圆的右象限点）
指定圆弧的端点(按住 Ctrl 键以切换方向)或[角度(A)/圆心(CE)/闭合(CL)/方向(D)/半宽(H)/直线(L)/
半径(R)/第二个点(S)/放弃(U)/宽度(W)]: ↵
命令: _pline
指定起点: （指定距离辅助圆心竖直向下 20 的点）
当前线宽为 4.0000
指定下一个点或 [圆弧(A)/半宽(H)/长度(L)/放弃(U)/宽度(W)]: W ↵
指定起点宽度 <4.0000>: 6 ↵
指定端点宽度 <6.0000>: ↵
指定下一个点或 [圆弧(A)/半宽(H)/长度(L)/放弃(U)/宽度(W)]: 20 ↵ （竖直向上 20）
指定下一点或 [圆弧(A)/闭合(C)/半宽(H)/长度(L)/放弃(U)/宽度(W)]: W ↵
指定起点宽度 <6.0000>: 14 ↵
指定端点宽度 <14.0000>: 0 ↵
指定下一点或 [圆弧(A)/闭合(C)/半宽(H)/长度(L)/放弃(U)/宽度(W)]: 20 ↵ （竖直向上 20）
指定下一点或 [圆弧(A)/闭合(C)/半宽(H)/长度(L)/放弃(U)/宽度(W)]: ↵
```

（3）将绘制的两段圆弧线型改为"ACD_ISO02W100"，线型比例因子设置为 0.5，得到结果如图 5-29 所示。

5.3.3　编辑多段线

1. 调用方式

▼ 命令行：PEDIT（快捷命令：PE）。

▼ 菜单栏："修改"→"对象"→"多段线"。

▼ 工具栏："修改 II"→"编辑多段线" ╭╮。

▼ 功能区："默认"→"修改"→"编辑多段线" ╭╮。

▼ 快捷菜单：选择要编辑的多段线，在绘图区内单击鼠标右键，在弹出的快捷菜单中选择"多段线"→"编辑多段线"命令。

2. 操作步骤

用上述任一方式调用"编辑多段线"命令后，命令行提示与操作如下。

命令: _pedit
选择多段线或 [多条(M)]: （选择一条多段线）
输入选项 [闭合(C)/合并(J)/宽度(W)/编辑顶点(E)/拟合(F)/样条曲线(S)/非曲线化(D)/线型生成(L)/反转(R)/放弃(U)]:

3. 选项说明

（1）闭合（C）：封闭所编辑的多段线，若被编辑的多段线是闭合的，则显示的是"打开（O）"选项。

（2）合并（J）：以选中的多段线为主体，合并其他各段端点首尾相连的直线段、圆弧或多段线，使其成为一条多段线，如图 5-30 所示。

多段线　　　圆弧　直线段　　　　　　　　　　　　一条多段线

(a) 合并前　　　　　　　　　　　　　　　(b) 合并后

图 5-30　合并多段线

（3）宽度（W）：用于确定所编辑的整条多段线的新线宽，使其各段具有同一线宽，如图 5-31 所示。

(a) 修改前　　　　　　　　　　　　(b) 修改后

图 5-31　修改多段线的线宽

（4）编辑顶点（E）：执行该选项时，系统自动在屏幕上用小叉"×"标记出多段线的第一个顶点，并且以该顶点作为当前的编辑顶点，同时命令行会有如下提示。此时，用户可根据需要进行插入、移动顶点等操作。

输入顶点编辑选项[下一个(N)/上一个(P)/打断(B)/插入(I)/移动(M)/重生成(R)/拉直(S)/切向(T)/宽度(W)/退出(X)] <N>:

（5）拟合（F）：使指定的多段线生成由光滑圆弧连接而成的圆弧拟合曲线，如图 5-32 所示。

（6）样条曲线（S）：用样条曲线对多段线进行拟合，其中所编辑的多段线的各顶点成为样条曲线的控制点，如图 5-33 所示。

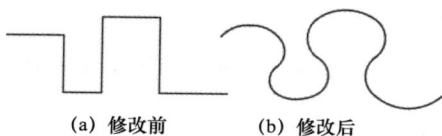

(a) 修改前　　　(b) 修改后

图 5-32　拟合多段线

(a) 修改前　　　(b) 修改后

图 5-33　用样条曲线拟合多段线

（7）非曲线化（D）：删除在执行"拟合（F）"或者"样条曲线（S）"选项操作时插入的额外顶点，并且拉直多段线中的所有圆弧，同时保留多段线顶点的所有切线信息。

（8）线型生成（L）：用户可以规定非连续型多段线（如点画线）在各顶点处的绘线方式。执行该选项时，命令行会有如下提示。

> 输入多段线线型生成选项 [开(ON)/关(OFF)] <关>:
>   若选择"关（OFF）"，则多段线的各段线段独立绘制线型，当长度不足以表达线型时，以连续线代替；若选择"开（ON）"，则多段线以全长绘制线型。

（9）反转（R）：反转多段线顶点的顺序。

5.3.4 案例——绘制拼图图案

1. 学习目标

利用"编辑多段线"命令，将图 5-34 所示的多段线，修改成图 5-35 所示的拼图图案。通过本案例，读者可以进一步掌握编辑多段线的方法。

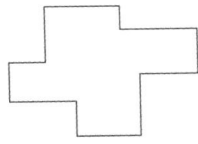

2. 设计思路

通过"闭合""拟合"命令实现修改多段线。

3. 操作步骤

（1）打开文件"源文件/初始文件/第 5 章/案例——拼图图案（初始文件）.dwg"。如图 5-34 所示。

（2）单击"默认"选项卡的"修改"面板中的"编辑多段线"按钮 ◡，修改多段线。命令行提示与操作如下。

> 命令: _pedit
> 选择多段线或 [多条(M)]: （选择多段线）
> 输入选项 [闭合(C)/合并(J)/宽度(W)/编辑顶点(E)/拟合(F)/样条曲线(S)/非曲线化(D)/线型生成(L)/反转(R)/放弃(U)]: C ↙ （多段线闭合，结果如图 5-36 所示）
> 输入选项 [打开(O)/合并(J)/宽度(W)/编辑顶点(E)/拟合(F)/样条曲线(S)/非曲线化(D)/线型生成(L)/反转(R)/放弃(U)]: F ↙ （拟合多段线，结果如图 5-37 所示）
> 输入选项 [打开(O)/合并(J)/宽度(W)/编辑顶点(E)/拟合(F)/样条曲线(S)/非曲线化(D)/线型生成(L)/反转(R)/放弃(U)]:W ↙
> 指定所有线段的新宽度: 5 ↙ （指定多段线宽度为 5）
> 输入选项 [打开(O)/合并(J)/宽度(W)/编辑顶点(E)/拟合(F)/样条曲线(S)/非曲线化(D)/线型生成(L)/反转(R)/放弃(U)]: ↙

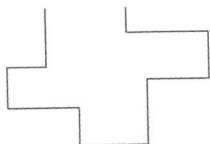

图 5-34 多段线　　　　图 5-35 拼图图案　　　　图 5-36 闭合多段线　　　图 5-37 拟合多段线

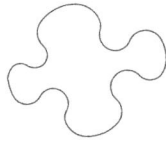

至此，完成了多段线的修改。

5.4　样条曲线

　　样条曲线是一种通过或者接近指定点的拟合曲线。在 AutoCAD 中，样条曲线的类型是非均匀有理 B 样条（Non-Uniform Rational B-Spline，NURBS），这种类型的曲线适宜于表达曲率半径具有不规则变化的曲线，如汽车造型设计中的轮廓线，山峰、池塘等地貌的轮廓线，如图 5-38 所示。

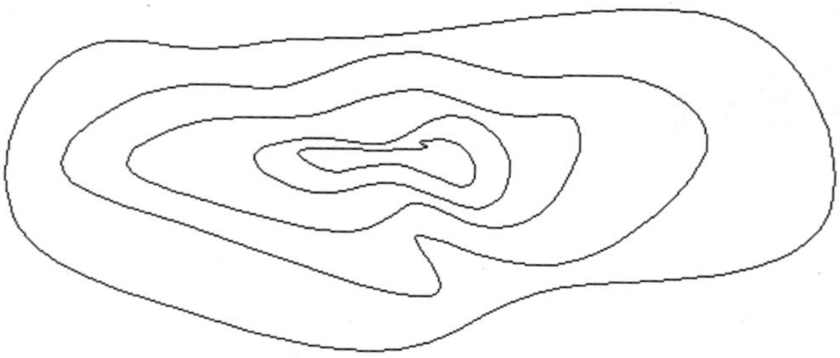

图 5-38　样条曲线

5.4.1　绘制样条曲线

1．调用方式

▼ 命令行：SPLINE（快捷命令：SPL）。
▼ 菜单栏："绘图"→"样条曲线"。
▼ 工具栏："绘图"→"样条曲线" ∿。
▼ 功能区："默认"→"绘图"→"样条曲线拟合" ∿/"样条曲线控制点" ∿。

2．操作步骤

用上述任一方式调用"样条曲线"命令后，命令行提示与操作如下。

```
命令: _spline
当前设置: 方式=拟合    节点=弦
指定第一个点或 [方式(M)/节点(K)/对象(O)]: （指定一点或选择"对象(O)"选项）
输入下一个点或 [起点切向(T)/公差(L)]: （指定第二点）
输入下一个点或 [端点相切(T)/公差(L)/放弃(U)]: （指定第三点）
输入下一个点或 [端点相切(T)/公差(L)/放弃(U)/闭合(C)]:
```

3．选项说明

（1）方式（M）：选择使用拟合点或使用控制点创建样条曲线。若选择该选项，系统将提示如下。

```
输入样条曲线创建方式 [拟合(F)/控制点(CV)] <拟合>:
```

选择"拟合"选项与选择"控制点"选项创建样条曲线的方式如下。

① 拟合（F）：通过指定样条曲线必须经过的拟合点创建 3 阶 B 样条曲线，如图 5-39 所示。

② 控制点（CV）：通过指定控制点创建样条曲线，如图 5-40 所示。使用此方法可创建 1 阶（线性）、2 阶（二次）、3 阶（三次）直到最高为 10 阶的样条曲线。

图 5-39　使用拟合点方式创建样条曲线　　　　　图 5-40　使用控制点方式创建样条曲线

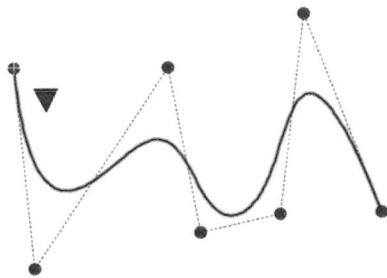

（2）节点（K）：用来确定样条曲线中连续拟合点之间的曲线如何过渡。

（3）对象（O）：将二维或三维的二次或三次样条曲线拟合的多段线转换为等价的样条曲线，然后根据 DELOBJ 系统变量的设置删除原多段线。

（4）公差（L）：指定所创建的样条曲线距离指定的必须经过的拟合点的距离，公差应用于除起点和端点外的所有拟合点。

（5）闭合（C）：闭合样条曲线。

5.4.2　案例——绘制雨伞

1. 学习目标

绘制图 5-41 所示的雨伞。通过本案例，读者可以进一步掌握绘制样条曲线、多段线、圆弧的方法。

扫码看视频

绘制雨伞

2. 设计思路

利用"样条曲线"命令绘制伞边，利用"圆弧"命令绘制伞面边框和辐条，利用"多段线"命令绘制伞柄。

3. 操作步骤

（1）单击"默认"选项卡的"绘图"面板中的"圆弧"按钮，绘制伞面边框。命令行提示与操作如下。

图 5-41　雨伞

```
命令：_arc
指定圆弧的起点或 [圆心(C)]：C ↵
指定圆弧的圆心：（适当位置指定圆弧的圆心）
指定圆弧的起点：@30,0 ↵
指定圆弧的端点(按住 Ctrl 键以切换方向)或 [角度(A)/弦长(L)]：A ↵
指定夹角(按住 Ctrl 键以切换方向)：180 ↵
```

结果如图 5-42 所示。

（2）单击"默认"选项卡的"绘图"面板中的"样条曲线拟合"按钮，绘制伞边。命令行提示与操作如下。其中，点 2、3、4、5、6 指定适当位置即可。结果如图 5-43 所示。

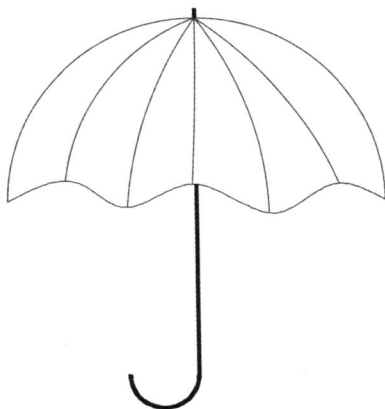

命令: _SPLINE

当前设置: 方式=拟合　　节点=弦

指定第一个点或 [方式(M)/节点(K)/对象(O)]: _M

输入样条曲线创建方式 [拟合(F)/控制点(CV)] <拟合>: _FIT

当前设置: 方式=拟合　　节点=弦

指定第一个点或 [方式(M)/节点(K)/对象(O)]:　（捕捉圆弧左端点 1）

输入下一个点或 [起点切向(T)/公差(L)]:　（指定点 2）

输入下一个点或 [端点相切(T)/公差(L)/放弃(U)]:　（指定点 3）

输入下一个点或 [端点相切(T)/公差(L)/放弃(U)/闭合(C)]:　（指定点 4）

输入下一个点或 [端点相切(T)/公差(L)/放弃(U)/闭合(C)]:　（指定点 5）

输入下一个点或 [端点相切(T)/公差(L)/放弃(U)/闭合(C)]:　（指定点 6）

输入下一个点或 [端点相切(T)/公差(L)/放弃(U)/闭合(C)]:　（捕捉圆弧右端点 7）

输入下一个点或 [端点相切(T)/公差(L)/放弃(U)/闭合(C)]:　↵

（3）单击"默认"选项卡的"绘图"面板中的"圆弧"按钮 ，绘制伞面辐条。命令行提示与操作如下。结果如图 5-44 所示。

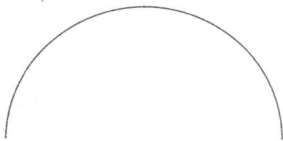

图 5-42　绘制伞面边框　　　　图 5-43　绘制伞边　　　　图 5-44　绘制伞面辐条

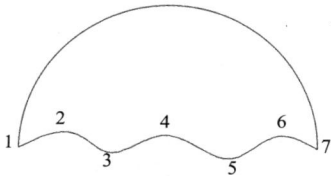

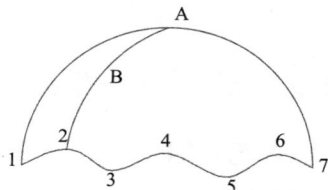

命令: _arc

指定圆弧的起点或 [圆心(C)]:　（捕捉象限点 A）

指定圆弧的第二个点或 [圆心(C)/端点(E)]:　（指定第二点 B）

指定圆弧的端点:　（捕捉最近点 2）

（4）重复步骤（3），绘制伞面上的其他辐条，得到图 5-45 所示的效果。

（5）单击"默认"选项卡的"绘图"面板中的"多段线"按钮 ，绘制伞柄。命令行提示与操作如下。结果如图 5-47 所示。

命令: _pline

指定起点: 5　↵　（开启状态栏的 和 ，自圆弧象限点 A 向上移动鼠标，如图 5-46 所示，输入 5 按 Enter 键）

当前线宽为 0.0000

指定下一个点或 [圆弧(A)/半宽(H)/长度(L)/放弃(U)/宽度(W)]: W　↵

指定起点宽度 <1.0000>: 0.6　↵

指定端点宽度 <0.6000>: 0.6　↵

指定下一个点或 [圆弧(A)/半宽(H)/长度(L)/放弃(U)/宽度(W)]: @0,-60　↵

指定下一点或 [圆弧(A)/闭合(C)/半宽(H)/长度(L)/放弃(U)/宽度(W)]: A ↙

指定圆弧的端点(按住 Ctrl 键以切换方向)或[角度(A)/圆心(CE)/闭合(CL)/方向(D)/半宽(H)/直线(L)/半径(R)/第二个点(S)/放弃(U)/宽度(W)]: （移动鼠标到适当位置再单击）

指定圆弧的端点(按住 Ctrl 键以切换方向)或[角度(A)/圆心(CE)/闭合(CL)/方向(D)/半宽(H)/直线(L)/半径(R)/第二个点(S)/放弃(U)/宽度(W)]: ↙

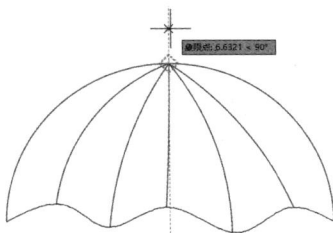

图 5-45　绘制伞面其他辐条　　　　图 5-46　指定伞柄顶点　　　　图 5-47　绘制伞柄

（6）单击"默认"选项卡的"修改"面板中的"修剪"按钮，将伞柄中间多余部分修剪掉，即完成雨伞的绘制。最终效果如图 5-41 所示。

5.5　多线

多线是一种间距和数量可以调整的平行线组对象，多用于绘制建筑图中的墙体、电子线路等平行线对象。

5.5.1　绘制多线

1. 调用方式

▽ 命令行：MLINE（快捷命令：ML）。

▽ 菜单栏："绘图"→"多线"。

2. 操作步骤

用上述任一方式调用"多线"命令后，命令行提示与操作如下。

命令:_mline
当前设置: 对正 = 上，比例 = 20.00，样式 = STANDARD
指定起点或 [对正(J)/比例(S)/样式(ST)]: （给定起点）
指定下一点: （给定下一点）
指定下一点或 [放弃(U)]: （继续给定下一点绘制线段，若输入 U，则放弃前一段的绘制；若按 Enter 键，则结束命令）
指定下一点或 [闭合(C)/放弃(U)]: （继续给定下一点绘制线段，若输入 C，则闭合线段，结束命令）

3．选项说明

（1）对正（J）：用于给定绘制多线的基准，有"上""无""下"3 种对正方式。如图 5-48 所示。其中"上"表示以多线上侧的线为基准，其余两种以此类推。

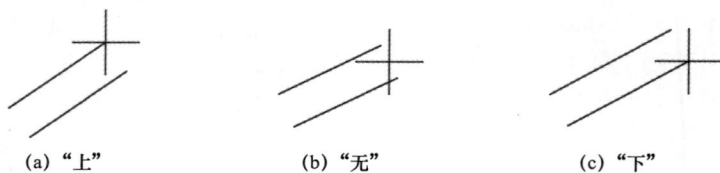

(a)"上"　　　　　　(b)"无"　　　　　　(c)"下"

图 5-48　3 种对正方式

（2）比例（S）：用于设置平行线的间距，输入值为 0 时平行线重合，值为负数时多线的排列倒置。

（3）样式（ST）：用于设置当前使用的多线样式。

5.5.2　多线样式

多线的样式是可以自定义的，具体方法及操作步骤如下。

1．调用方式

▼ 命令行：MLSTYLE。

▼ 菜单栏："格式"→"多线样式"。

2．操作步骤

用上述任一方式调用"多线样式"命令后，系统将弹出"多线样式"对话框，如图 5-49 所示。

3．选项说明

（1）"置为当前"按钮：在"样式"列表中选择需要使用的多线样式后，单击"置为当前"按钮，可以将其设置为当前的多线样式。

（2）"新建"按钮：单击"新建"按钮，将打开图 5-50 所示的"创建新的多线样式"对话框，在"新样式名"文本框中输入新样式名，单击"继续"按钮，系统打开"新建多线样式"对话框，如图 5-51 所示，在此对话框中可以创建新的多线样式。

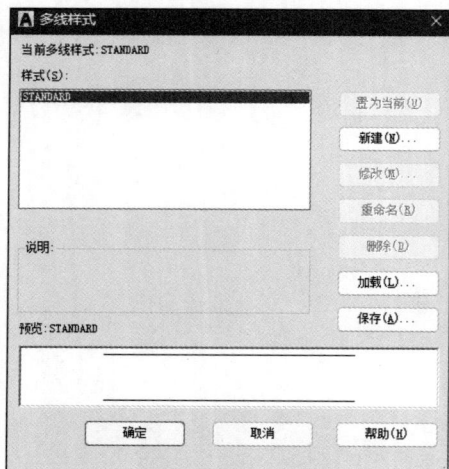

图 5-49　"多线样式"对话框

图 5-50　"创建新的多线样式"对话框

（3）"修改"按钮：单击该按钮，将打开"修改多线样式"对话框，可以修改创建的多线样式。

图 5-51　"新建多线样式"对话框

（4）"重命名"按钮：重新命名"样式"列表中选中的多线样式的名字，但不能重新命名标准（STANDARD）样式。

（5）"删除"按钮：删除"样式"列表中选中的多线样式。

（6）"加载"按钮！用于从多线文件（MLN 文件）中加载已定义的多线样式。单击该按钮，AutoCAD 弹出"加载多线样式"对话框，用户可以从中选取样式加载。

（7）"保存"按钮：将当前的多线样式存入一个多线文件中。

5.5.3　编辑多线

编辑多线是在"多线编辑工具"对话框中完成的，共有 4 类 12 种编辑工具。

1．调用方式

图 5-52　"多线编辑工具"对话框

▼ 命令行：MLEDIT。

▼ 菜单栏："修改"→"对象"→"多线"。

2．操作步骤

用上述任一方式调用"编辑多线"命令后，系统将打开"多线编辑工具"对话框，如图 5-52 所示。"多线编辑工具"对话框中的各个图像按钮，形象地说明了该对话框具有的 12 种编辑功能。表 5-1 列出了各种功能的名称及说明。

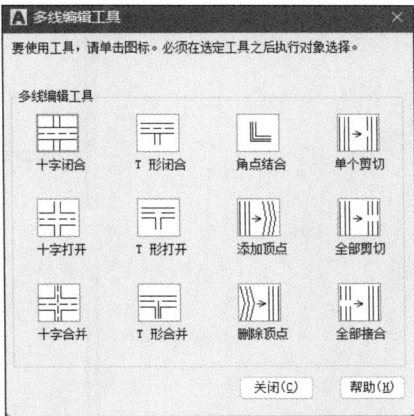

表 5-1　多线编辑工具

图标	名称	功 能 说 明
	十字闭合	在第二条多线和第一条多线的交点处断开第一条多线的所有元素
	十字打开	在第二条多线和第一条多线的交点处断开第一条多线的所有元素和第二条多线的边线
	十字合并	在第二条多线和第一条多线的交点处断开除中线之外的所有元素
	T 形闭合	在两条多线之间创建闭合的 T 形交点
	T 形打开	在两条多线之间创建打开的 T 形交点

续表

图标	名称	功能说明
⊐F	T形合并	类似于T形打开，但第一条多线的中线与第二条多线的中线相交
∟	角点结合	将两条多线进行延伸或修剪生成两条多线的一个连接角
‖⟩〉	添加顶点	向多线添加一个顶点
〉⟩‖	删除顶点	删除多线上的一个顶点
‖⟩‖	单个剪切	删除多线上一条元素中两个切点之间的部分
‖⟩‖	全部剪切	删除所有多线上两个切点之间的部分
‖⟩‖	全部结合	连接切开的多线段

5.5.4 案例——绘制墙体平面图

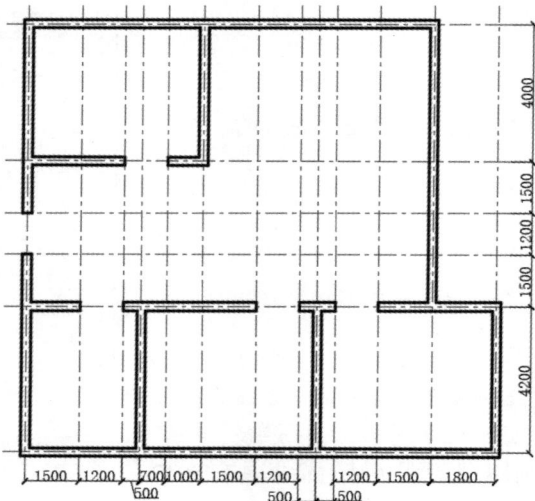

1. 学习目标

绘制图 5-53 所示的墙体平面图。通过本案例，读者可以进一步掌握多线的样式设置、绘制多线及编辑多线的相关操作。

扫码看视频

绘制墙体平面图

图 5-53 墙体平面图

2. 设计思路

先绘制轴线，再设置多线样式，绘制多线，最后通过"编辑多线"命令对多线进行修改。

3. 操作步骤

（1）单击"默认"选项卡的"图层"面板中的"图层特性"按钮，弹出"图层特性管理器"选项板，新建"轴线"和"墙体"2个图层并完成相关的设置，结果如图 5-54 所示。

（2）将"轴线"图层置为当前图层。单击"默认"选项卡的"绘图"面板中的"构造线"按钮，绘制 1 条水平构造线和 1 条竖直构造线。

（3）单击"默认"选项卡的"修改"面板中的"偏移"按钮，将水平构造线依次向上偏移 4200、1500、1200、1500、4000，同样将竖直构造线依次向右偏移 1500、1200、500、700、1000、1500、

1200、500、500、1200、1500、1800，得到墙体轴线。结果如图 5-55 所示。

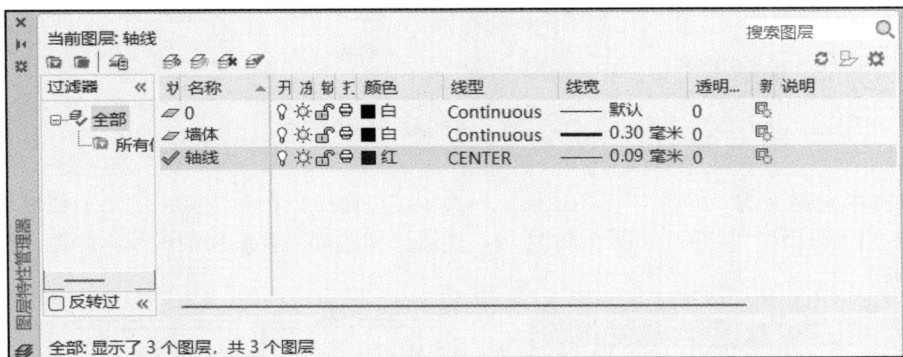

图 5-54　设置图层

（4）选择菜单栏中的"格式"→"多线样式"命令，打开"多线样式"对话框，如图 5-57 所示。

（5）单击"新建"按钮，弹出"创建新的多线样式"对话框，在"新样式名"输入框中输入"墙体"。

（6）单击"继续"按钮，弹出"新建多线样式:墙体"对话框，在该对话框中首先设置"封口""图元"等，结果如图 5-56 所示，再单击"确定"按钮，返回"多线样式"对话框，选择"墙体"并将它置为当前样式，最后单击"确定"按钮，完成多线样式的设置。

（7）将"墙体"图层置为当前图层。选择菜单栏中的"绘图"→"多线"命令，绘制墙体多线。命令行提示与操作如下。墙体绘制结果如图 5-57 所示。

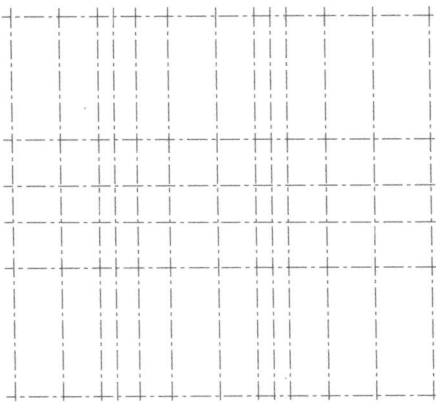

图 5-55　墙体轴线

图 5-56　"新建多线样式:墙体"对话框

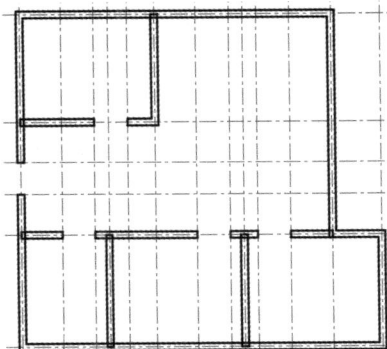

图 5-57　绘制墙体多线

```
命令: _mline
当前设置: 对正 = 上，比例 = 20.00，样式 = 墙体
指定起点或 [对正(J)/比例(S)/样式(ST)]:J ↙　（重新设置多线的对正方式）
输入对正类型 [上(T)/无(Z)/下(B)]<上>:Z ↙　（选择对正类型为"无"）
当前设置: 对正 = 无，比例 = 20.00，样式 = 墙体
指定起点或 [对正(J)/比例(S)/样式(ST)]:S ↙　（重新设置多线比例）
输入多线比例 <20.00>:1 ↙　（设置多线比例为 1）
```

当前设置: 对正 = 无，比例 = 1.00，样式 = 墙体
指定起点或 [对正(J)/比例(S)/样式(ST)]: （合适位置捕捉辅助轴线的交点）
指定下一点:
… （依次捕捉辅助轴线的交点）
指定下一点或 [闭合(C)/放弃(U)]: ↙ （按 Enter 键，结束绘制）

（8）选择菜单栏中的"修改"→"对象"→"多线"命令，在系统弹出的"多线编辑工具"对话框中单击"T 形打开"按钮，如图 5-58 所示，然后分别选择需要编辑的多线，修改后得到的结果如图 5-59 所示。

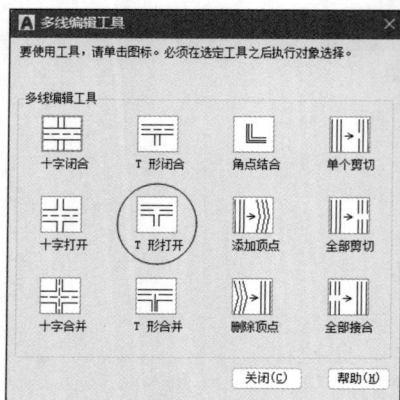

图 5-58 "多线编辑工具"对话框

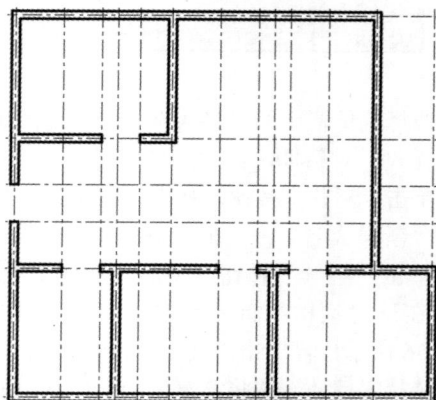

图 5-59 T 形打开

5.6 对象编辑

除了使用前面介绍的编辑命令对图形进行编辑，用户还可以对图形对象本身的某些属性进行编辑，从而方便图形的绘制。

5.6.1 夹点编辑

在 AutoCAD 中，当用户选择了某个对象后，系统会在图形对象上显示出小方框表示的夹点。夹点标记就是选定对象上的控制点，不同对象的控制夹点是不相同的，如图 5-60 所示。

图 5-60 各种对象的控制夹点

在被选图形上拾取一个夹点，此时该夹点的颜色变为红色，此点为夹点编辑的基准点。这时系

统提示如下。

> ** 拉伸 **
>
> 指定拉伸点或 [基点(B)/复制(C)/放弃(U)/退出(X)]:

在上述提示下选择一种编辑操作或单击鼠标右键，在弹出的快捷菜单中选择需要的命令进行操作，如图 5-61 所示。

5.6.2　修改对象属性

前面章节介绍了使用各种编辑命令修改访问对象的属性，这些命令一般只涉及对象的一种或几种属性。如果用户想访问特定对象的完整属性，可通过"特性"选项板实现。该选项板也是查询、修改对象属性的主要手段。

1. 调用方式

- 命令行：PROPERTIES 或 DDMODIFY。
- 菜单栏："修改"→"特性"或"工具"→"选项板"→"特性"。
- 工具栏："标准"→"特性"
- 功能区："视图"→"选项板"→"特性"

2. 操作步骤

用上述任一方式调用"特性"命令后，系统将打开"特性"选项板，如图 5-62 所示。利用该选项板可以方便地设置或修改对象的各种属性。不同的对象具有不同的属性种类和值，修改对象的属性值，即可改变对象属性。

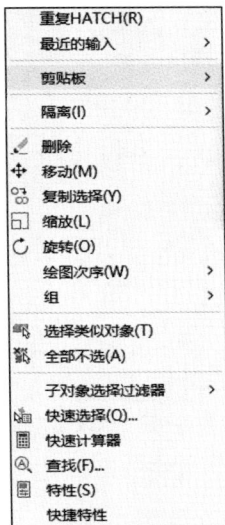

图 5-61　快捷菜单

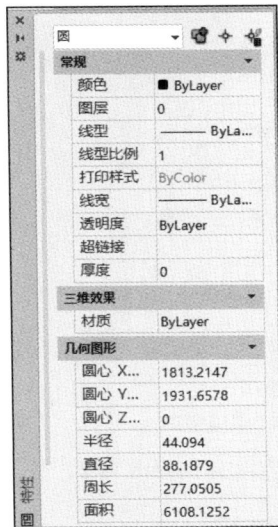

图 5-62　"特性"选项板

5.6.3　案例——绘制三色圆

1. 学习目标

按照图 5-63（b）的要求，对图 5-63（a）的属性进行修改。通过本案例，读者可以进一步掌握夹点编辑和修改对象属性的相关操作。

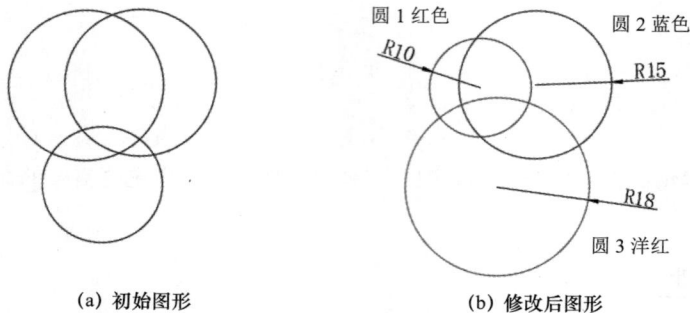

(a) 初始图形　　　　　　　(b) 修改后图形

图 5-63　三色圆

2. 设计思路

利用"特性"选项板修改对象属性。

3. 操作步骤

（1）打开文件"源文件/初始文件/第 5 章/案例——三色圆（初始文件）.dwg"，如图 5-63（a）所示。

（2）选择圆 1（图中左上方），此时圆 1 上显示夹点标记，如图 5-64 所示。单击鼠标右键，在弹出的快捷菜单中选择"特性"命令，系统打开"特性"选项板，在"颜色"下拉列表框中选择"红"，"半径"文本框中输入 10，如图 5-65 所示。

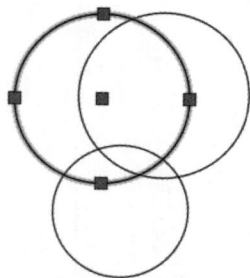

图 5-64　选择圆 1

图 5-65　修改圆 1 颜色和半径

（3）用同样的方法分别修改圆 2、圆 3 的颜色、半径属性。最终结果如图 5-63（b）所示。

5.6.4　特性匹配

利用特性匹配功能可以将选定的源对象的属性应用于其他目标对象，使目标对象的属性与源对象的属性相同。可应用的属性类型包括颜色、图层、线型、线宽、透明度及其他指定的属性。

1. 调用方式

◥ 命令行：MATCHPROP。

- ☑ 菜单栏："修改"→"特性匹配"。
- ☑ 工具栏："标准"→"特性匹配"。
- ☑ 功能区："默认"→"特性"→"特性匹配"。

2. 操作步骤

用上述任一方式调用"特性匹配"命令后，命令行提示与操作如下。

> 命令:_matchprop
> 选择源对象：（选择要复制其属性的源对象）
> 当前活动设置：颜色 图层 线型 线型比例 线宽 透明度 厚度 打印样式 标注 文字 图案填充 多段线 视口 表格 材质 多重引线 中心对象
> 选择目标对象或 [设置(S)]：（选择目标对象）

这样目标对象就采用了源对象的属性。

如图 5-66 所示，将图 5-66（a）设为选定的源对象，对图 5-66（b）进行特性匹配，则目标对象图 5-66（b）的修改为图 5-66（c）。

| (a) 选定的源对象 | (b) 选定的目标对象 | (c) 结果 |

图 5-66　特性匹配

5.7　综合案例

5.7.1　综合案例——绘制围栏

扫码看视频

绘制围栏

1. 学习目标

本案例绘制围栏，如图 5-67 所示。通过本案例，读者可以进一步掌握"多线""样条曲线""多段线""图案填充""复制""阵列""修剪"等命令的灵活使用方法。

2. 设计思路

利用"多线""样条曲线""多段线"命令绘制图形，利用"复制""阵列""修剪"等命令修改图形，最后进行图案填充。

3. 操作步骤

（1）选择菜单栏中的"格式"→"多线样式"命令，打开"新建多线样式"对话框，新建"栏杆"多线样式，各参数设置如图 5-68 所示，并将该多线样式置为当前样式。

（2）选择菜单栏中的"绘图"→"多线"命令，绘制栏杆多线。命令行提示与操作如下。采用相同的方法，再绘制一条起点在(200,200)，长度为 1700 的竖直多线，结果如图 5-69 所示。

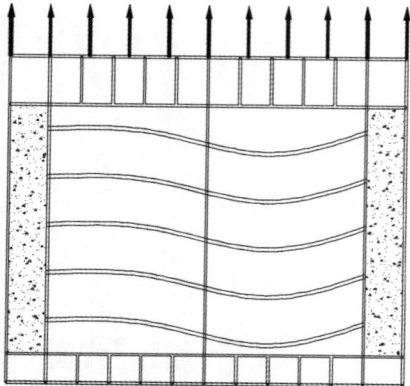

图 5-67　围栏

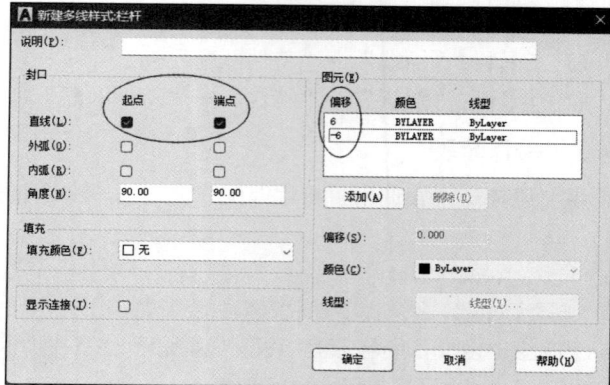

图 5-68　"新建多线样式"对话框

命令: _mline

当前设置: 对正 = 上，比例 = 20.00，样式 = 栏杆

指定起点或 [对正(J)/比例(S)/样式(ST)]:J ↵

输入对正类型 [上(T)/无(Z)/下(B)] <无>:Z ↵

当前设置: 对正 = 无，比例 = 20.00，样式 = 栏杆

指定起点或 [对正(J)/比例(S)/样式(ST)]:S ↵

输入多线比例 <20.00>:1 ↵

当前设置: 对正 = 无，比例 = 1.00，样式 = 栏杆

指定起点或 [对正(J)/比例(S)/样式(ST)]:200,200 ↵

指定下一点:@2000,0 ↵

指定下一点或 [放弃(U)]: ↵

（3）单击"默认"选项卡的"修改"面板中的"复制"按钮，将水平多线依次向上复制。命令行提示与操作如下。复制出 3 条水平多线。采用相同的方法，将竖直多线依次向右复制，基点为竖直多线下端点，第二个点分别为{(@200,0)，(@360,0)，(@520,0)，(@680,0)，(@840,0)，(@1000,0)，(@1160,0)，(@1320,0)，(@1480,0)，(@1640,0)，(@1800,0)，(@2000,0)}(也可采用"阵列"或"镜像"命令实现)，结果如图 5-70 所示。

命令: _copy

选择对象: （选择水平多线）

选择对象: ↵

当前设置: 复制模式 = 多个

指定基点或 [位移(D)/模式(O)] <位移>: （捕捉水平多线的左端点）

指定第二个点或 [阵列(A)] <使用第一个点作为位移>:@0,150 ↵

指定第二个点或 [阵列(A)/退出(E)/放弃(U)] <退出>:@0,1450 ↵

指定第二个点或 [阵列(A)/退出(E)/放弃(U)] <退出>:@0,1700 ↵

指定第二个点或 [阵列(A)/退出(E)/放弃(U)] <退出>: ↵

（4）单击"默认"选项卡的"修改"面板中的"修剪"按钮，将多线的多余部分修剪掉，结果如图 5-71 所示。

图 5-69　绘制水平和竖直多线

图 5-70　复制多线

（5）单击"默认"选项卡的"绘图"面板中的"多段线"按钮，绘制围栏顶尖。命令行提示与操作如下。绘制结果如图 5-72 所示。

```
命令: _pline
指定起点:200,1900 ↵
当前线宽为 0.0000
指定下一个点或 [圆弧(A)/半宽(H)/长度(L)/放弃(U)/宽度(W)]:W ↵
指定起点宽度 <0.0000>:15 ↵
指定端点宽度 <15.0000>: ↵
指定下一个点或 [圆弧(A)/半宽(H)/长度(L)/放弃(U)/宽度(W)]:@0,200 ↵
指定下一点或 [圆弧(A)/闭合(C)/半宽(H)/长度(L)/放弃(U)/宽度(W)]:W ↵
指定起点宽度 <15.0000>:30 ↵
指定端点宽度 <30.0000>:0 ↵
指定下一点或 [圆弧(A)/闭合(C)/半宽(H)/长度(L)/放弃(U)/宽度(W)]:@0,70 ↵
指定下一点或 [圆弧(A)/闭合(C)/半宽(H)/长度(L)/放弃(U)/宽度(W)]: ↵
```

图 5-71　修剪多线

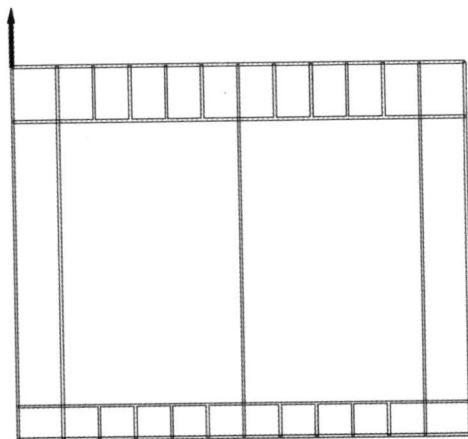

图 5-72　绘制围栏顶尖

（6）单击"默认"选项卡的"修改"面板中的"矩形阵列"按钮，选择刚绘制的多段线为阵列对象，参数设置如图 5-73 所示，结果如图 5-74 所示。

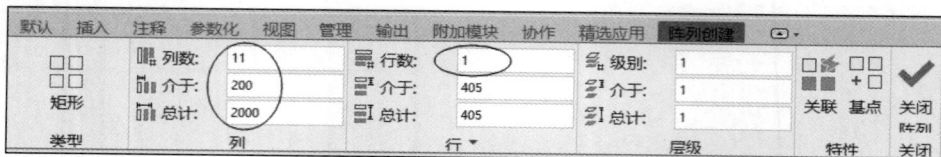

图 5-73　"阵列创建"选项卡 1

（7）单击"默认"选项卡的"绘图"面板中的"样条曲线"按钮，在适当的位置绘制 1 段样条曲线，并将绘制的样条曲线向上偏移 20，结果如图 5-75 所示。

图 5-74　阵列多段线

图 5-75　绘制样条曲线

（8）利用"修剪"命令将样条曲线的多余线条修剪掉。单击"默认"选项卡的"修改"面板中的"矩形阵列"按钮，选择样条曲线为阵列对象，参数设置如图 5-76 所示，结果如图 5-77 所示。

图 5-76　"阵列创建"选项卡 2

图 5-77　阵列样条曲线

（9）单击"默认"选项卡的"绘图"面板中的"图案填充"按钮▨，打开"图案填充创建"选项卡，设置填充图案与参数，如图 5-78 所示，再拾取需要填充的区域进行图案填充。至此，完成了图形的绘制，效果如图 5-67 所示。

图 5-78　"图案填充创建"选项卡

5.7.2　综合案例——绘制齿轮

1．学习目标

本案例绘制齿轮，如图 5-79 所示。通过本案例，读者可以进一步掌握"图案填充""偏移""阵列""修剪""圆角""镜像"等命令的使用技巧。

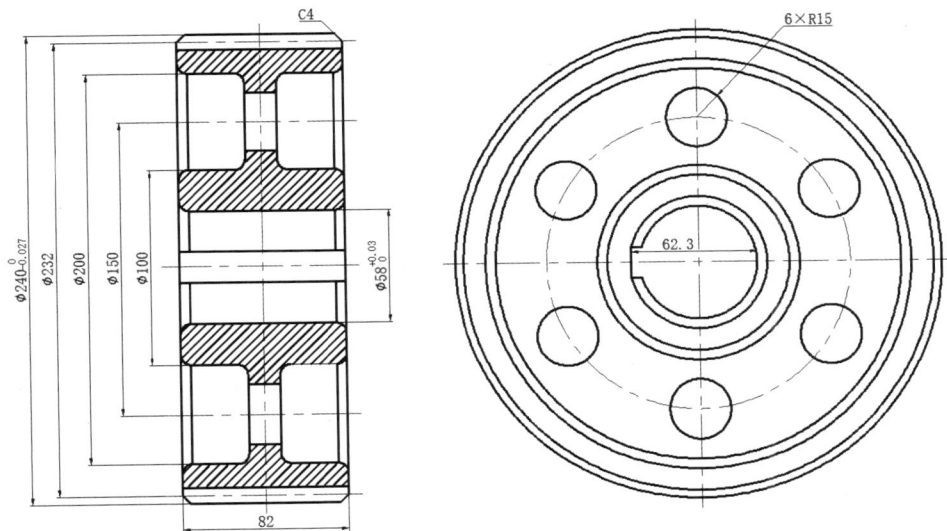

图 5-79　齿轮

2．设计思路

创建图层，先绘制主视图，再绘制左视图。

3．操作步骤

（1）单击"默认"选项卡的"图层"面板中的"图层特性"按钮，弹出"图层特性管理器"选项板，新建"中心线""轮廓线""剖面线"和"尺寸线"4 个图层并完成相关的设置，结果如图 5-80 所示。

（2）将"中心线"图层设置为当前图层，绘制中心线。单击"默认"选项卡的"绘图"面板中的"直线"按钮，绘制 1 条水平线段{(50,200)，(@390,0)}，2 条竖直线段{(100,75)，(@0,250)}和{(315,75)，(@0,250)}。

（3）将"轮廓线"图层设置为当前图层。单击"默认"选项卡的"绘图"面板中的"直线"按钮，开启"正交模式"，配合"捕捉自"功能，绘制边界线，命令行提示与操作如下。绘制结果如图 5-81 所示。

图 5-80　创建图层

命令: _line　（按住 shift 键并单击鼠标右键，在弹出的临时捕捉菜单中选择"自"命令）

指定第一个点:

_from 基点:　（捕捉左侧中心线的交点）

<偏移>: 41　↙　　（鼠标水平左移）

指定下一点或 [放弃(U)]:120　↙　　（鼠标竖直上移）

指定下一点或[退出(E)/放弃(U)]: 41　↙　　（鼠标水平右移）

指定下一点或[关闭(C)/退出(X)/放弃(U)]:　↙　　（结束绘制直线命令）

（4）单击"默认"选项卡的"修改"面板中的"偏移"按钮 ⊆，将边界线 a 向右偏移 33，再将边界线 b 向下依次偏移 8、20、30、60、70 和 91，然后再将水平中心线 c 向上依次偏移 75 和 116，结果如图 5-82 所示。

（5）单击"默认"选项卡的"修改"面板中的"倒角"按钮 ⌐，对齿轮左上角处绘制倒角 C4；再单击"默认"选项卡"修改"面板中的"圆角"按钮 ⌐，对中间凹槽绘制半径为 5 的圆角，最后修剪多余线条，结果如图 5-83 所示。

（6）单击"默认"选项卡的"修改"面板中的"偏移"按钮 ⊆，将水平中心线向上偏移 8，并把偏移得到的线条图层修改为"轮廓线"图层，然后修剪多余部分，结果如图 5-84 所示。

图 5-81　绘制边界线

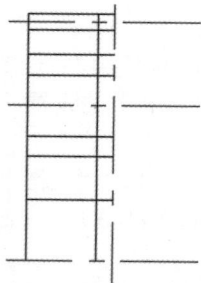

图 5-82　偏移直线

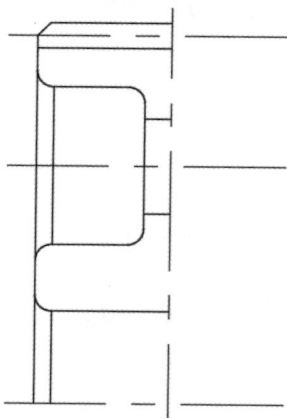

图 5-83　绘制倒角和圆角

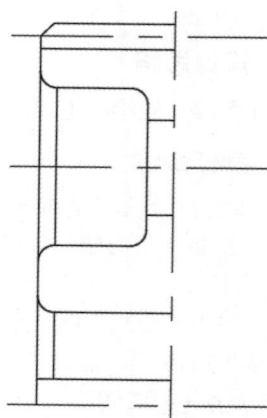

图 5-84　绘制键槽

（7）单击"默认"选项卡的"修改"面板中的"镜像"按钮 ⚠，分别以水平中心线和竖直中心线为镜像轴线进行镜像操作，结果如图 5-85 所示。

（8）将"剖面线"图层设置为当前图层。单击"默认"选项卡的"绘图"面板中的"图案填充"按钮▨，选择"ANSI31"图案作为填充图案，对相关区域进行填充，结果如图 5-86 所示。

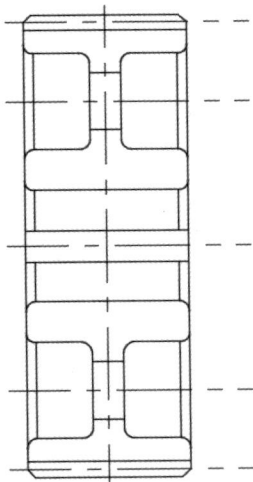

图 5-85 图形镜像

图 5-86 图案填充

（9）单击"默认"选项卡的"绘图"面板中的"直线"按钮╱，开启"正交模式"，配合"对象捕捉"功能，在主视图中捕捉直线的起点，指定适当的终点位置，绘制一系列水平辅助定位线。

（10）单击"默认"选项卡的"绘图"面板中的"圆"按钮⊙，以右侧中心线交点为圆心，依次捕捉辅助定位线与中心线的交点，在"轮廓线"图层上绘制同心圆，结果如图 5-87 所示。

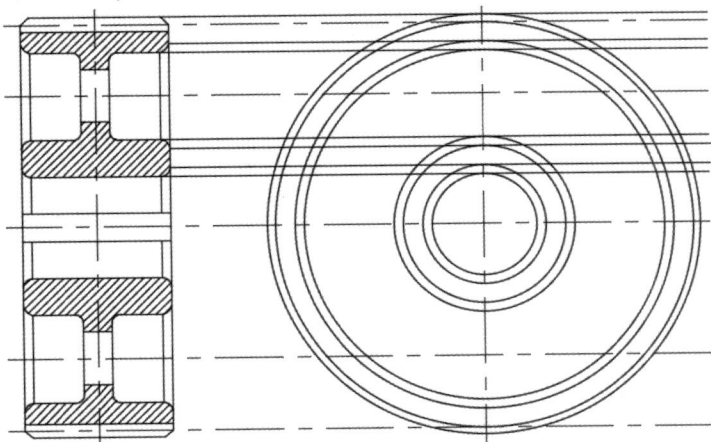

图 5-87 绘制辅助定位线和同心圆

（11）利用"圆"命令，在左视图中，绘制一个半径为 75 的辅助线同心圆。重复"圆"命令，绘制半径为 15 的减重圆孔，并通过"环形阵列"命令复制为 6 个圆孔。再把多余的辅助直线删除，得到图 5-88 所示的结果。

（12）单击"默认"选项卡的"修改"面板中的"偏移"按钮⊂，将左视图中的竖直中心线向左偏移 33.3，水平中心线向上、向下各偏移 8，并修改其图层为"轮廓线"图层，结果如图 5-89 所示。

（13）单击"默认"选项卡的"修改"面板中的"修剪"按钮ズ，对键槽进行修剪编辑，得到齿轮左视图，结果如图 5-90 所示。

（14）开启"线宽"显示功能，至此完成了齿轮主视图和左视图的绘制，效果如图 5-79 所示。

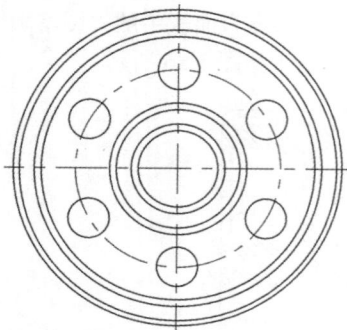

图 5-88　绘制减重圆孔

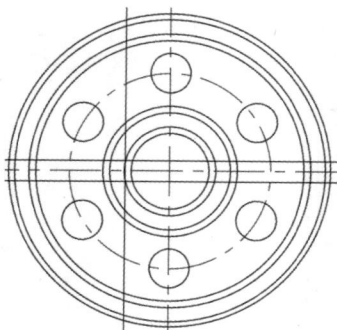

图 5-89　绘制键槽边界线

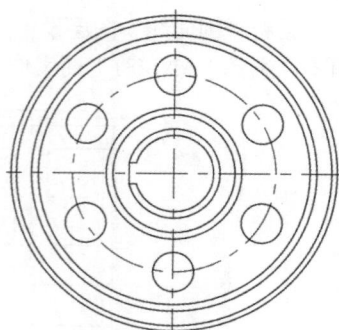

图 5-90　齿轮左视图

5.8　小结与提升

5.8.1　知识小结

本章主要讲解了面域、图案填充、多线、多段线及样条曲线等复杂二维图形的绘图与编辑方法，以下一些细节需要特别注意。

（1）在使用 AutoCAD 创建面域时，必须保证所选对象的封闭性；在执行差集布尔运算时，需先选择被减去的面域，再选择减去的面域。

（2）在选择填充图案时，应根据设计意图和实际需求进行选择，图案应与所填充区域的性质和功能相符合，同时要考虑到图案的美观性和适应性。

（3）在开始绘制多线之前，需要对其参数进行设置，包括线型、线宽、比例等，以确保这些参数符合设计需求，从而获得精确的绘图结果。绘制多线的交接处需要清晰、准确，避免出现不必要的弯曲或交叉。

（4）除了基本的编辑功能外，AutoCAD 还提供了其他的样条曲线编辑工具。例如，可以使用"平滑"命令平滑曲线的形状，使用"曲度"命令控制曲线的曲率等。这些编辑工具可以帮助调整曲线的平滑度和曲率，使曲线更符合设计需求。

5.8.2　技能提升

练习题 1：利用面域造型法，绘制图 5-91 所示的图形。

【练习目的】熟悉面域创建方法，掌握面域布尔运算操作技能。

【思路点拨】

（1）先利用"圆""矩形"命令，绘制封闭图形，再创建面域。

（2）进行面域布尔运算。

练习题 2：绘制图 5-92 所示的图形。

【练习目的】熟悉图案填充的操作方法，巩固"直线""圆""偏移""镜像""圆角"及"修剪"等命令的操作方法。

【思路点拨】

（1）先绘制中心线以及同心圆、相切线，再旋转复制。

（2）绘制直线并对其进行偏移、修剪，再进行图案填充。

扫码看视频

练习题 1 演示

扫码看视频

练习题 2 演示

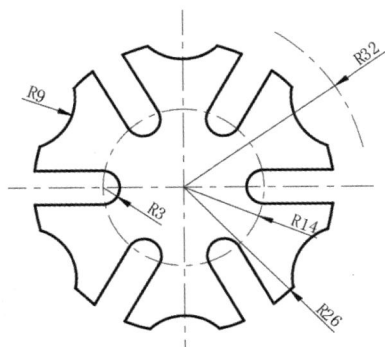

图 5-91　练习题 1 图

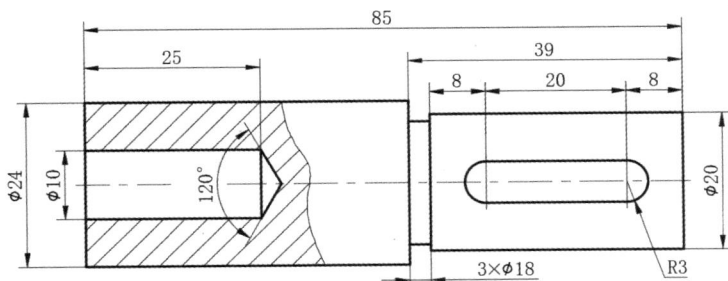

图 5-92　练习题 2 图

练习题 3： 绘制图 5-93 所示轴的图形。

【练习目的】通过绘制此图形，灵活掌握绘制多段线和样条曲线、图案填充及创建面域的方法，实现精确绘图工具的熟练应用。

【思路点拨】

（1）使用"多段线"命令绘制轴的轮廓线，利用面域布尔运算绘制键。

（2）先用"样条曲线"命令绘制波浪线，再进行图案填充。

图 5-93　练习题 3 图

扫码看视频

练习题 3 演示

5.8.3　素养提升

榫卯是中国古代建筑、家具及其他木制器械的主要结构方式，是在两个木构件上采用凹凸部位相结合的一种连接方式。凸出部分叫榫（或叫榫头），凹进部分叫卯（或叫榫眼、榫槽）。

中国的榫卯结构起源于新石器时代，距今七千年前的河姆渡先民们已经开始使用榫卯结构建造房屋了——也就是人们熟知的"干栏式建筑"。在此之前，想要把两块木头连接在一起，只能选择绑扎的办法。

榫卯结构自诞生以来，其最突出的贡献是在建筑上的应用。上至巍峨宫殿，下至草房瓦舍，都离不开榫卯结构，它的存在避免了钉子对木材的破坏，而且十分稳固和牢靠。作为一种极为精巧的发明，各个建筑构件之间的结点以榫卯相吻合，构成富有弹性的框架，使得中国传统的木结构可以在地震荷载的作用下通过变形抵消一定的地震能量，甚至，当榫卯结构受到更大的压力时，会变得更加牢固。佛光寺大殿、独乐寺观音阁、晋祠圣母殿、永乐宫三清殿、雍和宫牌楼、应县木塔等都采用了榫卯结构。

除了在建筑上发挥着重要作用，榫卯结构在船舶、木车、造桥、青铜器、矿井、家具制造等古代生产生活中的应用也较为常见。

文字与表格

  无论是绘制零件图还是装配图，常常需要在图纸上书写技术要求，并且在局部区域附上说明性的文字。因此，文字对象是图纸中重要的图形元素，也是工程绘图中不可缺少的组成部分。另外，在AutoCAD中，可以使用表格功能创建不同类型的表格，还可以从其他软件中导入表格，从而简化绘图操作。

知识目标

（1）了解文字样式的创建方法，熟悉各种特殊字符的输入方法。
（2）掌握单行文字、多行文字的创建和编辑方法。
（3）掌握表格的创建和编辑方法。

能力目标

（1）能够熟练设置文字、表格样式。
（2）具有书写各类文字、绘制各式表格的操作能力。

素养目标

懂得"没有规矩，不成方圆"的处事原则；加深对汉字博大精深的文化底蕴的了解。

部分案例预览

技术要求

1.进行高温时效处理。

2.未注倒角均为2×45°。

3.未注长度尺寸允许偏差±0.5mm。

			比例		
			图号		
制图			重量		共 张 第 张
描图					
审核					

6.1　文字样式

在图纸上标注文字时，一般需要根据不同的需求选择不同的字体，如宋体、黑体等，即使是采用同一种字体，具体的标注样式也有可能不同。AutoCAD 允许用户自定义标注文字的样式。标注文字时，如果系统提供的现有文字样式不能满足标注要求，则应先定义新的文字样式。此外，用户也可以修改已有的文字样式。文字样式包括样式、字体、高度、宽度因子、倾斜角度等参数。

1.　调用方式

▼ 命令行：STYLE 或 DDSTYLE。
▼ 菜单栏："格式"→"文字样式"。
▼ 工具栏："文字"→"文字样式" A。
▼ 功能区："默认"→"注释"→"文字样式" A。

2.　操作步骤

用上述任一方式调用"文字样式"命令后，系统将打开"文字样式"对话框，如图 6-1 所示。

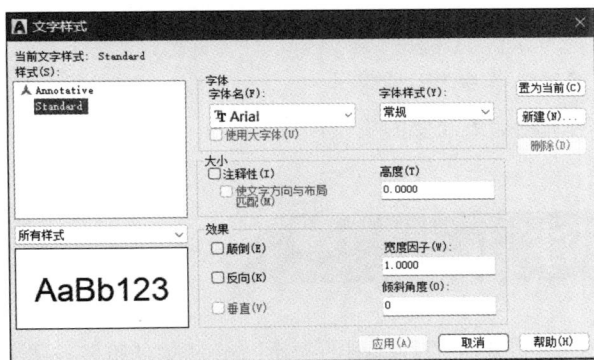

图 6-1　"文字样式"对话框

3.　选项说明

（1）"样式"列表框：列出所有已创建的文字样式名。

（2）"字体"选项组：用于确定字体及字体样式。"字体"下拉列表框中包含系统所有的字体文件。一般情况下，同一字体可以通过"字体样式"下拉列表框设置不同的效果，如图 6-2 所示。但是对于"True Type"字体，只有"常规"一种样式；而对于"SHX"字体，则需勾选"使用大字体"复选框，"字体样式"选项值才有效。

图 6-2　字体样式

（3）"大小"选项组："注释性"复选框用于确定是否指定文字为注释性文字；"使文字方向与布局匹配"复选框用于指定图纸空间视口中的文字方向是否与布局方向匹配（如果取消选中"注释性"复选框，则该选项不可用）；"高度"文本框，用于设置文字的高度（如果在此文本框中设置 0 值，则进行文字标注时，需要重新设置文字的高度）。

（4）"效果"选项组：用户可以确定字体的某些特征，其中各选项的含义和功能如下。

① 颠倒："颠倒"复选框用于确定是否将文字倒置显示，如图 6-3（a）所示。

② 反向："反向"复选框用于确定是否将文字反向显示，如图 6-3（b）所示。

③ 垂直："垂直"复选框用于确定是否将文字垂直标注，如图 6-3（c）所示（注意：只有在"SHX"字体被选择时"垂直"复选框才可用）。

④ 宽度因子："宽度因子"文本框用于确定所标注的文字的宽高比。当宽度因子为 1 时，表示按系统定义的宽高比标注文字；当宽度因子小于 1 时，文字会变窄；反之则变宽，如图 6-3（d）所示。

⑤ 倾斜角度："倾斜角度"文本框可确定文字的倾斜角度，角度为 0 时不倾斜，为正值时向右倾斜，为负值时向左倾斜。如图 6-3（e）所示。

（5）"置为当前"按钮：把在"样式"列表框中选定的样式设置为"当前"。

（6）"新建"按钮：用于新建文字样式。单击该按钮，系统弹出"新建文字样式"对话框，如图 6-4 所示。

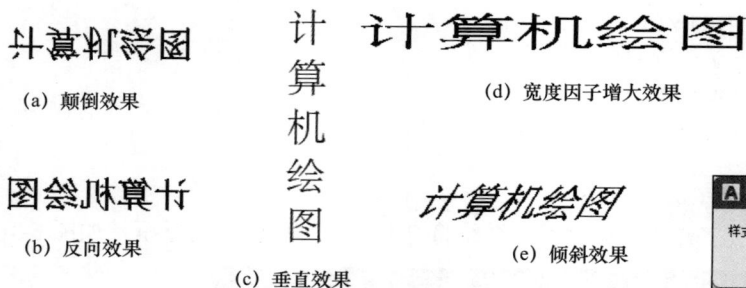

(a) 颠倒效果

(d) 宽度因子增大效果

(b) 反向效果

(c) 垂直效果

(e) 倾斜效果

图 6-3 文字的各种效果

图 6-4 "新建文字样式"对话框

（7）"删除"按钮：用于删除不需要的文字样式。

6.2 文字标注

在 AutoCAD 中，用户可以添加两种类型的文字：单行文字和多行文字。若需要标注的文本比较简短，可标注单行文字；若需要标注的文本较长、较复杂，可标注多行文字。

6.2.1 单行文字标注

1. 调用方式

▼ 命令行：TEXT。

▼ 菜单栏："绘图"→"文字"→"单行文字"。

▼ 工具栏："文字"→"单行文字" A。

▼ 功能区："默认"→"注释"→"单行文字" A 或"注释"→"文字"→"单行文字" A。

2. 操作步骤

用上述任一方式调用"单行文字"命令后，命令行提示与操作如下。

```
命令: _text
当前文字样式: "Standard"  文字高度: 1.0000  注释性: 否  对正: 左
指定文字的起点 或 [对正(J)/样式(S)]:
```

3．选项说明

（1）指定文字的起点：用户可点取一点作为单行文字的起始位置。该选项为默认选项，选择该选项，系统将提示如下。用户需要依次输入文字的高度、文字的旋转角度和文字内容。

> 指定高度 <1.0000>: （指定文字高度）
>
> 指定文字的旋转角度 <0>: （指定文字的旋转角度）
>
> 输入文字: （输入单行文字）
>
> 输入文字: （结束输入）

提示与技巧

　　当在"输入文字:"提示下输入文字时，AutoCAD 会在屏幕上显示出一个"工"字形标记，它反映将要输入文字的位置、大小以及文字行的旋转角度等。当输入一个字符时，AutoCAD 会在该标记处动态地显示该字符，同时，该标记向后移动一个字符，以指明下一个字符的位置。另外，当前文字样式的高度设置为 0 时，AutoCAD 将提示用户指定高度，否则系统将不给出该提示，而是直接使用文字样式中设置的字高。

（2）对正（J）：用于控制文字的对齐方式。若选择该选项，系统将提示如下。在此提示下选择一个选项作为文字的对齐方式。当文字串水平排列时，AutoCAD 为标注文字串定义了图 6-5 所示的顶线、中线、基线和底线，各种对齐方式见图 6-6。

> 输入选项 [左(L)/居中(C)/右(R)/对齐(A)/中间(M)/布满(F)/左上(TL)/中上(TC)/右上(TR)/左中(ML)/正中(MC)/右中(MR)/左下(BL)/中下(BC)/右下(BR)]:

（3）样式（S）：确定当前使用的文字样式。若选择该选项，系统将提示如下。用户可直接输入当前要使用的文字样式，也可输入"?"后按 Enter 键显示当前已有的文字样式，还可以直接按 Enter键，即使用默认样式。

> 输入样式名或 [?] <Standard>:

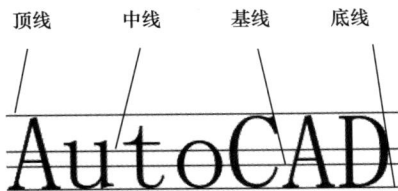

图 6-5　顶线、中线、基线和底线

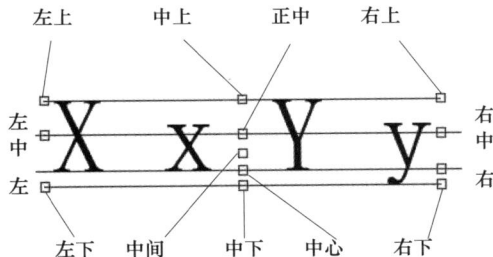

图 6-6　文字对齐方式

提示与技巧

　　用 TEXT 命令创建单行文字时，在创建过程中可以随时改变文字的位置。只要将光标移到新的位置单击，则结束当前行，随后输入的文本将在新的位置出现。另外，用 TEXT 命令可以创建一行或若干行单行文字，用户在输完一行文字后按 Enter 键，就可输入下一行文字。每按一次 Enter 键就结束一行单行文字的输入，每一行单行文字是一个对象，可以单独修改。

6.2.2 使用文字控制码

实际绘图时，有时需要标注一些特殊字符，如希望在一段文字的上方或下方加线、标注度（°）等符号。由于这些特殊字符不能通过键盘直接输入，AutoCAD 提供了相应的控制码，以实现这些特殊标注要求。

AutoCAD 的控制码由 2 个百分号（%%），以及紧接在后面的一个字符构成。表 6-1 列出了AutoCAD 的一些常用控制码。

表 6-1 AutoCAD 常用控制码

控制码	功　能	输入字符示例	显示内容示例
%%%	百分号	45%%%	45%
%%d	度符号	45%%d	45°
%%p	正负符号	%%p45	±45
%%c	直径符号	%%c45	⌀45
%%o	打开或关闭文字上画线	%%oABC	A̅B̅C̅
%%u	打开或关闭文字下画线	%%uABC	A̲B̲C̲

例如，在"Text:"提示后输入"%%u AutoCAD %%u 文字标注 45%%d %%p88%%c25"，得到图 6-7 所示的文字效果。

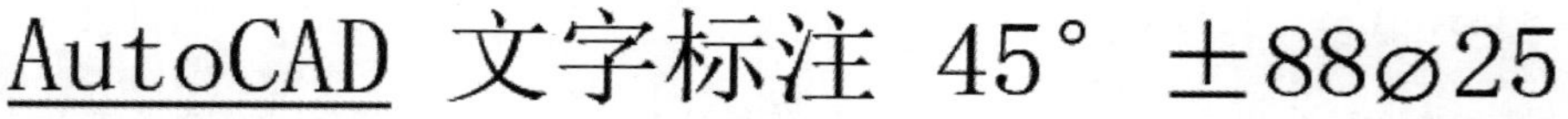

A̲u̲t̲o̲C̲A̲D̲ 文字标注 45° ±88⌀25

图 6-7 控制码标注示例

6.2.3 案例——单行文字标注

1．学习目标

使用"单行文字"命令标注图 6-8 所示的文本。通过本案例，读者可以进一步掌握文字样式的设置、"单行文字"（TEXT）命令及控制码的使用方法。

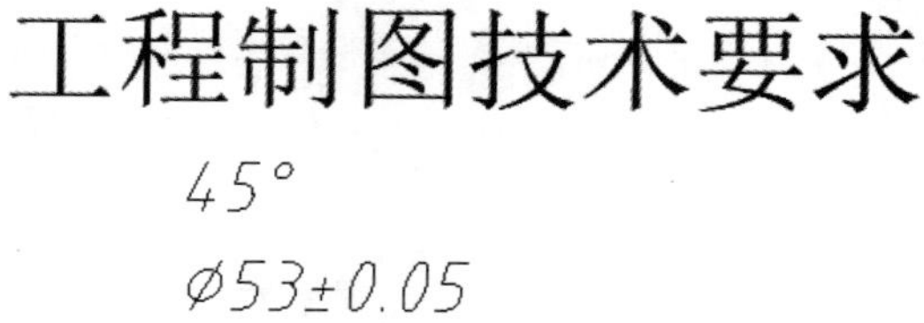

工程制图技术要求

45°

⌀53±0.05

图 6-8 单行文字标注

2．设计思路

先设置文字样式，再利用 TEXT 命令标注文本。

3．操作步骤

（1）单击"默认"选项卡的"注释"面板中的"文字样式"按钮 A，打开"文字样式"对话框，新建"汉字"文字样式，各参数设置如图 6-9 所示。再以相同的方式新建"尺寸"文字样式，各参数设置如图 6-10 所示。

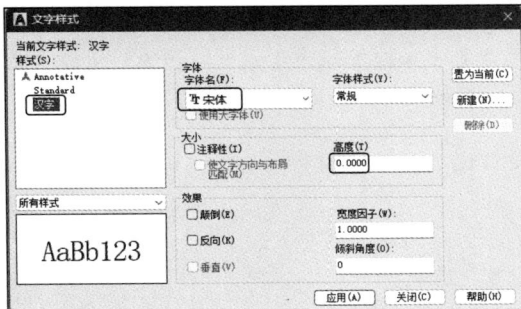

图 6-9　"汉字"文字样式　　　　　　　图 6-10　"尺寸"文字样式

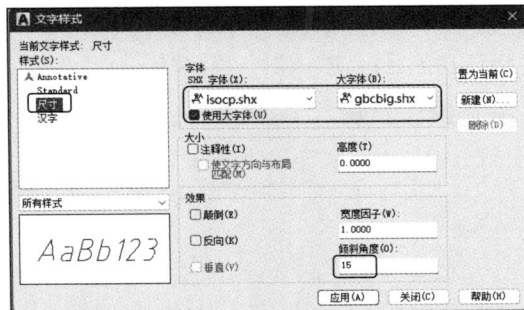

（2）单击"默认"选项卡的"注释"面板中的"单行文字"按钮**A**，标注汉字文本。命令行提示与操作如下。

```
命令: _text
当前文字样式: "汉字"　文字高度: 2.5000　注释性: 否　对正: 左
指定文字的起点 或 [对正(J)/样式(S)]: （适当位置指定文字的起点）
指定高度 <2.5000>: 3 ↙
指定文字的旋转角度 <0>: ↙
TEXT: （输入文字"工程制图技术要求"，按 Enter 键）
TEXT: （再按 Enter 键结束命令）
```

（3）重复单击"默认"选项卡的"注释"面板中的"单行文字"按钮**A**，标注尺寸文本。命令行提示与操作如下。

```
当前文字样式: "汉字"　文字高度: 3.0000　注释性: 否　对正: 左
指定文字的起点 或 [对正(J)/样式(S)]: S ↙
输入样式名或 [?] <汉字>: 尺寸　↙　（使用"尺寸"样式）
当前文字样式: "汉字"　文字高度: 2.5000　注释性: 否　对正: 左
指定文字的起点 或 [对正(J)/样式(S)]: （适当位置指定文字的起点）
指定高度 <2.5000>: 2 ↙
指定文字的旋转角度 <0>: ↙
TEXT: （输入"45%%d"，按 Enter 键）
TEXT: （输入"%%c53 %%p 0.05"，按 Enter 键）
TEXT: （再按 Enter 键结束命令）
```

最终效果如图 6-8 所示。

6.2.4　多行文字标注

"多行文字"命令常用于标注输入文本格式比较复杂的多行文字。与使用"单行文字"命令标注不同的是，输入的多行文字为一个整体，每一单行不再是一个单独的文字对象。

1. 调用方式

✔ 命令行：MTEXT。

✔ 菜单栏："绘图"→"文字"→"多行文字"。

✔ 工具栏："文字" → "多行文字" **A**。

✔ 功能区："默认" → "注释" → "多行文字" **A** 或 "注释" → "文字" → "多行文字" **A**。

2. 操作步骤

用上述任一方式调用"多行文字"命令后，命令行提示与操作如下。

命令:_mtext
当前文字样式: "Standard" 文字高度: 5 注释性: 否
指定第一角点: （指定矩形框的第一个角点）
指定对角点或 [高度(H)/对正(J)/行距(L)/旋转(R)/样式(S)/宽度(W)/栏(C)]: （指定矩形框的第二个角点或其他选项）

3. 选项说明

确定了矩形框的两个角点后，系统打开图 6-11 所示的"文字编辑器"选项卡和多行文字编辑器。这个编辑器类似于写字板、Word 等文字编辑工具，方便文字的输入和编辑。

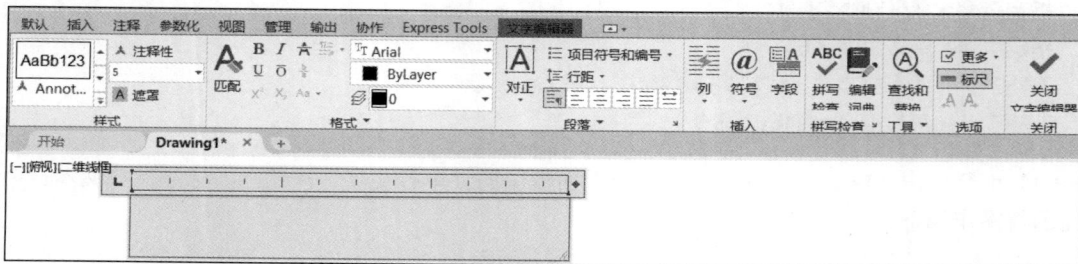

图 6-11 "文字编辑器"选项卡和多行文字编辑器

在"指定对角点或 [高度(H)/对正(J)/行距(L)/旋转(R)/样式(S)/宽度(W)/栏(C)]:"提示中，其余选项分别用于确定所标注文字的高度、对正方式、行间距、行旋转角度、文字样式等。这些设置均可通过"文字编辑器"选项卡实现。因此，下面将主要介绍"文字编辑器"选项卡各选项按钮的功能及使用方法。

（1）"样式"面板

① "样式"下拉列表框：用于确定多行文字对象所应用的文字样式。

② "文字高度"下拉列表框：用于确定文字的高度。多行文字对象可以包含不同高度的文字。

（2）"格式"面板

① "字体"下拉列表框：用于为新输入的文字指定字体或改变选定文字的字体。

② "粗体"按钮 **B** 和 "斜体"按钮 **I**：用于设置粗体或斜体效果，仅适用于使用 TrueType 字体的字符。

③ "下画线"按钮 **U** 和 "上画线" **ō** 按钮：用于为新输入的文字或选定文字打开或关闭上画线、下画线。

④ "堆叠"按钮 ⅛：即堆叠/非堆叠文本按钮，用于对所选的文本进行堆叠，也就是创建分数形式。当文本中某处出现"/""^"或"#"这 3 种堆叠符号之一时，选中需要堆叠的文字，则系统进行堆叠时会把符号左边的文字作为分子，右边的文字作为分母，如图 6-12 所示。如果选中已堆叠的文本对象后单击"堆叠"按钮 ⅛，则恢复到非堆叠形式。如果鼠标双击被选中的已堆叠的文本对象，则系统弹开如图 6-13 所示的"堆叠特性"对话框，在该对话框中用户可以设置堆叠文字、样式（堆叠类型）、位置（对齐方式）和大小等。

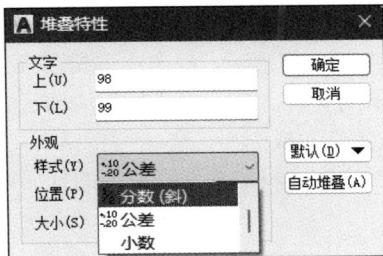

(a) 非堆叠　　(b) 堆叠

图6-12 堆叠方式

图6-13 "堆叠特性"对话框

（3）"段落"面板

使用"段落"面板可以设置项目符号和编号、行距、段落等选项，这些选项的设置与 Word 操作相同，在此不再细述。

（4）"插入"面板

① "符号"按钮@：用于插入制图过程中需要的各种特殊符号。单击该按钮，系统弹出符号列表，如图6-14所示，用户可以从中选择需要的符号插入至文本中。如果列表给出的符号不能满足要求，单击"其他"，利用字符映射表完成操作。

② "字段"按钮：用于插入字段。单击该按钮，系统打开"字段"对话框，如图6-15所示。用户可从中选择需要的字段插入至文本中。

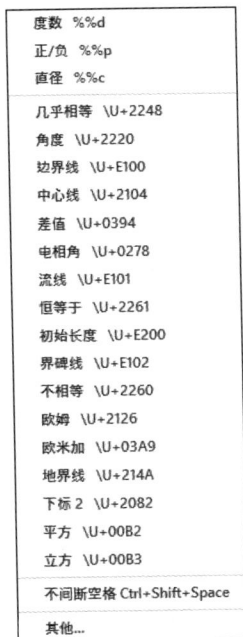

图6-14 符号列表

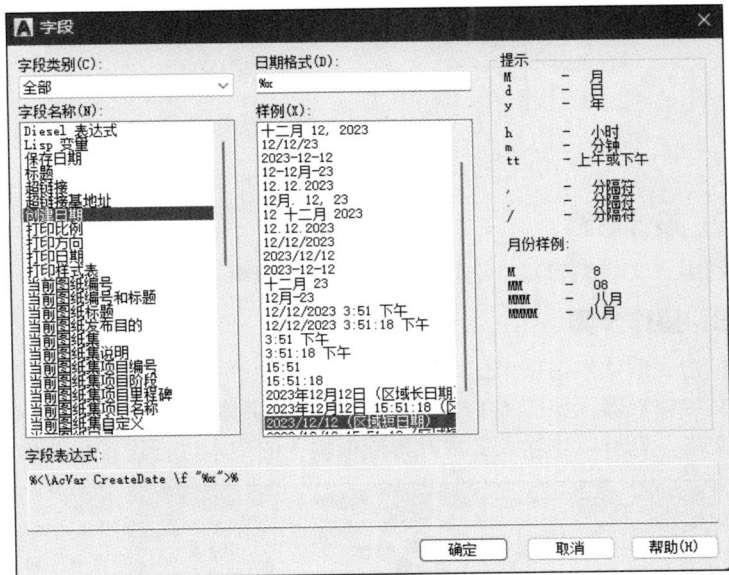

图6-15 "字段"对话框

（5）"拼写检查"面板

① 拼写检查：确定输入时拼写检查处于开启还是关闭状态。

② 编辑词典：显示"词典"对话框，可从中添加或删除在拼写检查过程中使用的自定义词典。

（6）"工具"面板

单击"工具"面板上的"输入文字"按钮，系统打开"选择文件"对话框，用该对话框可以把外部的文本（TXT）文件或富文本格式（Rich Text Format，RTF）文件直接导入。

（7）"选项"面板

单击"标尺"按钮█████，确定在编辑器顶部是否显示标尺。显示标尺时，拖动标尺末端的箭头可更改文字对象的宽度。当列模式处于活动状态时，还可以显示高度和列夹点。

（8）"关闭"面板

关闭多行文字编辑器并保存所做的任何修改，也可以在编辑器外单击相关按钮以保存修改并退出编辑器。

> ⚙ **提示与技巧**
>
> 单行文字和多行文字之间可进行互相转换：选中单行文字后输入 TEXT2MTEXT 命令，即可将单行文字转换为多行文字；而多行文字可通过 EXPLODE 分解命令分解成单行文字。

6.2.5 案例——多行文字标注

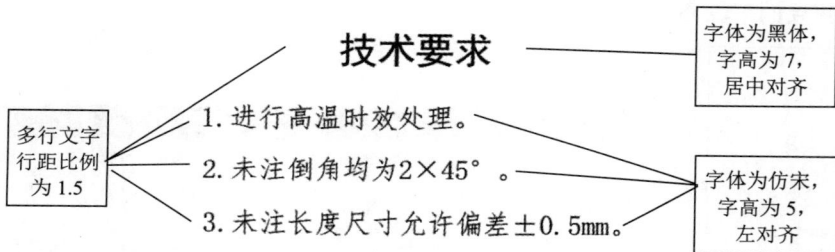

扫码看视频

多行文字标注

1. 学习目标

利用"多行文字"命令标注如图 6-16 所示的文本。通过本案例，读者可以进一步掌握多行文字编辑器的使用方法。

图 6-16 多行文字标注

2. 设计思路

利用"文字编辑器"选项卡和多行文字编辑器输入编辑文本。

3. 操作步骤

单击"默认"选项卡的"注释"面板中的"多行文字"按钮**A**，打开"文字编辑器"选项卡和多行文字编辑器，如图 6-17 所示，设置好"字体""文字高度""对齐方式""行距"等选项，开始输入文本。也可以先输入文本，再选中输入的文本进行设置相关格式。

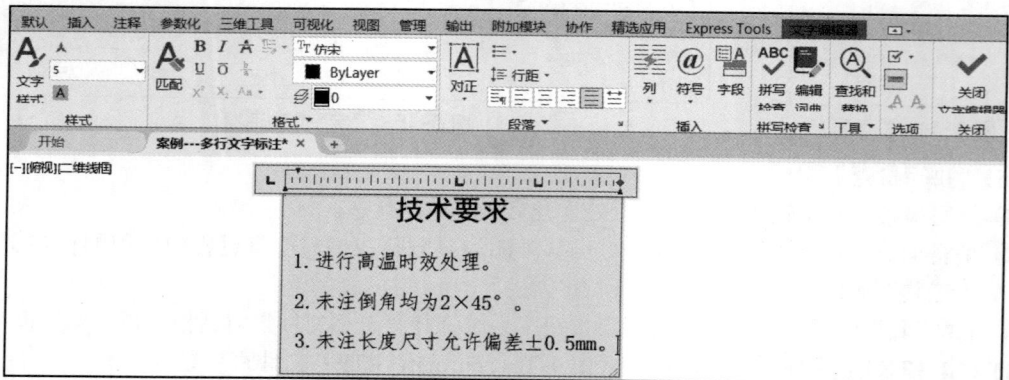

图 6-17 多行文字标注示例

6.3　文字编辑

对于已经标注好的文字，不仅可以修改文字的内容，还可以对文字的颜色、宽度因子等特性进行编辑、修改。

6.3.1　编辑文字

如果只需编辑、修改文本内容，可按下列方式进行操作。

1．调用方式

▼ 命令行：TEXTEDIT 或 DDEDIT。

▼ 菜单栏："修改"→"对象"→"文字"→"编辑"。

▼ 工具栏："文字"→"编辑" 🅰。

2．操作步骤

用上述任一方式调用"文字编辑"命令后，命令行提示与操作如下。

```
命令: _textedit
选择注释对象或 [放弃(U)/模式(M)]:
```

3．选项说明

（1）选择注释对象：选取要编辑的单行文字或多行文字对象。执行完该操作后，系统根据用户所拾取的文字类型会有不同的提示。

① 如果拾取的文字是用 TEXT 命令创建的单行文字，则可直接编辑、修改。

② 如果拾取的文字是用 MTEXT 命令创建的多行文字，系统将打开"文字编辑器"选项卡和多行文字编辑器，用户可在多行文字编辑器中修改。

（2）放弃（U）：放弃对文字对象的上一个更改。

（3）模式（M）：控制是否自动重复命令。选择该选项，命令行将提示如下。

```
输入文本编辑模式选项 [单个(S)/多个(M)] <Multiple>:
```

① 单个（S）：修改选定的文字对象一次，然后结束命令。

② 多个（M）：允许在命令持续时间内编辑多个文字对象。

6.3.2　修改文字特性

如果需要显示、修改所选文字的特性，可按下列方式进行操作。

1．调用方式

▼ 命令行：DDMODIFY 或 PROPERTIES。

▼ 菜单栏："修改"→"特性"或"工具"→"选项板"→"特性"。

▼ 工具栏："标准"→"特性" 🖫

▼ 功能区："视图"→"选项板"→"特性" 🖫

2．操作步骤

选取需要修改的文字对象，用上述任一方式调用"特性"命令后，系统将打开"特性"选项板，如图6-18所示。利用该选项板可以方便地显示或修改所选文字的颜色、线型、倾斜角度、宽度因子等属性。

（a）单行文字　　　　　　　　（b）多行文字

图6-18　"特性"选项板

> **提示与技巧**
>
> 直接在单行文字上双击，使文字处于编辑状态，可修改文字的内容。直接双击多行文字，系统会弹出"文字编辑器"选项卡和多行文字编辑器，可直接在多行编辑器中修改文字的内容和格式。

6.3.3　案例——绘制主要材料表

1．学习目标

绘制如图6-19所示的主要材料表。通过本案例，读者可以进一步掌握"多行文字""文字编辑""直线""偏移"等命令的使用方法。

2．设计思路

先绘制表格，再标注文字，最后编辑修改文字。

3．操作步骤

（1）利用"直线"和"偏移"命令，按照图6-19所示的尺寸要求绘制表格。

扫码看视频

绘制主要材料表

图6-19　主要材料表

（2）单击"默认"选项卡的"注释"面板中的"多行文字"按钮**A**，捕捉表格中左上角第一个单元格的左上角点和右下角点，指定为文字输入的矩形框的两个角点。输入文本内容，并在弹出的"文字编辑器"选项卡中设置"字体""文字高度"和"对齐方式"等选项，如图6-20所示。

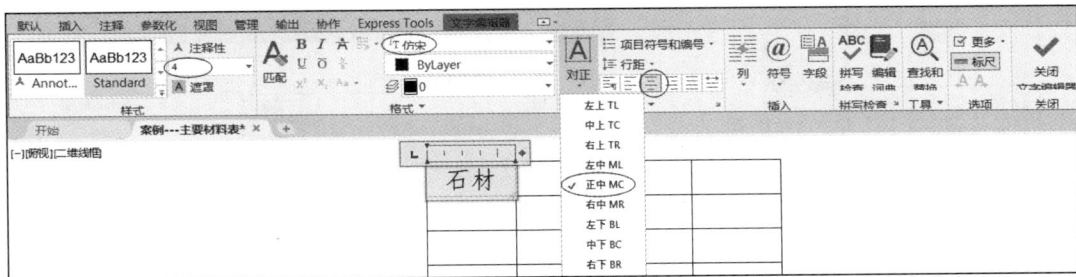

图 6-20　多行文字标注和多行文字编辑器

（3）单击"默认"选项卡的"修改"面板中的"复制"按钮，以标注的多行文字"石材"作为复制对象，以其所在单元格左下角点作为基点，以各单元的左下角点为目标点，将所选多行文字复制到其他单元格内，结果如图 6-21 所示。

（4）双击需要修改的文字，在弹出的"文字编辑器"内修改文字，修改好后点击"关闭文字编辑器"按钮，如图 6-22 所示。

图 6-21　复制文字

图 6-22　修改文字

（5）重复步骤（4），逐一修改各单元格文字，最终结果如图 6-19 所示。

6.4　表格

表格通过行和列，以一种简洁清晰的方式提供信息。如同 Microsoft Excel 提供表格功能一样，在 AutoCAD 中也可使用表格。用户可以通过创建表格对象自动生成表格，而不必使用"直线"命令手动绘制表格。

6.4.1　表格样式

表格的外观由表格样式控制。用户可以使用 AutoCAD 提供的默认表格样式 Standard，如图 6-23所示，也可创建自己所需的表格样式。

1. 调用方式

▼ 命令行：TABLESTYLE。

▼ 菜单栏："格式"→"表格样式"。

▼ 工具栏："样式"→"表格样式管理器"。

▼ 功能区："默认"→"注释"→"表格样式"。

2. 操作步骤

用上述任一方式调用"表格样式"命令后，系统将打开"表格样式"对话框，如图 6-24 所示。

图6-23　默认表格样式

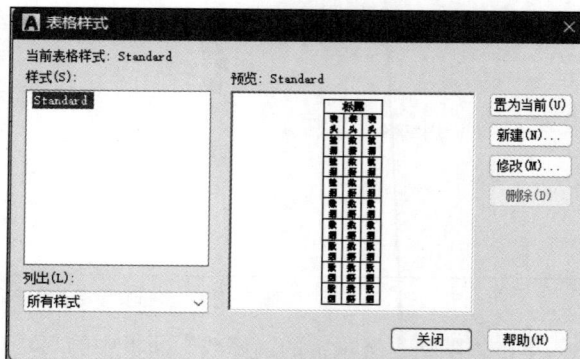

图6-24　"表格样式"对话框

3．选项说明

（1）"新建"按钮：单击该按钮，系统将打开"创建新的表格样式"对话框，如图6-25所示。输入新样式名后，单击"继续"按钮，则打开"新建表格样式"对话框，如图6-26所示。在"新建表格样式"对话框中的"单元样式"下拉列表框中有"数据""表头""标题"3个选项，用户可以根据需要修改对应选项的单元格特性、边框特性、表格方向和单元格边距等特性。

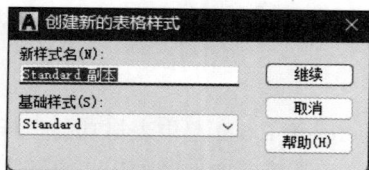

图6-25　"创建新的表格样式"对话框

图6-26　"新建表格样式"对话框

（2）"修改"按钮：用于修改选中的表格样式。单击"修改"按钮，系统将打开"修改表格样式"对话框，该对话框与"新建表格样式"对话框中的各选项相同。

（3）"置为当前"按钮：将选中的表格样式设置为当前样式。

6.4.2　绘制表格

设置好表格样式后，用户即可根据表格样式绘制表格，并输入相应的内容。

1．调用方式

▼　命令行：TABLE。

▼　菜单栏："绘图"→"表格"。

▼　工具栏："绘图"→"表格" ⊞。

▼　功能区："默认"→"注释"→"表格" ⊞或"注释"→"表格"→"表格" ⊞。

2．操作步骤

用上述任一方式调用"表格"命令后，系统将打开"插入表格"对话框，如图 6-27 所示。

3．选项说明

（1）"表格样式"选项组：可以从下拉列表框中选择一个表格样式，也可以单击按钮 新建或修改表格样式。

（2）"插入方式"选项组：确定表格位置，有指定插入点和指定窗口 2 种方式。

（3）"列和行设置"选项组：设置列和行的数量和尺寸。

💡 **提示与技巧**

　　在"插入方式"选项组中选择"指定窗口"选项后，"列和行设置"选项组中的数量、尺寸两个参数只能指定一个，另外一个参数根据指定窗口的大小自动等分指定。如果所选表格样式将表格的方向设置为由下而上读取，则插入点位于表格的左下角。

如图 6-27 所示，对"插入表格"对话框进行相应设置后，单击"确定"按钮，系统在指定的插入点或窗口自动插入一个空表格，并打开多行文字编辑器，用户可以逐行逐列输入相应的文字或数据，如图 6-28 所示。

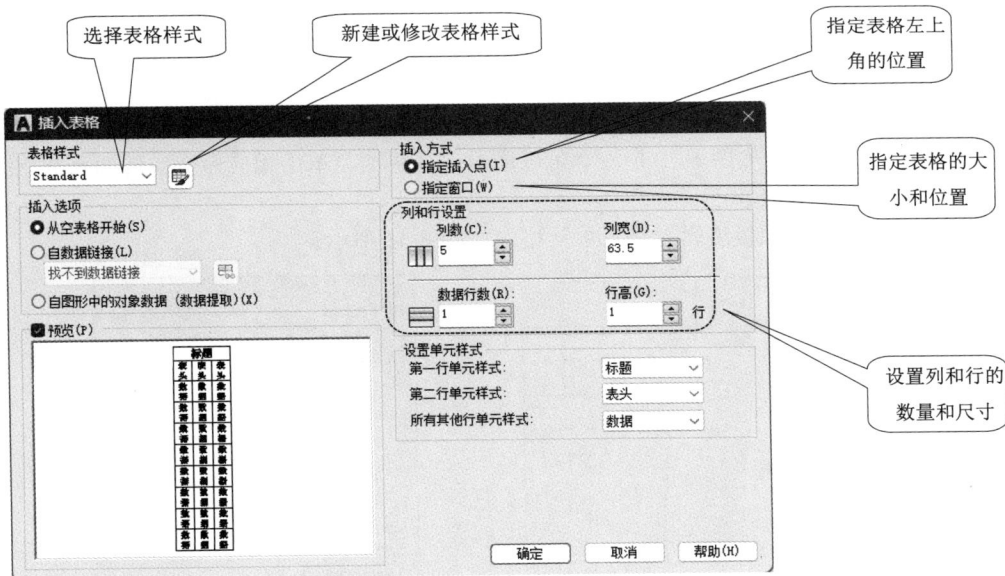

图 6-27　"插入表格"对话框

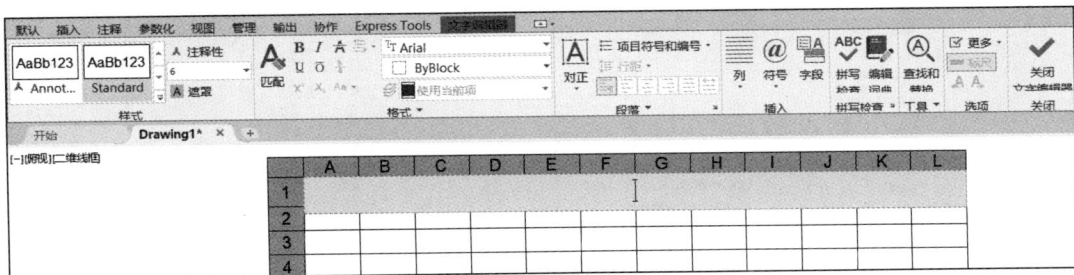

图 6-28　空表格和多行文字编辑器

6.4.3 修改表格

用户可以对已绘制的整个表格作修改，也可以单独修改表格的单元格。

1. 整个表格的修改

在任意表格线上单击即可选中整个表格。此时，表格上的控制句柄会显示出来，用户可以通过表格上的控制句柄修改表格，各控制句柄的作用如图 6-29 所示。

2. 修改单元格

可通过以下方式修改单元格。

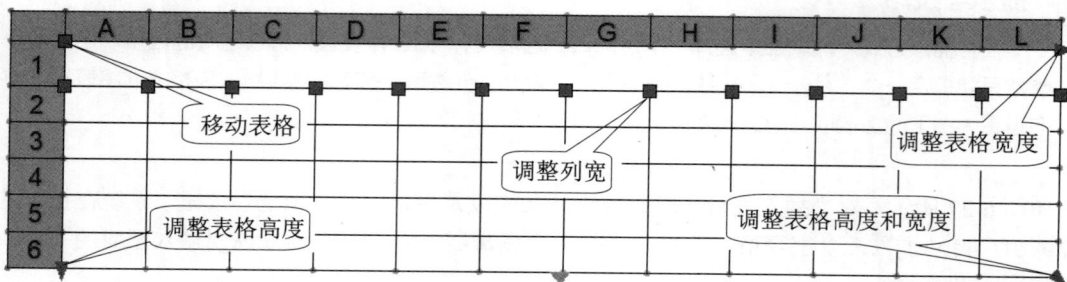

图 6-29 表格上的控制句柄

（1）单击单元格的内部区域，该单元格边框的中央将出现钳夹点。拖动单元格上的钳夹点可以使单元格及其列宽或行高变大或变小。

（2）在多个单元格上拖动鼠标，可以选中多个单元格。选中一个或多个单元格后，单击鼠标右键，系统将弹出快捷菜单，如图 6-30 所示。可以通过选择快捷菜单中相应命令实现插入或删除行和列、合并单元格或其他修改。

（3）利用"特性"选项板编辑表格及单元格，如图 6-31 所示。

图 6-30 快捷菜单

图 6-31 "特性"选项板

> **提示与技巧**
>
> 在任意一个单元格中双击，系统都会打开文字编辑器。用户可以使用文字编辑器在单元格中输入文字或对修改文字格式。在单元格内，可以使用键盘上的箭头键移动光标。

6.4.4 案例——绘制植物明细表

1. 学习目标

本案例绘制植物明细表，如图 6-32 所示。通过本案例，读者可以进一步熟悉设置表格样式、绘制表格及修改表格的方法。

扫码看视频

绘制植物明细表

2. 设计思路

先设置表格样式，再绘制表格，最后修改表格并输入文字。

3. 操作步骤

（1）单击"默认"选项卡的"注释"面板中的"表格样式"按钮，打开"表格样式"对话框，如图 6-33 所示。

7	樱花	25
6	迎春	12
5	丁香	9
4	竹	10
3	月季	32
2	牡丹	16
1	雪松	8
序号	植物名称	数 量

图 6-32 植物明细表

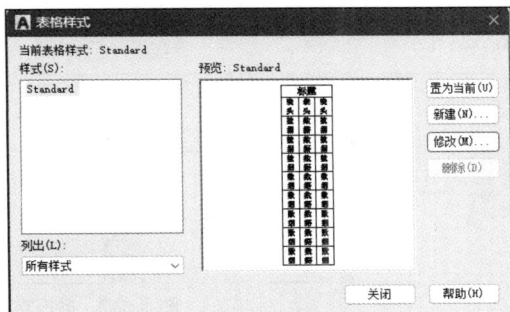

图 6-33 "表格样式"对话框

（2）单击"表格样式"对话框中的"修改"按钮，打开"修改表格样式"对话框，在该对话框中进行相关的设置，如图 6-34 所示，其余采用默认设置。设置好表格样式后，单击"确定"按钮退出。

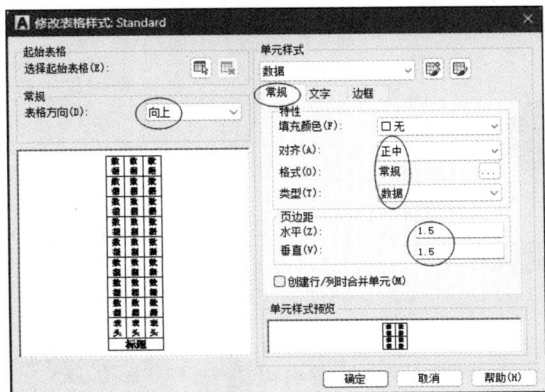

(a)"常规"选项卡设置

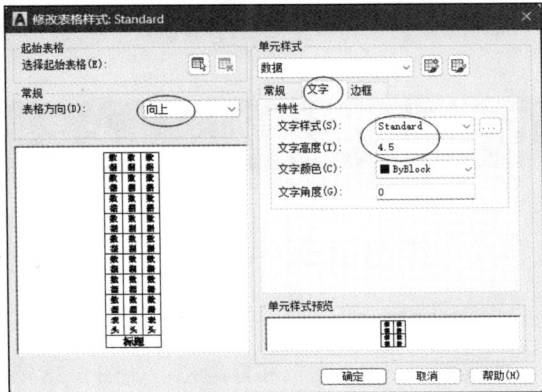

(b)"文字"选项卡设置

图 6-34 "修改表格样式"对话框

（3）单击"默认"选项卡的"注释"面板中的"表格"按钮，打开"插入表格"对话框，如

图 6-35 所示。数据行数和列数分别设为 6 和 3，列宽设为 15，行高设为 1 行。单击"确定"按钮后，在绘图窗口中指定插入点，则插入如图 6-36 所示的空表格。

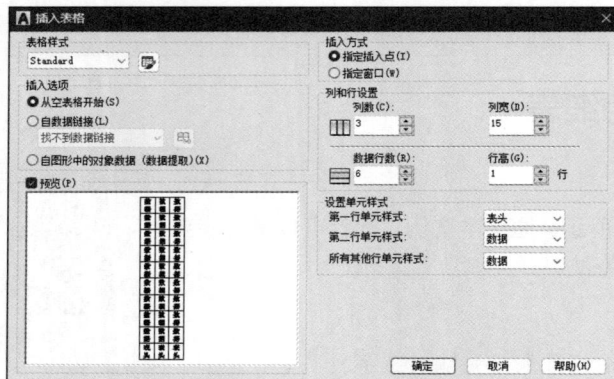

图 6-35 "插入表格"对话框

图 6-36 空表格

（4）单击第 1 列中的任意一个单元格，出现钳夹点后，将左边钳夹点向右拉，使列宽大约变为 10，用同样的方法，将第 2 列和第 3 列的列宽拉为约 30 和约 10。

（5）双击单元格，打开多行文字编辑器，如图 6-37 所示。在各单元格内输入相应的内容，最终效果如图 6-32 所示。

图 6-37 多行文字编辑器

提示与技巧

在 AutoCAD 中绘制表格的方法还有很多：可以通过"直线""偏移"命令绘制表格，可以利用 TABLE 命令插入表格，还可以将 Excel 表格的数据导入。

6.5 综合案例

6.5.1 综合案例——绘制图框和标题栏

1. 学习目标

本案例绘制 A3 图框和标题栏，如图 6-38 所示。通过本案例，读者可以进一步掌握"表格样式""表格""文字样式"等命令的应用以及修改表格操作。

2. 设计思路

利用"矩形"命令绘制图框，利用绘制表格相关命令绘制标题栏，利用表格特性选项板修改表格，最后输入文字。

扫码看视频

绘制图框和标题栏

图 6-38 图框和标题栏

3. 操作步骤

（1）单击"默认"选项卡的"绘图"面板中的"矩形"按钮□，绘制 2 个矩形。矩形的角点分别是{(0,0),(420,297)}和{(10,10),(410,287)}，结果如图 6-39 所示。

（2）单击"默认"选项卡的"注释"面板中的"文字样式"按钮，打开"文字样式"对话框，新建"标题栏"文字样式，各参数设置如图 6-40 所示。单击"置为当前"按钮，将新建的文字样式置为当前。

图 6-39 绘制图框

图 6-40 新建"标题栏"文字样式

（3）单击"默认"选项卡的"注释"面板中的"表格样式"按钮，打开"表格样式"对话框，单击该对话框中的"修改"按钮，打开"修改表格样式"对话框，分别对"常规"选项卡和"文字"选项卡进行相关的设置，如图 6-41 所示。设置好表格样式后，单击"确定"按钮退出。

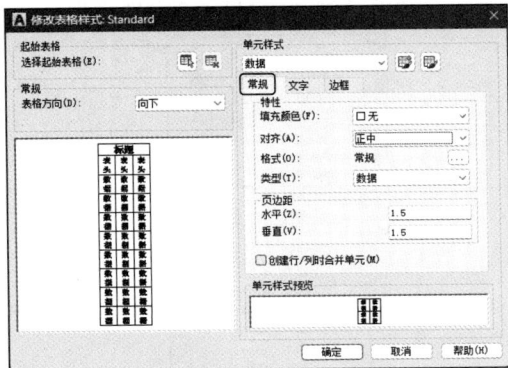

（a）"常规"选项卡设置

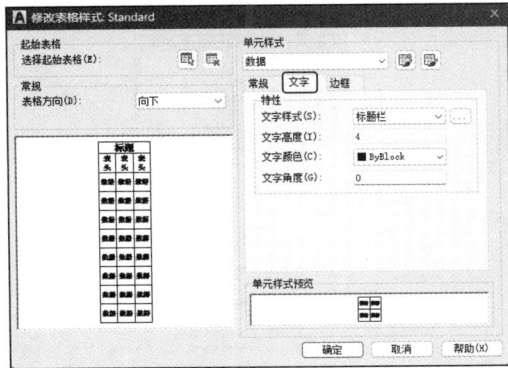

（b）"文字"选项卡设置

图 6-41 "修改表格样式"对话框

（4）单击"默认"选项卡的"注释"面板中的"表格"按钮，打开"插入表格"对话框，将数据行数和列数分别设为 3 和 6，列宽设为 15，行高设为 1 行，如图 6-42 所示。单击"确定"按钮后，在图框右下角附近指定插入点，则插入如图 6-43 所示的空表格。

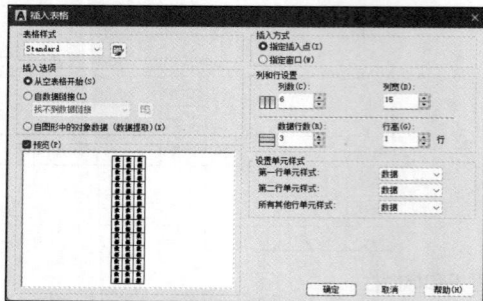

图 6-42　"插入表格"对话框

图 6-43　插入空表格

（5）选择"A1:C2"单元格区域，单击鼠标右键，在弹出的快捷菜单中选择"合并"→"全部"命令，如图 6-44 所示，被选中的单元格将完成合并。采用同样的方法合并其他单元格，结果如图 6-45 所示。

图 6-44　快捷菜单（合并—全部）

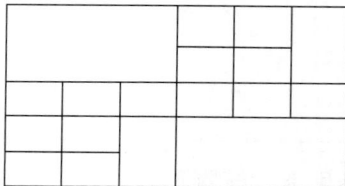

图 6-45　合并单元格

（6）单击左上角的第一个单元格，该单元格边框的中央将显示钳夹点，单击鼠标右键，在弹出的快捷菜单中选择"特性"命令，如图 6-46 所示。系统弹出"特性"选项板，把该单元格的高度改为 20，宽度改为 60，如图 6-47 所示。采用同样的方法，修改其他单元格的行高及列宽。

图 6-46　选择快捷菜单中的"特性"命令

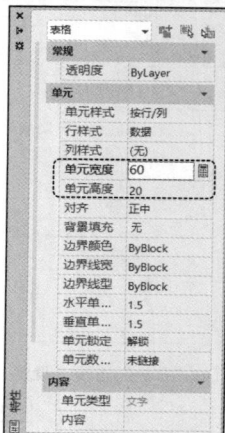

图 6-47　"特性"选项板

（7）双击单元格，打开多行文字编辑器，在单元格内输入文字，结果如图 6-48 所示。采用同样的方法在各单元格内输入相应的内容，最终效果如图 6-49 所示。

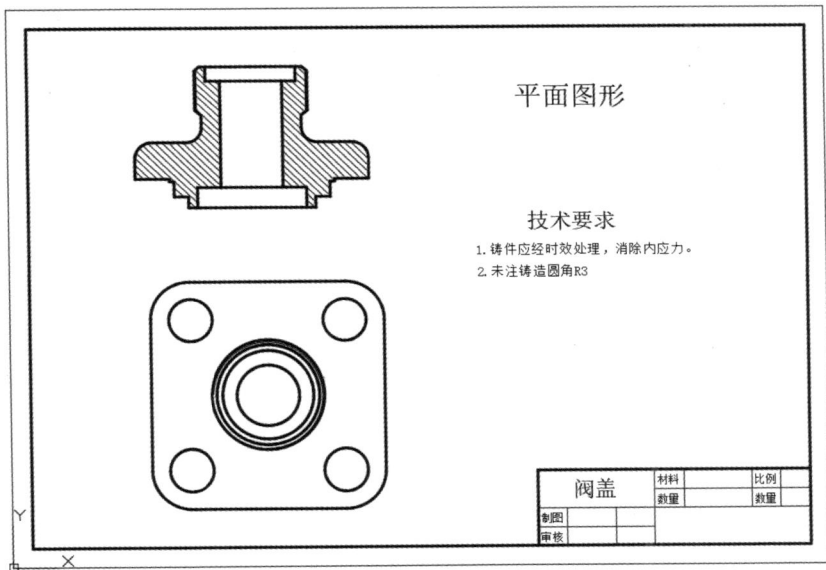

图 6-48　输入文字　　　　　　　　　　　　　图 6-49　完成文字输入

6.5.2　综合案例——标注图形

扫码看视频

标注图形

1．学习目标

本案例对已有图形标注技术要求、填充标题栏，如图 6-50 所示。通过本案例，读者可以进一步掌握"文字样式""单行文字""多行文字"等命令的使用方法。

图 6-50　标注阀盖图形

2．设计思路

先设置文字样式，再利用"单行文字"及"多行文字"命令进行标注。

3．操作步骤

（1）打开源文件\初始文件\第 6 章\综合案例——标注图形（初始文件）.dwg。如图 6-51 所示。

（2）单击"默认"选项卡的"注释"面板中的"文字样式"按钮，打开"文字样式"对话框，新建"标注"文字样式，各参数设置如图 6-52 所示。单击"置为当前"按钮，将新建的文字样式置为当前样式。

（3）单击"默认"选项卡的"注释"面板中的"单行文字"按钮，标注"平面图形"文本。命令行提示与操作如下。标注结果如图 6-53 所示。

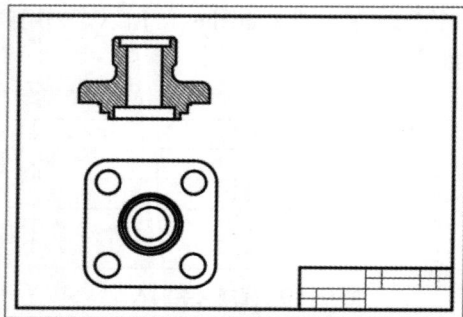

图 6-51　初始图形

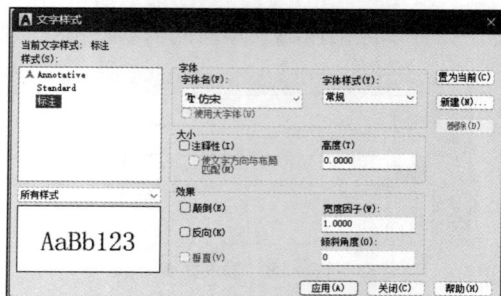

图 6-52　新建"标注"文字样式

命令: _text
当前文字样式:　"标注"　文字高度: 2.5000　注释性: 否　对正: 左
指定文字的起点 或 [对正(J)/样式(S)]:　（在所需位置指定起点）
指定高度 <2.5000>: 10 ↙
指定文字的旋转角度 <0>: ↙
TEXT:　（输入文字"平面图形"，按 Enter 键）
TEXT:　（再按 Enter 键结束命令）

（4）单击"默认"选项卡的"注释"面板中的"多行文字"按钮 **A**，在适当位置指定两个角点以确定文字输入的矩形框。系统打开"文字编辑器"选项卡，将文字高度设置为 8，然后输入标题内容，如图 6-54 所示。按 Enter 键换行，将文字高度设置为 5，然后输入第一行技术要求内容。接下来多次按 Enter 键，分别输入其他行文本，结果如图 6-55 所示。

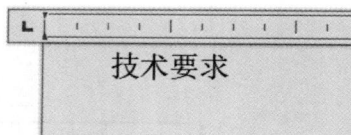

图 6-53　单行文字

图 6-54　输入标题

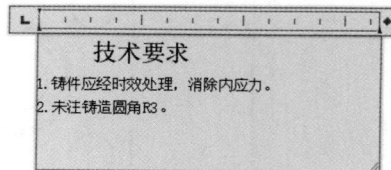

图 6-55　输入其他内容

（5）重复单击"默认"选项卡的"注释"面板中的"多行文字"按钮 **A**，分别捕捉各单元格的对角点，打开"文字编辑器"选项卡，设置合适的字体高度和对正方式，输入各单元格的相应内容。最终结果如图 6-50 所示。

6.6　小结与提升

6.6.1　知识小结

　　文字和表格在工程绘图中的应用非常广泛。如在建筑图纸中，可以使用文字标注来描述建筑物的尺寸、材料等信息；在机械图纸中，可以使用表格来列出零件的规格、数量等信息。此外，还可以使用文字和表格来制作标题栏、图签等。

　　熟练掌握 AutoCAD 中的快捷键和命令，创建并使用模板和样式，使用自动编号和自动调整功能等方法，可以提高在 AutoCAD 中输入文字和表格的效率与准确性。

6.6.2　技能提升

练习题 1：标注如图 6-56 所示的文本。

扫码看视频

练习题 1 演示

【练习目的】熟悉文字样式的设置，掌握多行文字的标注方法，熟悉特殊字符的输入技巧。

【思路点拨】

（1）设置文字标注的样式。

（2）利用 MTEXT 命令进行标注。

（3）注意特殊字符的输入方法。

练习题 2：绘制表格并填写文字，结果如图 6-57 所示。

【练习目的】熟悉绘制表格的多种方法，熟悉文字标注技巧。

扫码看视频

练习题 2 演示

【思路点拨】

（1）利用"直线""偏移""修剪"命令绘制表格，或通过 TABLE 命令绘制表格。

（2）设置文字样式并填写各单元格内容。

说明

1. 输入与输出转速比为$\frac{1}{5}$

2. 体积流量≈25L/min

3. 最大直径为Φ45cm

图 6-56　练习题 1

金属材料		
工程塑料		
胶合板		
木材	工程部	
混凝土		

图 6-57　练习题 2

练习题 3：绘制如图 6-58 所示的表格。

【练习目的】能够将 Excel 表格的数据导入并且实时更新。

【思路点拨】

（1）在 Excel 里制作好数据表。

（2）将 Excel 表格的数据导入 AutoCAD 中。

产品型号	产品名称	单价	数量
A01	扫描枪	200	2
A02	刷卡器	568	3
Y06	烟雾报警器	38	20
A031	定位报警器	688	5
Y01	应急灯	35	12
B02	刷卡系统	1088	1
B03	报警系统	1988	1
Y02	地埋灯	56	6

扫码看视频

练习题 3 演示

图 6-58　练习题 3

6.6.3　素养提升

汉字是世界文明史上的一大奇迹，它是古老文字中唯一未曾间断、沿用至今的表意文字，蕴藏着中华民族博大精深的文化基因。

汉字起源于远古的刻画符号，历经商朝的甲骨文、周代的金文、秦朝的小篆、汉代的隶书、唐代的楷书等演变过程，形成今日通用的规范汉字。

汉字不仅有力地推动了中华文明的发展，也为亚洲文明乃至世界文明作出了重要贡献。从春秋战国时期起，汉字就陆续传入朝鲜、日本等地，并在很长一段时期内充当这些地方的官方文字，在其历史发展进程中留下了闪亮的文明印记。

2008 年，北京奥运会开幕式以汉字"和"的演变过程展现活字印刷术；2022 年，北京冬季奥运会"冬梦"会徽更是将中国汉字、书法艺术与冬季运动完美融合，展现了厚重的东方文化底蕴与国际化的现代风格相互融合，传递出中华民族不断追求文明交流互鉴的文化色彩。

第 **7** 章

尺寸标注

按比例精确绘制的图形可表示物体的形状，而要表示物体的真实大小和各部分之间的确切位置，只能通过尺寸标注实现。尺寸标注是图纸的重要组成部分，也是制造零件、装配机器等生产环节的重要的依据。AutoCAD提供了一套完整的尺寸标注命令以帮助用户按要求完成尺寸标注。

知识目标

（1）了解尺寸标注的基础知识；掌握新建和修改尺寸标注样式的方法。
（2）掌握各种类型的尺寸标注方法。
（3）掌握尺寸标注的编辑方法。

能力目标

（1）能够根据图形需要，正确设置尺寸标注样式。
（2）能够快速运用"线性标注""对齐标注"等命令标注或修改尺寸及尺寸公差。

素养目标

培养使用国家标准、工程技术手册的意识，养成自觉遵守标准规范的习惯。

部分案例预览

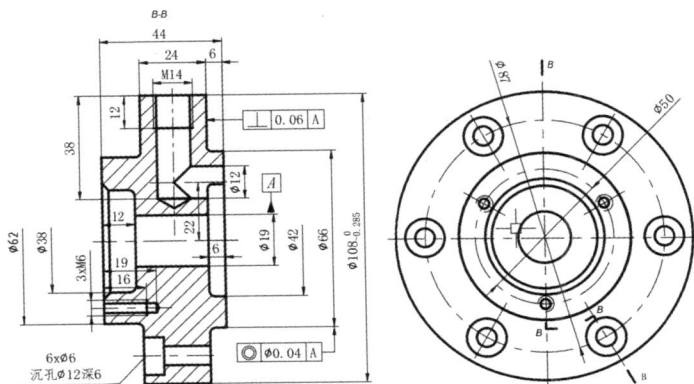

7.1 尺寸标注概述

7.1.1 尺寸标注的基本要求与规则

图纸上的尺寸是加工和检验零件的重要依据，是图纸中指令性最强的部分。我国的工程制图国家标准规定了尺寸标注的基本要求和必须遵守的基本规则。

1. 尺寸标注的基本要求

（1）正确：要符合国家标准的有关规定。

（2）完全：要标注制造零件所需要的全部尺寸，不遗漏，不重复。

（3）清晰：尺寸布置要整齐、清晰，便于阅读。

（4）合理：标注的尺寸要符合设计要求及工艺要求。

2. 尺寸标注的规则

（1）尺寸数值为零件的真实大小，与绘图比例及绘图的准确度无关。

（2）图形中的尺寸以毫米为单位时，不需要标注尺寸单位，如果采用其他单位，必须注明单位名称。

（3）图形中所标注的尺寸为图形所表示的零件的最后完工尺寸。

（4）零件的每一尺寸一般只标注一次，并应标注在最能清晰地反映其结构特征的视图上。

（5）标注尺寸时，应尽量使用符号和缩写词。

7.1.2 尺寸标注的组成

一个完整的尺寸标注一般由尺寸界线、尺寸线、尺寸线终端和尺寸文字 4 部分组成，如图 7-1 所示。通常 AutoCAD 把这 4 部分以一个块的形式存放在图形文件中，因此一个尺寸标注一般是一个对象。

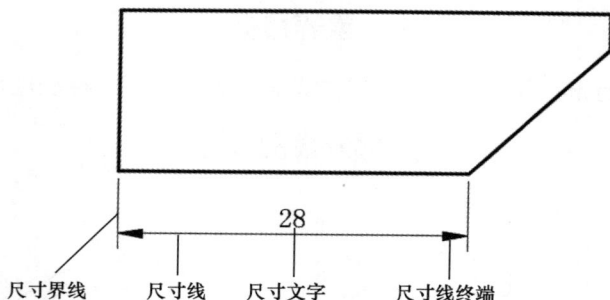

图 7-1 尺寸的组成

（1）尺寸界线：尺寸界线为细实线，可由轮廓线、轴线或对称中心线处引出，也可由这些线直接构成。

（2）尺寸线：尺寸线用细实线绘制，且必须单独画出，不能与图线重合或在其延长线上，并应尽量避免尺寸线之间及尺寸线与尺寸界线之间相交。

（3）尺寸线终端：用于指明标注的起点和终点，尺寸线终端的表现方式有很多种，包括箭头、斜线、点、方框和其他用户自定义符号。机械制图领域通常使用箭头，箭头尖端与尺寸界线接触，不得超出也不得脱离。

（4）尺寸文字：标注尺寸大小的文字，可能是基本尺寸，也可能是尺寸公差。

7.1.3　尺寸标注的类型

AutoCAD 将所标注的尺寸分为线性标注、对齐标注、坐标标注、半径标注、直径标注、角度标注、多重引线标注、基线标注、连续标注等多种类型，常用的尺寸标注类型如图 7-2 所示。总的来说，可概括为线性标注、径向标注、角度标注和其他标注四大基本类型的尺寸标注。

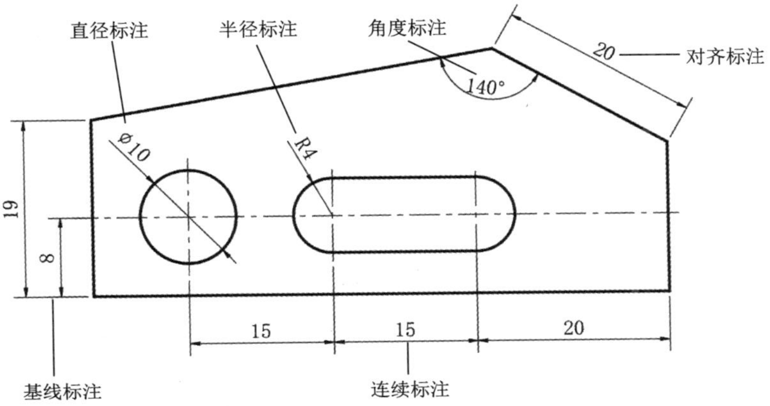

图 7-2　常用的尺寸标注类型

7.2　尺寸标注样式

不同专业领域中的不同图形，往往需要不同格式的尺寸标注。因此，在进行尺寸标注之前需要根据实际需要定义尺寸标注样式。尺寸标注样式用来设置尺寸标注的具体格式，如标注文字的样式，尺寸线、尺寸界线以及尺寸线终端的样式等。

7.2.1　标注样式管理器

用户在每次绘制标注对象时，都是根据此时各标注变量的设定值决定绘制方式和外观的，而这些设置都存在于标注样式管理器里。下面对标注样式管理器进行详细的介绍。

1. 调用方式

- ▼ 命令行：DIMSTYLE。
- ▼ 菜单栏："格式"→"标注样式"或"标注"→"标注样式"。
- ▼ 工具栏："标注"→"标注样式"。
- ▼ 功能区："默认"→"注释"→"标注样式"或"注释"→"标注"→"标注样式"→"管理标注样式"或"注释"→"标注"→"对话框启动器"。

2. 操作步骤

用上述任一方式调用"标注样式"命令后，系统将打开"标注样式管理器"对话框，如图 7-3 所示。

3．选项说明

（1）当前标注样式：显示当前标注样式的名称。

（2）"样式(S)"列表框：用于列出已创建的标注样式的名称。

（3）"列出"下拉列表框：用于确定在"样式"列表框中列出哪些标注样式。用户可通过下拉列表框在"所有样式""正在使用的样式"等选项之间选择。

（4）"置为当前"按钮：用于把选中的标注样式设置为当前样式。其操作方法是在"样式"列表框中选择标注样式，然后单击"置为当前"按钮。

（5）"新建"按钮：用于创建新的标注样式。单击"新建"按钮，系统弹出如图 7-4 所示的"创建新标注样式"对话框，其中各主要选项的含义和功能如下。

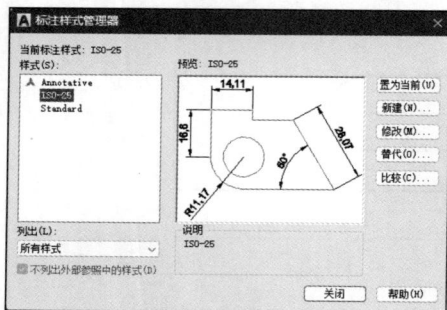

图 7-3 "标注样式管理器"对话框

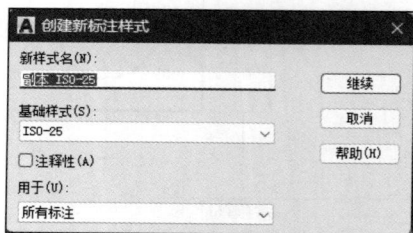

图 7-4 "创建新标注样式"对话框

① "新样式名"文本框：用于输入新样式的名称。

② "基础样式"下拉列表框：用于确定新样式将在哪个已有样式的基础上创建。

③ "用于"下拉列表框：用于确定新建样式的适用范围。该下拉列表中有"所有标注""线性标注""角度标注"等选项。

④ "继续"按钮：单击该按钮系统会弹出"新建标注样式"对话框，如图 7-5 所示。该对话框的相关选项说明将在后面的小节中详细介绍。

（6）"修改"按钮：用于修改已有的标注样式。从"样式"列表框中选择要修改的标注样式之后，单击"修改"按钮，系统将弹出"修改标注样式"对话框，该对话框与"新建标注样式"对话框所显示的内容基本一致，读者可参考后面几小节的详细介绍进行设置。

（7）"替代"按钮：用于设置临时的尺寸标注样式，进而对当前的尺寸标注进行覆盖，其操作过程与"修改"按钮的操作方式类似。

（8）"比较"按钮：用于比较不同标注样式之间的差别。单击该按钮，系统将弹出"比较标注样式"对话框，如图 7-6 所示。

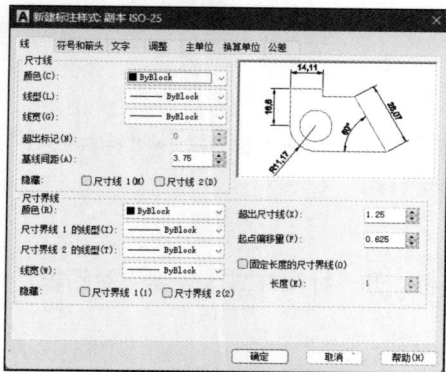

图 7-5 "新建标注样式"对话框

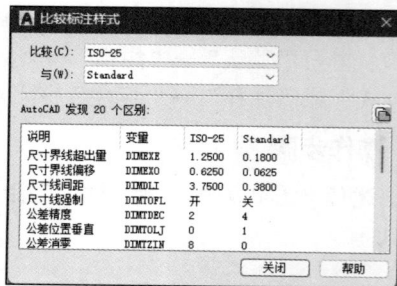

图 7-6 "比较标注样式"对话框

7.2.2　设置线样式

在图 7-5 所示的"新建标注样式"对话框中，系统默认打开"线"选项卡。在该选项卡中，可以对尺寸线和尺寸界线的样式进行设置，下面分别予以介绍。

1. 设置尺寸线

在"尺寸线"选项组中，可设置尺寸线的颜色、线型、线宽等属性，主要选项功能如下。

（1）"颜色""线型"和"线宽"下拉列表框：这些下拉列表框分别用于设置尺寸线的颜色、线型及线宽，在对应的下拉列表中进行选择即可。

（2）"超出标记"微调框；当尺寸箭头采用倾斜、建筑标记、小标记、完整标记或无标记时，确定尺寸线超出尺寸界线的长度，如图 7-7 所示。

（3）"基线间距"微调框：用于设置进行基线标注时相邻两条尺寸线之间的距离，如图 7-8 所示。

图 7-7　尺寸线超出量

图 7-8　基线间距

（4）"隐藏"复选框组：用来确定是否在尺寸标注上隐藏尺寸线 1 或尺寸线 2 及其箭头，选中复选框表示隐藏对应的尺寸线及其箭头，否则保留，如图 7-9 所示。

2. 设置尺寸界线

在"尺寸界线"选项组中，可设置尺寸界线的颜色、线型、线宽、超出尺寸线和起点偏移量等属性，主要选项的功能介绍如下。

（1）"颜色"下拉列表框：可确定尺寸界线的颜色，通过该下拉列表框选择即可。

（2）"尺寸界线 1 的线型"和"尺寸界线 2 的线型"下拉列表框：分别用于设置尺寸界线 1 和尺寸界线 2 的线型。

（3）"线宽"下拉列表框：用于设置尺寸界线的宽度，通过该下拉列表框选择即可。

（4）"隐藏"复选框组：用来确定是否隐藏尺寸界线 1 或尺寸界线 2，如图 7-10 所示。

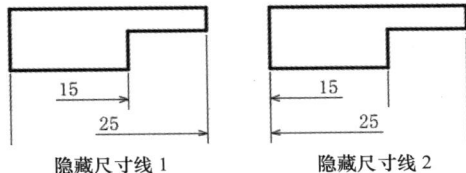

图 7-9　隐藏尺寸线示例

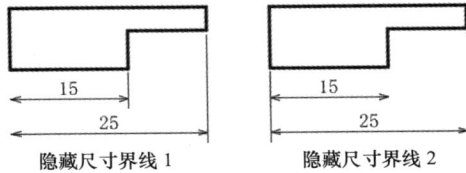

图 7-10　隐藏尺寸界线示例

（5）"超出尺寸线"微调框：用于确定尺寸界线超出尺寸线的距离，如图 7-11 所示。

（6）"起点偏移量"微调框：用于确定尺寸界线的实际起始点相对于其定义点距离，如图 7-11 所示。

（7）"固定长度的尺寸界线"复选框：选中该复选框，可以使用具有给定长度的尺寸界线标注图形，其中的"长度"文本框中可以输入尺寸界线长度的数值，如图 7-12 所示。

图 7-11　超出尺寸线量和起点偏移量

图 7-12　固定长度的尺寸界线

7.2.3　设置符号和箭头样式

在"新建标注样式"对话框中，第二个选项卡标签是"符号和箭头"，如图 7-13 所示。在该选项卡中可设置箭头、圆心标记和弧长符号等的格式与位置。

1. 设置箭头

在"箭头"选项组中，可以设置箭头的类型及大小。

（1）"第一个""第二个"和"引线"下拉列表框：用于设置箭头类型，两个尺寸箭头可以使用相同的类型，也可使用不同的类型。

（2）"箭头大小"微调框：用于确定箭头的大小。

2. 设置圆心标记

在"圆心标记"选项组中可确定圆或圆弧的圆心标记的类型与大小。用户可在"无""标记"和"直线"（即中心线）之间选择；微调框可用于确定圆心标记的大小。如图 7-14 所示。

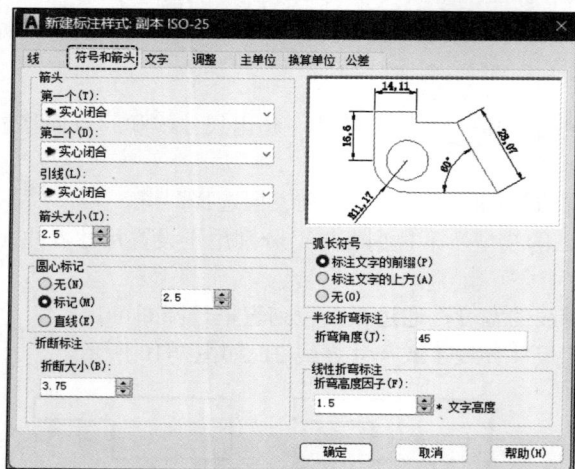

图 7-13　"符号和箭头"选项卡

图 7-14　圆心标记示例

3. 设置弧长符号

在"弧长符号"选项组中，可以设置弧长符号显示的位置，有"标注文字的前缀""标注文字的上方"和"无"三种显示样式，如图 7-15 所示。

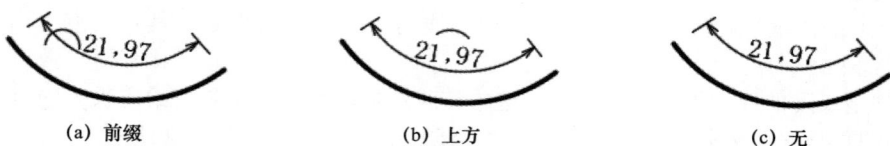

(a) 前缀　　　　　　　　　　(b) 上方　　　　　　　　　　(c) 无

图 7-15　三种弧长符号位置的对比示例

4．设置半径折弯标注

"半径折弯标注"选项组用于设置半径折弯标注的显示样式。

7.2.4　设置文字样式

在"新建标注样式"对话框中，第三个选项卡标签是"文字"，如图 7-16 所示。在该选项卡中可设置标注文字的外观、位置和对齐方式等。

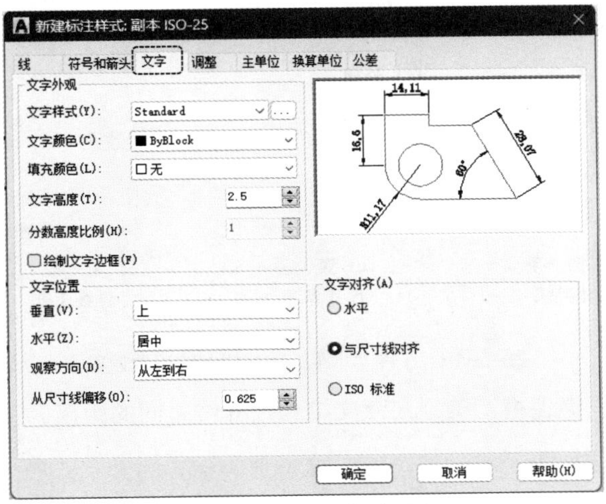

图 7-16　"文字"选项卡

1．设置文字外观

在"文字外观"选项组中，可以设置文字的样式、颜色、填充颜色高度和分数高度比例等，还可以控制是否绘制文字边框。

（1）"文字样式""文字颜色"及"填充颜色"下拉列表框：分别用于确定标注文字的样式、字体颜色和背景颜色。

（2）"文字高度"微调框：用于设置标注文字的高度。

> **提示与技巧**
>
> 选择的文字样式中的文字高度需要为 0（不能为已设定的具体值），否则在"文字高度"微调框中设置的值对实际文字高度没影响。

（3）"分数高度比例"微调框：用于设置标注文字中的分数相对于其他标注文字的缩放比例，AutoCAD 将该比例值与标注文字高度的乘积作为标记分数的高度。

（4）"绘制文字边框"复选框：该复选框可确定是否给标注文字加边框。

2．设置文字位置

"文字位置"选项组用于设置标注文字的水平、垂直位置及距离尺寸线的偏移量等。

（1）"垂直"下拉列表框：用于控制标注文字在垂直方向相对于尺寸线的放置样式。用户可通过该下拉列表，在"居中""上""外部""下"和"JIS"之间选择。图 7-17 是各种"垂直"样式放置标注文字的效果图。

（2）"水平"下拉列表框：用于设置标注文字相对于尺寸线和尺寸界线在水平方向的位置，用户可通过该下拉列表，在"居中""第一条尺寸界线""第二条尺寸界线""第一条尺寸界线上方"和

"第二条尺寸界线上方"之间选择。这 5 种位置形式的设置效果如图 7-18 所示。

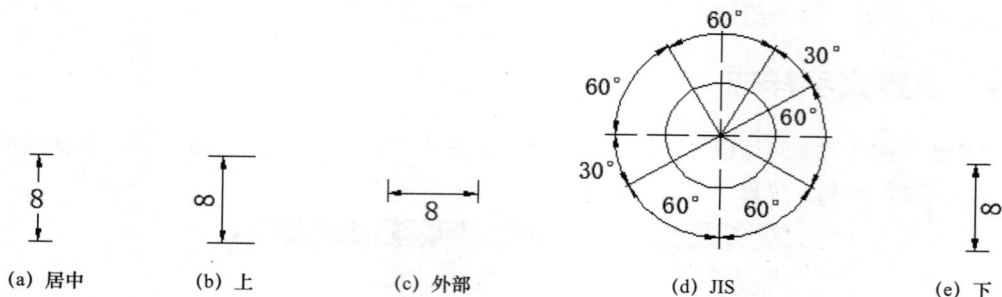

图 7-17　5 种"垂直"放置样式的设置效果

图 7-18　5 种"水平"放置样式的设置效果

（3）"从尺寸线偏移"微调框：确定尺寸文字与尺寸线之间的距离。

3．设置文字对齐

此选项组用于确定标注文字的对齐方式。"水平"选项表示标注文字总是水平放置；"与尺寸线对齐"选项表示标注文字的方向与尺寸线方向相一致；"ISO 标准"选项表示标注文字按 ISO 标准放置，即标注文字在尺寸界线之内时它的方向与尺寸线方向一致，在尺寸界线之外时水平放置。从图 7-19 中可以看出各种文字对齐方式之间的区别。

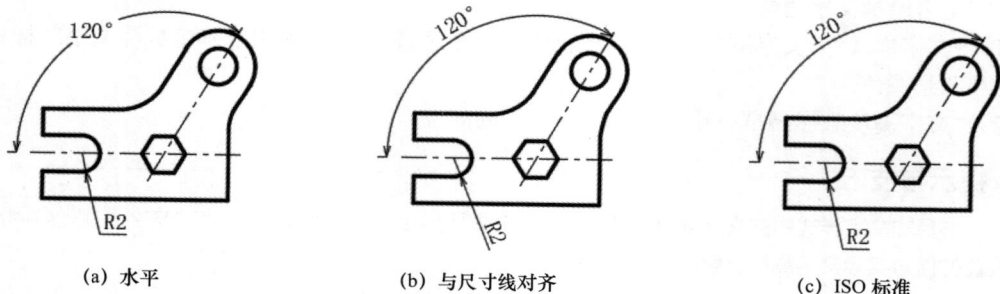

(a) 水平　　　　　　　　(b) 与尺寸线对齐　　　　　　(c) ISO 标准

图 7-19　文字对齐方式示例

7.2.5　设置调整样式

在"新建标注样式"对话中，单击"调整"选项卡标签，打开"调整"选项卡，如图 7-20 所示。该选项卡主要是用来帮助用户解决在绘图过程中遇到的因一些尺寸标注较小，其尺寸界线之间的距离也很小，而导致的尺寸文字和箭头放置不下的问题。用户可通过设置此选项卡进行调整。

1．设置调整选项

当尺寸界线之间没有足够的空间同时放置尺寸文字和箭头时，需要减小其在尺寸界线之间的位置空间，确定应首先从尺寸界线之间移出尺寸文字和箭头的哪一部分。用户可通过该选项组中的各单选按钮进行选择。

2．设置文字位置

"文字位置"选项组用于确定当尺寸文字不在默认位置时，将其放在何处。用户可以在"放在尺寸线旁边""尺寸线上方，带引线"以及"尺寸线上方，不带引线"3 种样式之间选择。具体效果如图 7-21 所示。

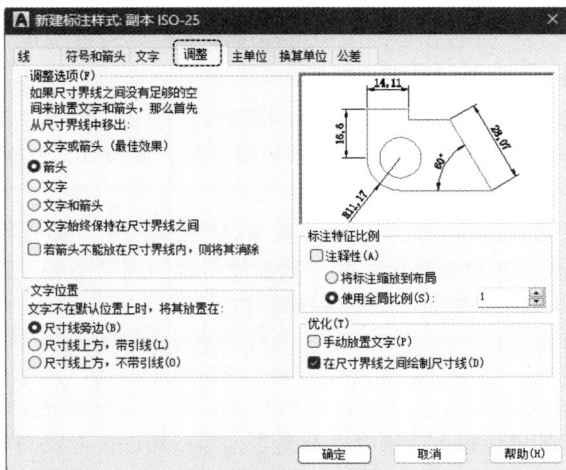

图 7-20　"调整"选项卡

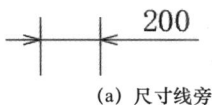

图 7-21　尺寸文字的 3 种位置

3．设置标注特征比例

（1）"注释性"复选框：选中该复选框，则指定标注为注释性。

（2）"将标注缩放到布局"单选按钮：选中该单选按钮，系统将根据当前模型空间视口与图纸空间之间的缩放比例设置尺寸标注的显示比例。

（3）"使用全局比例"单选按钮：选中该单选按钮，用户可以对全部尺寸标注的显示大小设置缩放比例，此比例不改变尺寸的值。

4．设置优化选项

在"优化"选项组中可设置标注尺寸时是否进行附加调整。

（1）"手动放置文字"复选框：选中该复选框，则在标注时用户可将尺寸文字放置在指定的位置。

（2）"在尺寸界线之间绘制尺寸线"复选框：选中该复选框，则当尺寸文字放置在尺寸界线之外时，AutoCAD 也将在尺寸界线之内绘出尺寸线。

7.2.6　设置主单位样式

在"新建标注样式"对话框中，单击"主单位"选项卡标签，打开"主单位"选项卡，如图 7-22 所示。在该选项卡中可设置主单位的格式、精度以及尺寸文字的前缀和后缀等。

1．设置线性标注

在"线性标注"选项组中，可以设置线性标注的单位格式和精度等，各选项功能如下。

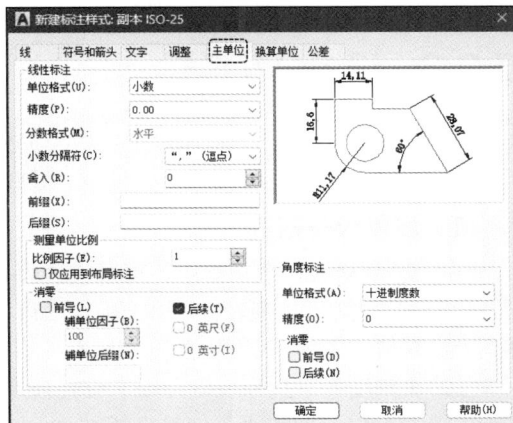

图 7-22　"主单位"选项卡

（1）"单位格式"下拉列表框：用于设置标注文字的单位格式，用户可通过下拉列表在"科学""小数""工程""建筑""分数"等单位格式之间选择。

（2）"精度"下拉列表框：用于确定主单位数值保留几位小数。

（3）"分数格式"下拉列表框：当标注值为分数形式时，用户可以通过该下拉列表框设置分数的格式，提供"水平""对角"和"非堆叠"3 种分数格式供用户选用。

（4）"小数分隔符"下拉列表框：当标注值为小数形式时，用户可通过该下拉列表框确定小数的分隔符形式，提供"句号""逗号"和"空格"3 种形式供用户选用。

（5）"舍入"微调框：用于设置除角度标注之外的尺寸测量值的舍入规则。

（6）"前缀"与"后缀"文本框：分别用于设置标注文字的前缀和后缀，用户在文本框中输入具体内容即可。

（7）"测量单位比例"选项组：用于设置自动测量时的比例因子。其中，"比例因子"微调框用于确定测量尺寸的缩放比例，用户设置后，AutoCAD 的实际标注值是测量值与比例因子的积；若选中"仅应用到布局标注"复选框，则设置的比例因子，仅适用于布局标注值。

（8）"消零"选项组：该选项组主要是用于设置是否显示尺寸标注中的前导零和后续零。

2. 设置角度标注

"角度标注"选项组中，可设置角度标注时的单位格式、精度以及是否消零，其设置方法与"线性标注"的设置方法类似。

7.2.7　设置换算单位样式

在"新建标注样式"对话框中，单击"换算单位"选项卡标签，打开"换算单位"选项卡，如图 7-23 所示。该选项卡常用于公制图样和英制图样之间交流，可以同时标注公制单位和英制单位。

当选中"显示换算单位"复选框时，对话框中的其余选项才能正常显示。用户可以在"换算单位"选项组中设置换算单位的格式、精度、舍入精度、前缀和后缀等，其设置方法与设置主单位样式的方法基本相同。在"位置"选项组中，可以确定换算单位的位置，用户可在"主值后"与"主值下"选项之间进行选择。

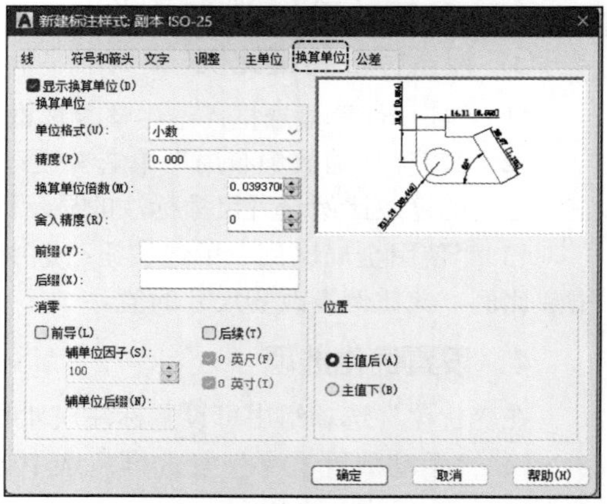

图 7-23　"换算单位"选项卡

7.2.8　设置公差样式

在"新建标注样式"对话框中，第 7 个选项卡是"公差"选项卡，如图 7-24 所示。在该选项卡中可以对是否标注公差，以及以何种方式标注等公差标注样式进行设置。

1. 设置公差格式

在"公差格式"选项组中，可以设置公差的标注格式。各选项功能如下。

（1）"方式"下拉列表框：用于确定以何种方式标注公差。用户可通过该下拉列表框在"无""对称""极限偏差""极限尺寸"和"基本尺寸"之间选择。各种效果如图 7-25 所示。

（2）"精度"下拉列表框：用于设置公差标注的精度。

（3）"上偏差"和"下偏差"微调框：分别用于设置尺寸的上偏差、下偏差。系统默认设置上偏差为正值，下偏差为负值，输入的数值自动显示该默认设置的正负符号。若用户重复输入正负号，系统会根据"负负得正"的原则显示数值的正负符号。

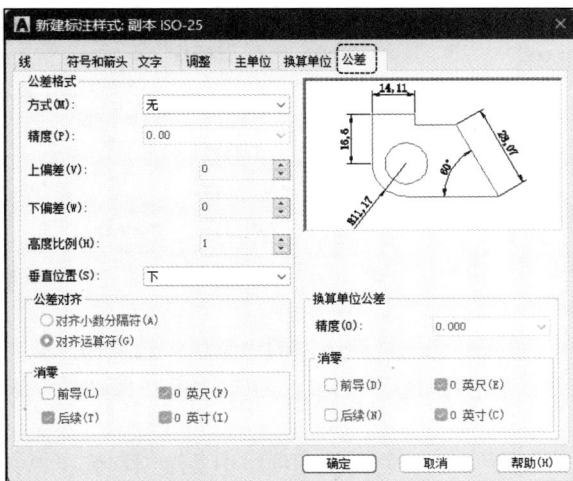

图 7-24　"公差"选项卡

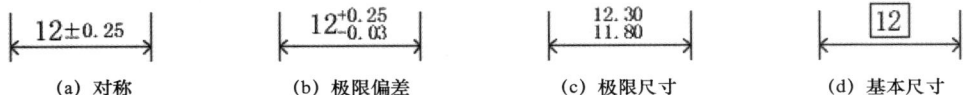

图 7-25　公差标注的格式示例

（4）"高度比例"微调框：用于设置公差字符与公称尺寸字符高度的比值。

（5）"垂直位置"下拉列表框：用于设置公差文本与公称尺寸文本在垂直方向上的相对位置，如图 7-26 所示。

图 7-26　公差文本的垂直位置对齐方式示例

（6）"公差对齐"选项组：用于在上偏差值与下偏差值处于堆叠时设置两者的对齐样式，包括对齐小数分隔符和对齐运算符两种样式。

（7）"消零"选项组：用于设置是否消除公差值的前导零及后续零。

2. 设置换算单位公差

"换算单位公差"选项组用于对形位公差（详见 7.5 节）标注的替换单位进行设置，其各项的设置方法与上述方法相同。

7.2.9　案例——设置尺寸标注样式

1. 学习目标

新建一个尺寸标注样式"尺寸标注"，具体要求为：尺寸线颜色为蓝色，基线间距为 7mm；尺寸界线超出尺寸线 2mm，起点偏移量 1.2mm；箭头使用"实心闭合"形状，大小为 2；圆心标记为"直线"方式；标注字体为仿宋，字体高度为 3.5，绘制文字边框，垂直、水平方向均采用"居中"对齐方式，尺寸文字距离尺寸线偏移 1mm；单位格式采用小数形式，保留两位小数，消除前导零。通过本案例，读者可以进一步掌握尺寸标注样式的设置方法。

2. 设计思路

利用"新建标注样式"对话框进行设置。

3. 操作步骤

（1）单击"默认"选项卡的"注释"面板中的"标注样式"按钮，打开"标注样式管理器"对话框，单击该对话框中的"新建"按钮，打开"创建新标注样式"对话框，输入"尺寸标注"新样式名，如图 7-27 所示。然后单击"继续"按钮，系统弹出"新建标注样式"对话框，如图 7-28 所示。

图 7-27 设置"创建新标注样式"对话框

（2）在"线"选项卡中，"尺寸线"选项组中的"颜色"选项选择蓝色，"基线间距"选项设为 7，"尺寸界线"选项组中的"超出尺寸线"选项设为 2，"起点偏移量"选项设为 1.2，其余采用默认设置，如图 7-28 所示。

（3）打开"符号和箭头"选项卡，"箭头"选项组中各选项均选用"实心闭合"形状，"箭头大小"设为 2；"圆心标记"选项组选择"直线"方式，其余采用默认设置，如图 7-29 所示。

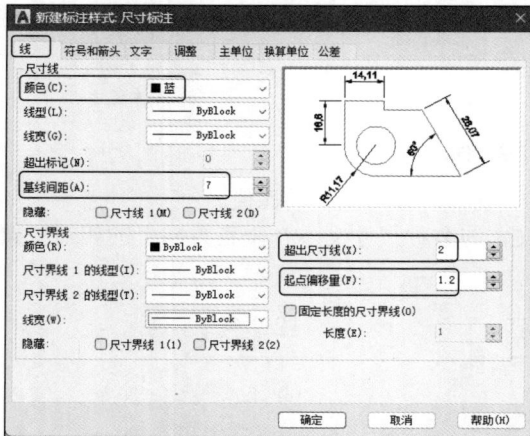

图 7-28 "新建标注样式"对话框——"线"选项卡

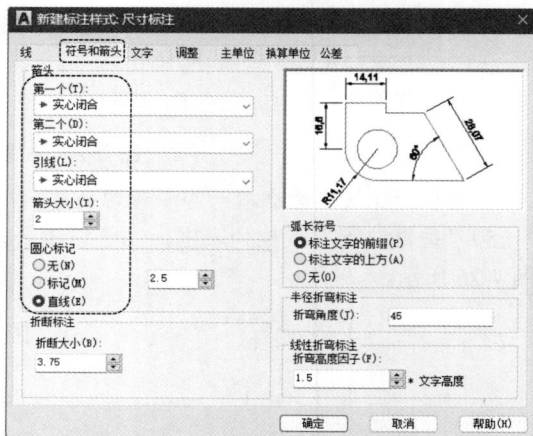

图 7-29 "新建标注样式"对话框——"符号和箭头"选项卡

（4）打开"文字"选项卡，单击"文字样式"下拉列表框后面的对话框按钮，打开"文字样式"对话框，在该对话框中字体选择为仿宋。返回"文字"选项卡，将"文字高度"设为 3.5，选中"绘制文字边框"复选框，"文字位置"选项组中"垂直""水平"选项均设为"居中"对齐方式，"从尺寸线偏移"微调框设为 1，其余采用默认设置，如图 7-30 所示。

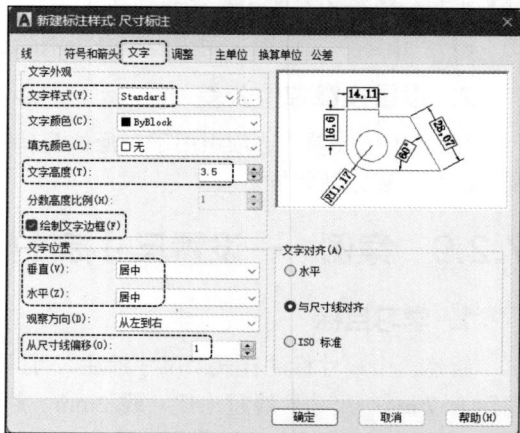

（5）打开"主单位"选项卡，"线性标注"选项组中"单位格式"下拉列表框选择"小数"，"精度"下拉列表框设为 0.00，选中"前导"复选框，其余采用默认设置，如图 7-31 所示。

图 7-30 "新建标注样式"对话框——"文字"选项卡

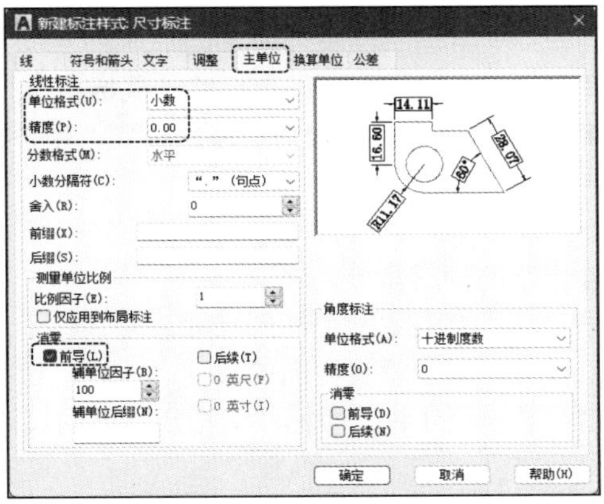

图 7-31　"新建标注样式"对话框——"主单位"选项卡

7.3　尺寸标注方法

完成尺寸标注样式的设置后，就可以进行尺寸标注了。AutoCAD 提供了多种类型的尺寸标注方法，有线性标注、对齐标注、坐标标注、半径标注、直径标注、角度坐标等。下面将分别介绍这些尺寸标注方法对应的命令。

7.3.1　线性标注

线性标注指标注图形对象在水平方向、垂直方向或指定方向的尺寸，又分水平标注、垂直标注、旋转标注 3 种类型，如图 7-32 所示。

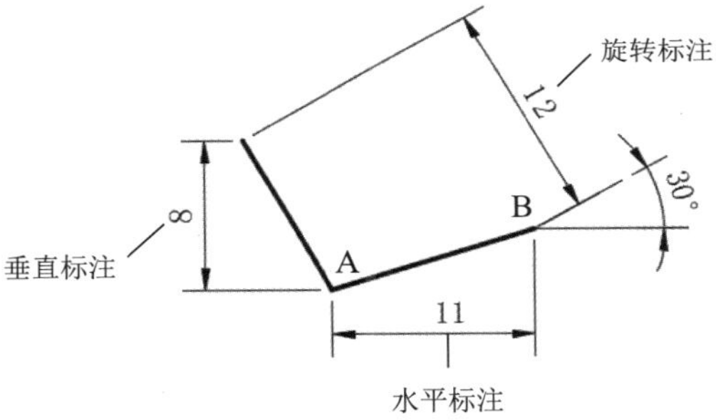

图 7-32　线性标注示例

1.　调用方式

▼ 命令行：DIMLINEAR（快捷命令：DIMLIN）。

▼ 菜单栏："标注"→"线性"。

▼ 工具栏："标注"→"线性"┡┥。

▼ 功能区："默认"→"注释"→"线性"┡┥或"注释"→"标注"→"线性"┡┥。

2.　操作步骤

用上述任一方式调用"线性"标注命令后，命令行提示与操作如下。

命令: _dimlinear

指定第一个尺寸界线原点或 <选择对象>：（如在图 7-32 中捕捉点 A）

指定第二条尺寸界线原点：（如在图 7-32 中捕捉点 B）

指定尺寸线位置或[多行文字(M)/文字(T)/角度(A)/水平(H)/垂直(V)/旋转(R)]：（移动鼠标，指定尺寸线的位置或选择其他选项）

标注文字 = 10.93　（系统自动标注尺寸文字）

3．选项说明

（1）指定尺寸线位置：确定尺寸线的位置，用户可移动鼠标指定尺寸线的位置。

（2）多行文字（M）：执行该选项将进入多行文字编辑模式，用户可以使用"多行文字编辑器"对话框输入并对设置尺寸文字。

（3）文字（T）：在命令行提示下输入或编辑尺寸文字。

（4）角度（A）：确定尺寸文字的倾斜角度。

（5）水平（H）：标注水平尺寸，即沿水平方向的尺寸。

（6）垂直（V）：标注垂直尺寸，即沿垂直方向的尺寸。

（7）旋转（R）：旋转标注对象的尺寸线，即标注沿指定方向的尺寸。选择该选项，系统将提示如下。

> 指定尺寸线的角度 <0>：
> 指定尺寸线位置或[多行文字(M)/文字(T)/角度(A)/水平(H)/垂直(V)/旋转(R)]：

用户针对上述提示进行对应输入即可。

提示与技巧

当两条尺寸界线的原点没有位于同一水平线或垂直线上时，用户可通过拖动鼠标的方式确定是进行水平标注还是垂直标注，具体操作为：确定两条尺寸界线的原点后，使光标位于两条尺寸界线的原点之间，上下拖动鼠标，即可引出水平尺寸线；左右拖动鼠标，则可引出垂直尺寸线。

7.3.2 对齐标注

对齐标注是指使尺寸线与两条尺寸界线原点形成的连线平行对齐。

1．调用方式

▼ 命令行：DIMALIGNED（快捷命令：DAL）。

▼ 菜单栏："标注"→"对齐"。

▼ 工具栏："标注"→"对齐" ↘。

▼ 功能区："默认"→"注释"→"对齐" ↘或"注释"→"标注"→"对齐" ↘。

2．操作步骤

用上述任一方式调用"对齐"标注命令后，命令行提示与操作如下。

> 命令: _dimaligned
> 指定第一个尺寸界线原点或 <选择对象>：
> 指定第二条尺寸界线原点：
> 指定尺寸线位置或[多行文字(M)/文字(T)/角度(A)]：

可以看出，对齐标注是线性标注的一种特殊形式。在对直线段进行标注时，如果该直线段的倾斜角度未知，那么使用线性标注的方法无法得到准确的测量结果，此时可使用对齐标注。

7.3.3　案例——标注长度

1. 学习目标

本案例标注长度尺寸，如图 7-33 所示。通过本案例，读者可以进一步掌握线性标注和对齐标注的方法。

2. 设计思路

利用"线性标注"命令标注水平线段和垂直线段的尺寸，利用"对齐标注"命令标注倾斜线段的尺寸。

图 7-33　标注长度

3. 操作步骤

（1）打开文件"源文件\初始文件\第 7 章\案例——标注长度（初始文件）.dwg"。

（2）单击"默认"选项卡的"注释"面板中的"标注样式"按钮　，打开"标注样式管理器"对话框，新建"长度标注"样式。对该样式的具体设置为：将"箭头大小"设为 1.2，选择大字体复选框，并在"SHX 字体"下拉列表中选"gbeitc.shx"，在"大字体"下拉列表选"gbcbig.shx"，文字高度设为 1.2；其余采用默认值，并将新建的"长度标注"样式置为当前。

（3）单击"默认"选项卡的"注释"面板中的"线性"按钮　，标注水平线段的尺寸 20。命令行提示与操作如下。

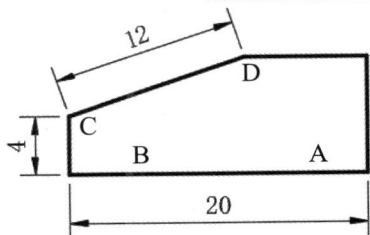

> 命令: _dimlinear
> 指定第一个尺寸界线原点或 <选择对象>:　（捕捉点 A）
> 指定第二条尺寸界线原点:　（捕捉点 B）
> 指定尺寸线位置或[多行文字(M)/文字(T)/角度(A)/水平(H)/垂直(V)/旋转(R)]:　（移动鼠标，指定尺寸线位置）
> 标注文字 = 20

（4）重复单击"默认"选项卡的"注释"面板中的"线性"按钮　，标注垂直尺寸 4。命令行提示与操作如下。

> 命令: _dimlinear
> 指定第一个尺寸界线原点或 <选择对象>:　（捕捉点 B）
> 指定第二条尺寸界线原点:　（捕捉点 C）
> 指定尺寸线位置或[多行文字(M)/文字(T)/角度(A)/水平(H)/垂直(V)/旋转(R)]:　（移动鼠标，指定尺寸线位置）
> 标注文字 = 4

（5）单击"默认"选项卡的"注释"面板中的"对齐"按钮　，标注倾斜尺寸 12。命令行提示与操作如下。

> 命令: _dimaligned
> 指定第一个尺寸界线原点或 <选择对象>:　（捕捉点 C）
> 指定第二条尺寸界线原点:　（捕捉点 D）
> 指定尺寸线位置或[多行文字(M)/文字(T)/角度(A)]:　（移动鼠标，指定尺寸线位置）
> 标注文字 = 12

标注结果如图 7-33 所示。

7.3.4　弧长标注

弧长标注用于标注圆弧或多段线圆弧段上的长度。

1. 调用方式

✔ 命令行：DIMARC。

✔ 菜单栏："标注"→"弧长"。

✔ 工具栏："标注"→"弧长" ⌒。

✔ 功能区："默认"→"注释"→"弧长" ⌒ 或"注释"→"标注"→"弧长" ⌒。

2. 操作步骤

用上述任一方式调用"弧长"标注命令后，命令行提示与操作如下。

```
命令: _dimarc
选择弧线段或多段线圆弧段:
指定弧长标注位置或 [多行文字(M)/文字(T)/角度(A)/部分(P)/引线(L)]:
```

3. 选项说明

（1）用户选择弧线段或多段线弧线段后，默认标注整段弧线段长度，如图 7-34（a）所示。

（2）部分（P）：可以标注选定弧线段某一部分的弧长，如图 7-34（b）所示。

（3）引线（L）：采用引线方式标注弧长，如图 7-34（c）所示。

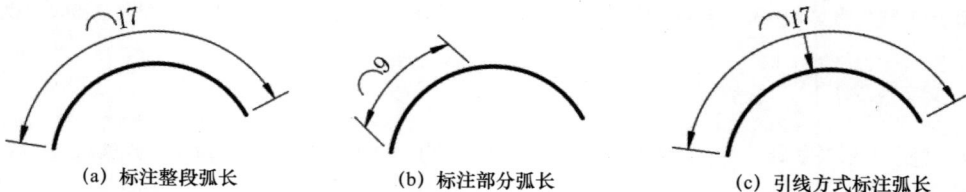

(a) 标注整段弧长　　　(b) 标注部分弧长　　　(c) 引线方式标注弧长

图 7-34　弧长标注

7.3.5　半径标注

半径标注用于标注圆或圆弧的半径。

1. 调用方式

✔ 命令行：DIMRADIUS。

✔ 菜单栏："标注"→"半径"。

✔ 工具栏："标注"→"半径" ⟋。

✔ 功能区："默认"→"注释"→"半径" ⟋ 或"注释"→"标注"→"半径" ⟋。

2. 操作步骤

用上述任一方式调用"半径"标注命令后，命令行提示与操作如下。

命令: _dimradius
选择圆弧或圆:
指定尺寸线位置或 [多行文字(M)/文字(T)/角度(A)]:

用户可以利用"多行文字(M)/文字(T)/角度(A)"选项确定标注文字内容和标注文字的旋转角度。

7.3.6　直径标注

直径标注用于标注圆或圆弧的直径。

1. 调用方式

▼ 命令行：DIMDIAMETER。
▼ 菜单栏："标注"→"直径"。
▼ 工具栏："标注"→"直径"◌。
▼ 功能区："默认"→"注释"→"直径"◌或"注释"→"标注"→"直径"◌。

2. 操作步骤

用上述任一方式调用"直径"标注命令后，命令行提示与操作如下。

命令: _dimdiameter
选择圆弧或圆:
指定尺寸线位置或 [多行文字(M)/文字(T)/角度(A)]:

当通过"多行文字（M）/文字（T）"选项重新确定尺寸文字时，只有给输入的尺寸文字加前缀"R"或"∅（%%C）"，才能在标注文字前出现半径或直径符号，否则没有。

7.3.7　角度标注

角度标注用于标注圆弧和圆上某段圆弧的包含角、2 条非平行直线之间的夹角以及给定 3 点间的角度等，如图 7-35 所示。

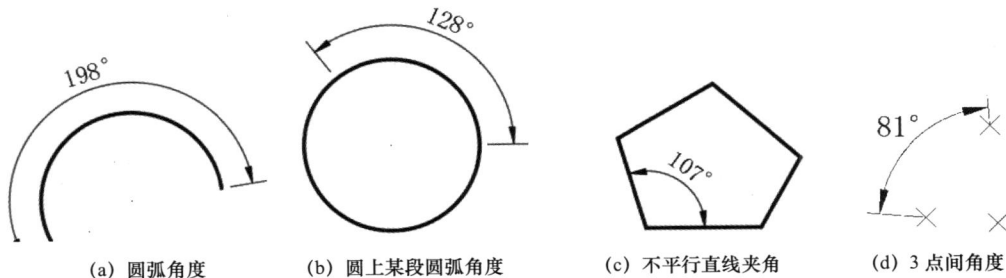

(a) 圆弧角度　　(b) 圆上某段圆弧角度　　(c) 不平行直线夹角　　(d) 3 点间角度

图 7-35　角度标注

1. 调用方式

▼ 命令行：DIMANGULAR。
▼ 菜单栏："标注"→"角度"。
▼ 工具栏："标注"→"角度"△。
▼ 功能区："默认"→"注释"→"角度"△或"注释"→"标注"→"角度"△。

2. 操作步骤

用上述任一方式调用"角度"标注命令后，命令行提示与操作如下。

命令: _dimangular
选择圆弧、圆、直线或 <指定顶点>:

3. 选项说明

（1）标注圆弧的包含角

如果在"选择圆弧、圆、直线或 <指定顶点>:"提示下，用户选择一个圆弧对象，系统将提示如下。

指定标注弧线位置或 [多行文字(M)/文字(T)/角度(A)/象限点(Q)]:

如果在该提示下用户直接确定标注弧线的位置，系统会按实际测量值标注角度。另外，用户可以通过"多行文字（M）/文字（T）/角度（A）/象限点（Q）"选项确定标注文字内容和它的旋转角度。图 7-35（a）所示的是一个圆弧包含角标注。

（2）标注圆上某段圆弧的包含角

如果在"选择圆弧、圆、直线或 <指定顶点>:"提示下，用户选择一个圆对象，系统将提示如下。

指定角的第二个端点:

需要用户确定另一点作为角的第二个端点，该点可以在圆上，也可以不在圆上，然后系统将提示如下。

指定标注弧线位置或 [多行文字(M)/文字(T)/角度(A)/象限点(Q)]:

图 7-35（b）所示的是圆上某段圆弧的包含角标注。

（3）标注两条不平行直线之间的夹角

如果在"选择圆弧、圆、直线或 <指定顶点>:"提示下，用户选择直线对象，系统将提示如下。

选择第二条直线:

需要用户选择构成夹角的第二条直线。然后系统将提示如下。

指定标注弧线位置或 [多行文字(M)/文字(T)/角度(A)/象限点(Q)]:

图 7-35（c）所示的是两条不平行直线夹角的角度标注。

（4）根据 3 个点标注角度

如果在"选择圆弧、圆、直线或 <指定顶点>:"提示下，按 Enter 键，系统将提示如下。

指定角的顶点:
指定角的第一个端点:
指定角的第二个端点:

用户分别指定构成夹角的顶点和两个端点，之后系统将提示如下。

> 指定标注弧线位置或 [多行文字(M)/文字(T)/角度(A)/象限点(Q)]:

图 7-35（d）所示的是标注 3 点间角度。

7.3.8　案例——标注弯形零件尺寸

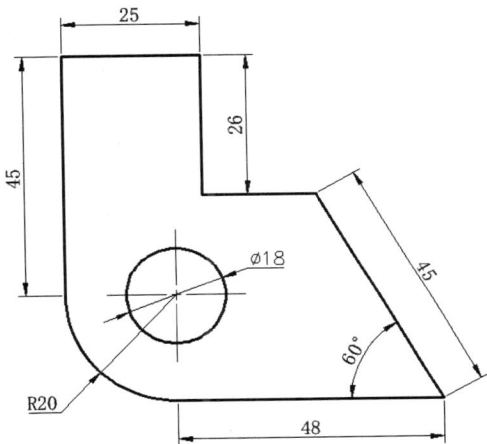
扫码看视频
标注弯形零件尺寸

1. 学习目标

本案例对已绘制的图形标注尺寸，如图 7-36 所示。通过本案例，读者可以进一步掌握半径标注、直径标注、角度标注、线性标注和对齐标注等标注方法。

2. 设计思路

先修改标注样式，再利用各种标注命令标注相关的尺寸。

3. 操作步骤

（1）打开文件"源文件\初始文件\第 7 章\案例——标注弯形零件尺寸（初始文件）.dwg"。

（2）单击"默认"选项卡的"注释"面板中的"标注样式"按钮 🖉，打开"标注样式管理器"，对"ISO-25"样式进行修改：将"箭头大小"设为 2.5，"圆心标记"选择"直线"形式，"字体"选仿宋，"文字高度"设为 2.5，"文字对齐"采用"ISO 标准"，主单位线性标注"精度"设为 0，其余采用默认值，并将修改的样式置为当前。

图 7-36　标注弯形零件尺寸

（3）单击"默认"选项卡的"注释"面板中的"线性"按钮 ⊢，标注线性尺寸。按照如下命令行提示与操作标注出 AB 间的水平尺寸 25。采用相同的方法，标注其余线性尺寸 45、48 和 26。

> 命令: _dimlinear
> 指定第一个尺寸界线原点或 <选择对象>：（捕捉点 A）
> 指定第二条尺寸界线原点：（捕捉点 B）
> 指定尺寸线位置或[多行文字(M)/文字(T)/角度(A)/水平(H)/垂直(V)/旋转(R)]：（移动鼠标，指定尺寸线位置）
> 标注文字 = 25

（4）单击"默认"选项卡的"注释"面板中的"对齐"按钮 ↖，标注对齐尺寸 45。命令行提示与操作如下。

> 命令: _dimaligned
> 指定第一个尺寸界线原点或 <选择对象>：（捕捉点 E）
> 指定第二条尺寸界线原点：（捕捉点 F）
> 指定尺寸线位置或[多行文字(M)/文字(T)/角度(A)]：（移动鼠标，指定尺寸线位置）
> 标注文字 = 45

（5）单击"默认"选项卡的"注释"面板中的"角度"按钮△，标注角度尺寸 60°。命令行提示与操作如下。

> 命令: _dimangular
> 选择圆弧、圆、直线或 <指定顶点>: （捕捉直线 DE）
> 选择第二条直线: （捕捉直线 EF）
> 指定标注弧线位置或 [多行文字(M)/文字(T)/角度(A)/象限点(Q)]: （移动鼠标，指定尺寸线位置）
> 标注文字 = 60

（6）单击"默认"选项卡的"注释"面板中的"直径"按钮◯，标注直径尺寸⌀18。命令行提示与操作如下。

> 命令: _dimdiameter
> 选择圆弧或圆: （选择小圆）
> 标注文字 = 18
> 指定尺寸线位置或 [多行文字(M)/文字(T)/角度(A)]: （移动鼠标，指定尺寸线位置）

（7）单击"默认"选项卡的"注释"面板中的"半径"按钮◿，标注半径尺寸 R20。命令行提示与操作如下。

> 命令: _dimradius
> 选择圆弧或圆: （选择圆弧）
> 标注文字 = 20
> 指定尺寸线位置或 [多行文字(M)/文字(T)/角度(A)]: （移动鼠标，指定尺寸线位置）

（8）单击"注释"选项卡的"中心线"面板中的"圆心标记"按钮⊕，创建圆心标记。命令行提示与操作如下。

> 命令: _centermark
> 选择要添加圆心标记的圆或圆弧: （选择小圆）
> 选择要添加圆心标记的圆或圆弧: ↙ （结束选择）

至此，完成了对案例图形的尺寸标注，结果如图 7-36 所示。

7.3.9 基线标注

基线标注是指对一个图形对象的不同部分进行尺寸标注时，均以一个统一的基准线作为标注的起点，所有尺寸线都以该基准线为标注的起始位置，如图 7-37 所示。

1. 调用方式

▽ 命令行：DIMBASELINE（快捷命令：DBA）。

▽ 菜单栏："标注"→"基线"。

▽ 工具栏："标注"→"基线"口。

▽ 功能区："注释"→"标注"→"基线"口。

(a) 基线型角度标注　　　　　　　　　(b) 基线型长度标注

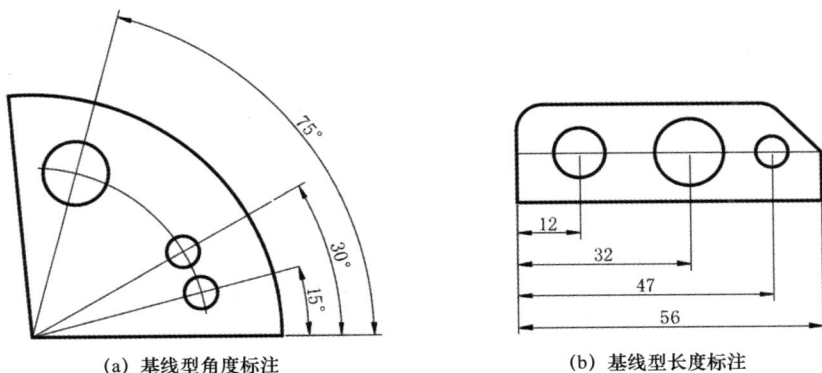

图 7-37　基线标注示例

2. 操作步骤

用上述任一方式调用"基线"标注命令后，命令行提示与操作如下。

```
命令: _dimbaseline
指定第二个尺寸界线原点或 [选择(S)/放弃(U)] <选择>:
```

3. 选项说明

（1）指定第二个尺寸界线原点：用户直接确定下一个尺寸的第二条尺寸界线的原点后，系统将按基线标注方式标注尺寸，随后命令行将提示如下。用户可以连续指定下一个尺寸的第二条尺寸界线起始位置。

```
指定第二个尺寸界线原点或 [选择(S)/放弃(U)] <选择>:
```

（2）选择（S）：用于重新确定基线标注时作为基线的尺寸界线。

7.3.10　连续标注

连续标注是将一个图形上不同部分的一系列连续的尺寸以其一端的尺寸原点作为标注的起始位置并首先标注该尺寸，其他部分的尺寸以该尺寸标注为参照依次、连续地进行标注，并且相邻两条尺寸线共用同一条尺寸界线，如图 7-38 所示。

(a) 连续型角度标注　　　　　　　　　(b) 连续型长度标注

图 7-38　连续标注示例

1. 调用方式

- ☑ 命令行：DIMCONTINUE（快捷命令：DCO）。
- ☑ 菜单栏："标注" → "连续"。
- ☑ 工具栏："标注" → "连续" ⊦⊦⊦。
- ☑ 功能区："注释" → "标注 " → "连续" ⊦⊦⊦。

2. 操作步骤

用上述任一方式调用"连续"标注命令后，命令行提示与操作如下。

```
命令: _dimcontinue
指定第二个尺寸界线原点或 [选择(S)/放弃(U)] <选择>:
```

各选项说明与基线标注中的选项说明基本相同，这里不再赘述。

扫码看视频

基线标注与
连续标注

7.3.11 案例——基线标注与连续标注

1. 学习目标

本案例将图 7-39 中的剩余尺寸标注完整，效果如图 7-40 所示。通过本案例，读者可以进一步掌握基线标注和连续标注的方法。

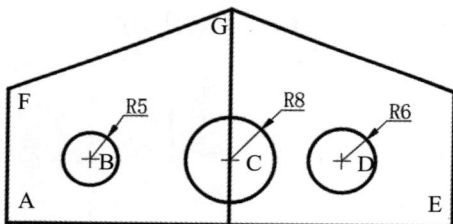

图 7-39　初始图形

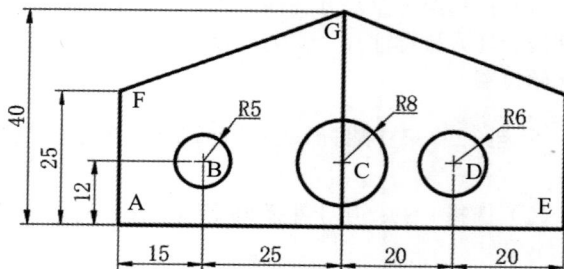

图 7-40　基线标注与连续标注

2. 设计思路

利用基线标注和连续标注命令标注相关的尺寸。

3. 操作步骤

（1）打开文件"源文件\初始文件\第 7 章\案例——基线标注与连续标注（初始文件）.dwg"，如图 7-39 所示。

（2）单击"默认"选项卡的"注释"面板中的"线性"按钮⊟，标注线性尺寸 15。命令行提示与操作如下。

```
命令: _dimlinear
指定第一个尺寸界线原点或 <选择对象>: （捕捉点 A）
指定第二条尺寸界线原点: （捕捉点 B）
指定尺寸线位置或[多行文字(M)/文字(T)/角度(A)/水平(H)/垂直(V)/旋转(R)]: （移动鼠标，指定尺寸线位置）
标注文字 = 15
```

（3）单击"注释"选项卡的"标注"面板中的"连续"按钮，依次标注连续尺寸 25、20 和 20。命令行提示与操作如下。

```
命令: _dimcontinue
指定第二个尺寸界线原点或 [选择(S)/放弃(U)] <选择>: （捕捉点 C）
标注文字 = 25
指定第二个尺寸界线原点或 [选择(S)/放弃(U)] <选择>: （捕捉点 D）
标注文字 = 20
指定第二个尺寸界线原点或 [选择(S)/放弃(U)] <选择>: （捕捉点 E）
标注文字 = 20
指定第二个尺寸界线原点或 [选择(S)/放弃(U)] <选择>: ↙ （结束连续标注）
```

（4）单击"默认"选项卡的"注释"面板中的"线性"按钮，标注线性尺寸 12。命令行提示与操作如下。

```
命令: _dimlinear
指定第一个尺寸界线原点或 <选择对象>: （捕捉点 A）
指定第二条尺寸界线原点: （捕捉点 B）
指定尺寸线位置或[多行文字(M)/文字(T)/角度(A)/水平(H)/垂直(V)/旋转(R)]: （移动鼠标，指定尺寸线位置）
标注文字 = 12
```

（5）单击"注释"选项卡的"标注"面板中的"基线"按钮，对尺寸 25 和 40 进行基线标注。命令行提示与操作如下。

```
命令: _dimbaseline
指定第二个尺寸界线原点或 [选择(S)/放弃(U)] <选择>: （捕捉点 F）
标注文字 = 25
指定第二个尺寸界线原点或 [选择(S)/放弃(U)] <选择>: （捕捉点 G）
标注文字 = 40
指定第二个尺寸界线原点或 [选择(S)/放弃(U)] <选择>: ↙ （结束基线标注）
```

至此，完成了全部尺寸标注，结果如图 7-40 所示。

7.4　引线标注

在进行尺寸标注时，如果因为需要标注的尺寸太多，或者因零件结构的限制而放置不下标注文字时，就需要利用引线标注命令画出旁注线来绕过一些对象，使标注文字能够醒目地标注于图中的某一位置。利用引线标注，用户不仅可以标注特殊的尺寸，还可以添加一些注释、说明等，如图 7-41 所示。

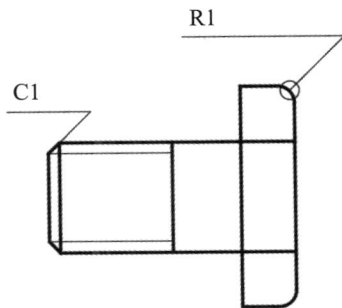

图 7-41　引线标注示例

7.4.1 快速引线标注

利用快速引线标注命令 QLEADER 可快速生成引线及注释。

1. 调用方式

☑ 命令行：QLEADER。

2. 操作步骤

命令: QLEADER ↙
指定第一个引线点或 [设置(S)] <设置>:

3. 选项说明

（1）指定第一个引线点

如果在"指定第一个引线点或 [设置(S)] <设置>:"提示时，用户直接指定一点，则该点将作为引线原点，然后命令行将提示如下。

指定下一点:

用户需在该提示下确定引线的下一点位置，用户可输入的点的数目在"引线设置"对话框中设置。输入完引线的下一点后，命令行提示如下。

指定文字宽度 <0>:
输入注释文字的第一行 <多行文字(M)>:

用户输入需要注释的内容。

（2）设置

用于设置引线格式。选择此选项，系统将打开"引线设置"对话框，如图 7-42 所示。

①"注释"选项卡：用于设置注释文本的类型、多行文字格式以及是否重复使用同一注释，如图 7-42 所示。

②"引线和箭头"选项卡：用于设置引线类型和箭头样式等，如图 7-43 所示。

③"附着"选项卡：用于确定多行文字注释相对引线终点的位置，如图 7-44 所示。

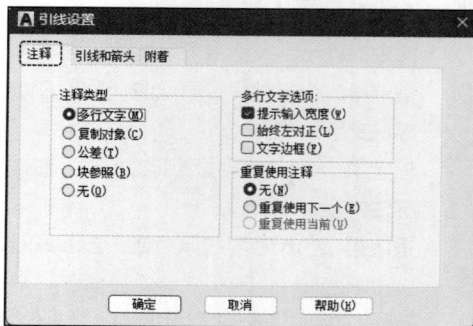

图 7-42 "引线设置"对话框

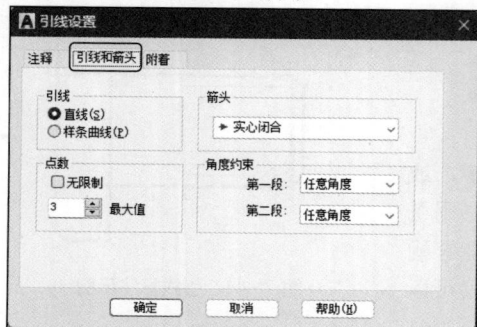

图 7-43 "引线和箭头"选项卡

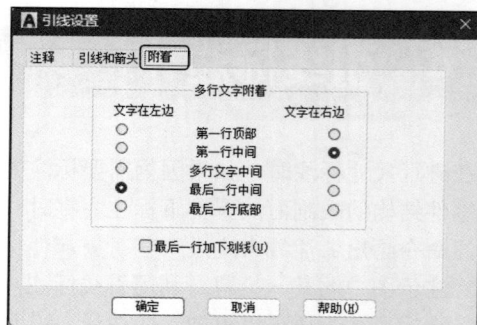

图 7-44 "附着"选项卡

7.4.2　多重引线标注

使用"多重引线"命令同样可以实现引线标注。该命令在使用前需要先设置多重引线的样式，再调用该命令进行多重引线标注。

设置多重引线的样式的具体操作方法为：在命令行输入命令 MLEADERSTYLE 后按 Enter 键，或选择菜单栏中的"格式"→"多重引线样式"命令，系统将打开"多重引线样式管理器"对话框，如图 7-45 所示。用户可以新建或修改多重引线样式，如图 7-46 所示。"修改多重引线样式"对话框中各选项含义与"标注样式"对话框相似，在此不作细述。

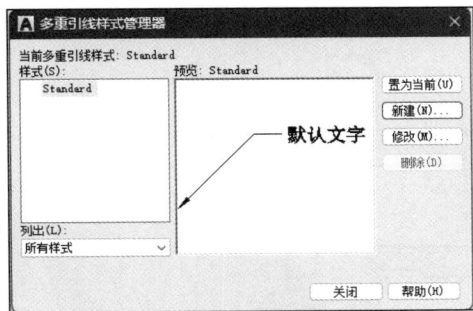

图 7-45　"多重引线样式管理器"对话框　　　　图 7-46　"修改多重引线样式"对话框

设置好多重引线的样式，就可以进行多重引线标注了，具体方法如下。

1. 调用方式

▼ 命令行：MLEADER。
▼ 菜单栏："标注"→"多重引线"。
▼ 工具栏："多重引线"→"多重引线" 。
▼ 功能区："默认"→"注释 "→"多重引线" 。

2. 操作步骤

用上述任一方式调用"多重引线"命令后，命令行提示与操作如下。

```
命令: _mleader
指定引线箭头的位置或 [引线基线优先(L)/内容优先(C)/选项(O)] <选项>:
```

3. 选项说明

（1）指定引线箭头的位置：指定多重引线对象的引线箭头位置。
（2）引线基线优先（L）：指定多重引线对象的基线的位置。
（3）内容优先（C）：指定与多重引线对象相关联的文字或块的位置。
（4）选项（O）：指定用于放置多重引线对象的选项。

扫码看视频

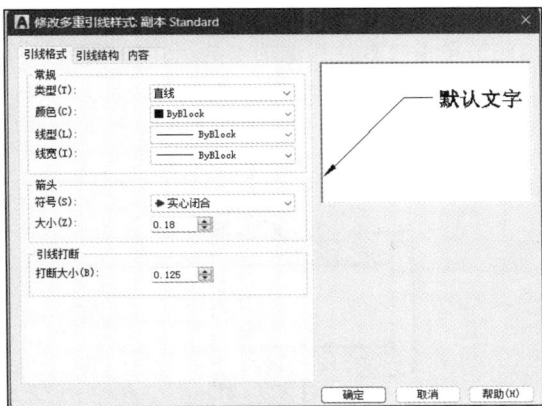

标准零部件序号

7.4.3　案例——标注零部件序号

1. 学习目标

本案例为图形中的零部件标注序号，效果如图 7-47 所示。通过本案例，读者可以进一步掌握引线样式设置及引线标注的方法。

2．设计思路

先设置多重引线样式，再使用多重引线命令进行标注。

3．操作步骤

（1）打开文件"源文件\初始文件\第 7 章\案例——标注零部件序号（初始文件）.dwg"。

（2）单击"默认"选项卡的"注释"面板中的"多重引线样式"按钮，打开"多重引线样式管理器"对话框，修改多重引线样式，相关修改项为：将引线箭头"符号"设为"空心点"，"引线连接"设为"水平连接"，"连接位置"均选择"最后一行加下划线"，其余项保持为默认值。

（3）单击"默认"选项卡的"注释"面板中的"多重引线"按钮，分别标注序号为"1""2"和"3"的 3 处引线。如图 7-48 所示。

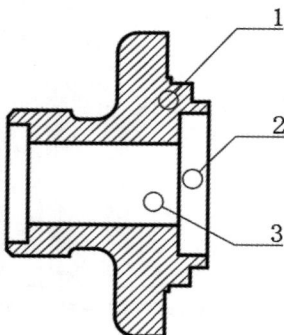

图 7-47　标注零部件序号　　　　　　图 7-48　多重引线标注

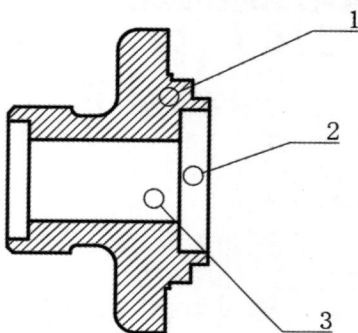

（4）单击"默认"选项卡的"注释"面板中的"对齐"按钮，使引线对齐分布。命令行提示与操作如下。

```
命令: _mleaderalign
选择多重引线: （选择 3 处引线）
选择多重引线: ↙
当前模式: 分布
指定第一点或 [选项(O)]:O ↙
输入选项 [分布(D)/使引线线段平行(P)/指定间距(S)/使用当前间距(U)] <分布>: D　↙
指定第一点或 [选项(O)]: （适当位置指定一点）
指定第二点: （适当位置指定另外一点）
```

最终结果如图 7-47 所示。

7.5　形位公差

7.5.1　形位公差概述

零件在加工后形成的各种误差是客观存在的，除了极限与配合中的尺寸误差外，还存在着形状误差和位置误差。

零件上的几何要素的实际形状与理想形状之间的误差称为形状误差。零件上各几何要素之间的实际相对位置与理想相对位置之间的误差称为位置误差。

形状误差与位置误差简称形位误差。形位误差的允许变动量称为形位公差。

形位公差标注一般由指引线、形位公差框格、形位公差符号、形位公差公差值以及基准代号等组成。

形位公差标注的关键在于分清几何要素是轮廓要素还是中心要素。当被测要素或基准要素为轮廓要素时，标注应指在轮廓线或轮廓线的延长线上；当被测要素或基准要素为中心要素时，标注应与尺寸线对齐。图 7-49 为齿轮毛坯的形位公差标注示例。

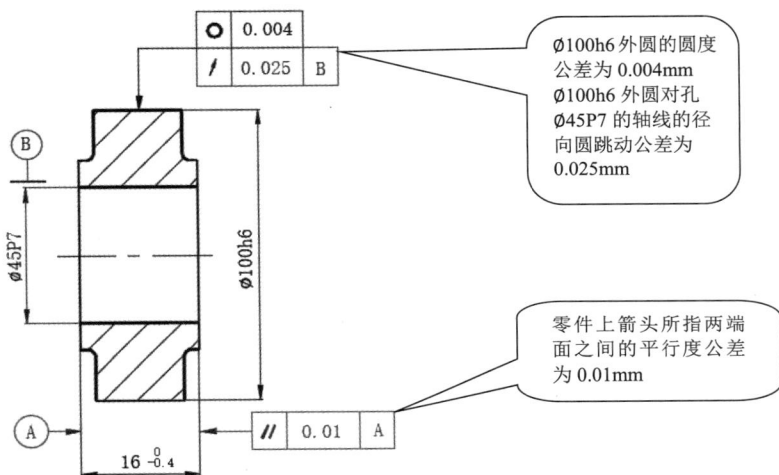

图 7-49　齿轮毛坯的形位公差标注示例

7.5.2　标注形位公差

1. 调用方式

▼ 命令行：TOLERANCE（快捷命令：TOL）。

▼ 菜单栏："标注" → "公差"。

▼ 工具栏："标注" → "公差" ⊞。

▼ 功能区："注释" → "标注" → "公差" ⊞。

2. 操作步骤

用上述任一方式调用"公差"标注命令后，系统打开"形位公差"对话框，如图 7-50 所示。用户可通过该对话框对形位公差标注进行设置。

3. 选项说明

（1）"符号"：设置形位公差特征符号。单击位于"符号"下方的黑方框，AutoCAD 将弹出如图 7-51 所示的"特征符号"对话框。用户可从该对话框中选取所需要的形位公差特征符号。各个特征符号的含义见表 7-1。

（2）"公差 1"和"公差 2"：设置直径符号、公差值及附加符号。单击该列前面的黑方框，系统将插入一个直径符号；在中间的文本框中，用户可以输入公差值；单击该列后面的黑方框，系统将打开"附加符号"对话框，如图 7-52 所示，利用该对话框可为形位公差选择包容条件符号。

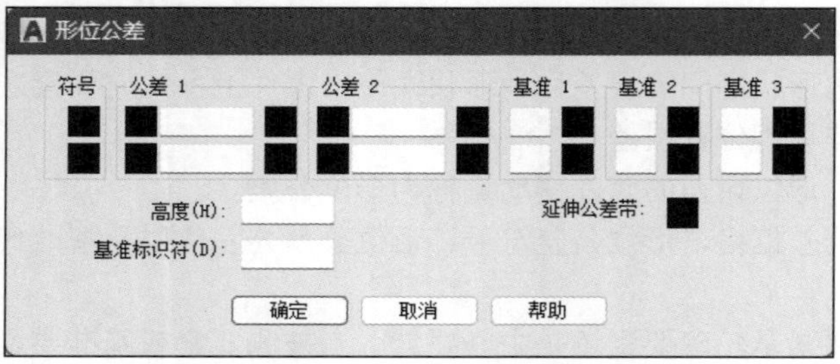

图 7-50 “形位公差”对话框

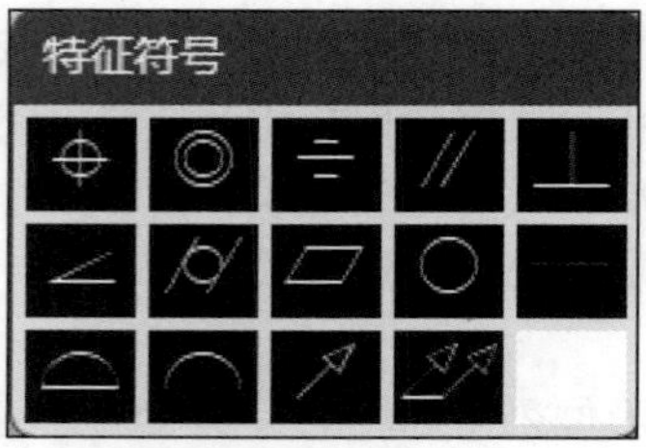

图 7-51 “特征符号”对话框

表 7-1 形位公差特征符号及含义

特征项目	符号	特征项目	符号
位置度	⌖	平面度	▱
同轴度	◎	圆度	○
对称度	⌯	直线度	—
平行度	//	面轮廓度	⌓
垂直度	⊥	线轮廓度	⌒
倾斜度	∠	圆跳动	↗
圆柱度	⌭	全跳动	⌰

（3）“基准 1”“基准 2”和“基准 3”：设置公差基准和相应的包容条件。在文本框中输入相应的基准代号，单击黑方框则显示图 7-52 所示的“附加符号”对话框。

图 7-52 “附加符号”对话框

（4）“高度”文本框：用于输入公差带的高度。

（5）“基准标示符”文本框：创建由参照字母组成的基准标示符号。

（6）“延伸公差带”：控制是否插入延伸公差带符号。

提示与技巧

使用形位公差命令 TOLERANCE 只能创建形位公差框格，不能标注引线。在实际绘制图形的过程中，常利用引线标注命令创建包含引线的形位公差。

7.5.3 案例——标注活塞杆形位公差

扫码看视频

标注活塞杆形位公差

1. 学习目标

本案例为活塞杆标注形位公差，效果如图 7-53 所示。通过本案例，读者可以进一步掌握“形位公差”“快速引线”命令的使用方法。

2. 设计思路

利用公差命令 TOLERANCE 和快速引线命令 QLEADER 完成标注。

3. 操作步骤

（1）打开文件“源文件\初始文件\第 7 章\案例——标注活塞杆形位公差（初始文件）.dwg”。

（2）在命令行中输入快速引线命令 QLEADER 并按 Enter 键，进行圆跳动公差的标注。命令行提示与操作如下。系统弹出“形位公差”对话框，按案例要求设置如图 7-56 所示的选项，即完成圆跳动公差的标注。

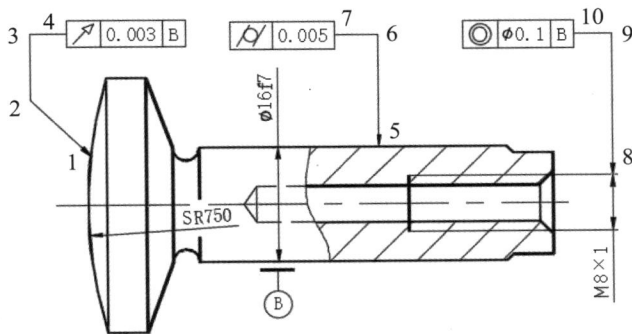

图 7-53 活塞杆的形位公差标注

命令: QLEADER ↙

指定第一个引线点或 [设置(S)] <设置>: S ↙ （系统弹出"引线设置"对话框，在"注释"选项卡中设置如图 7-54 所示的选项，"引线和箭头"选项卡的设置如图 7-55 所示）

指定第一个引线点或 [设置(S)] <设置>: （指定点 1）

指定下一点: （指定点 2）

指定下一点: （指定点 3）

指定下一点: （指定点 4）

指定下一点: ↙ （结束引线点的指定）

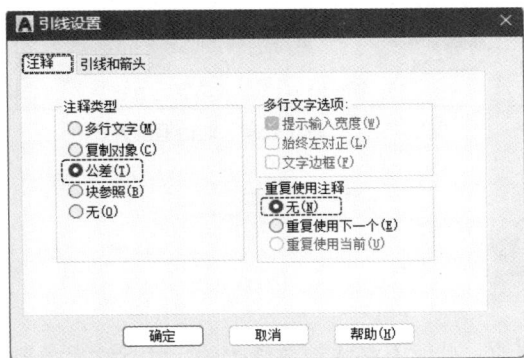

图 7-54 "注释"选项卡

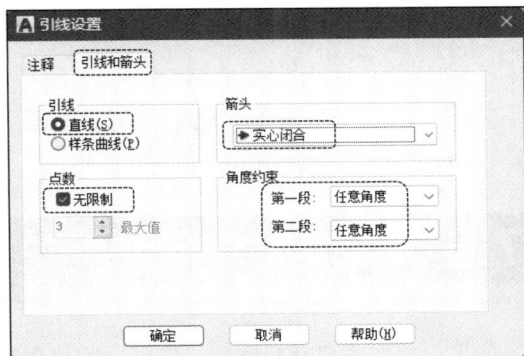

图 7-55 "引线和箭头"选项卡

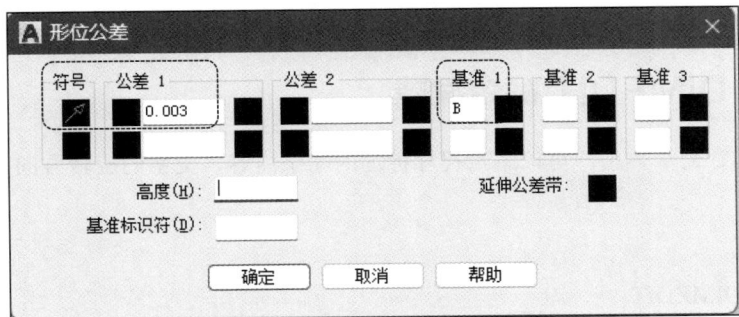

图 7-56 "形位公差"对话框设置 1

（3）在命令行中重复输入快速引线命令 QLEADER 并按 Enter 键，进行圆柱度公差的标注。命令行提示与操作如下。系统弹出"形位公差"对话框，按要求设置如图 7-57 所示的选项，即完成圆柱度公差的标注。

命令: QLEADER ↙

指定第一个引线点或 [设置(S)] <设置>: （指定点 5）

指定下一点: （指定点 6）

指定下一点: （指定点 7）

指定下一点: ↙ （结束引线点的指定）

（4）在命令行中继续输入快速引线命令 QLEADER 并按 Enter 键，进行同轴度公差的标注。命令行提示与操作如下。系统弹出"形位公差"对话框，按案例要求设置为如图 7-58 所示，即完成同轴度公差的标注。

命令: QLEADER ↙

指定第一个引线点或 [设置(S)] <设置>: （指定点 8）

指定下一点: （指定点 9）

指定下一点: （指定点 10）

指定下一点: ↙ （结束引线点的指定）

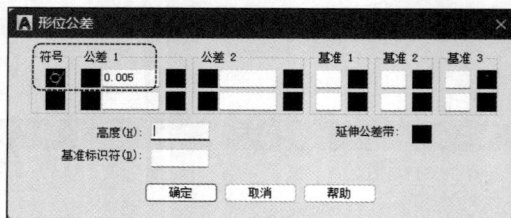

图 7-57　"形位公差"对话框设置 2

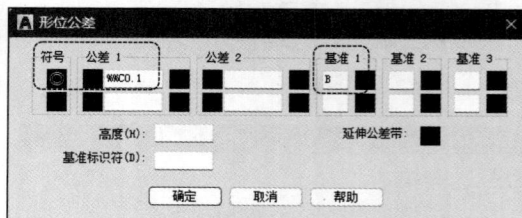

图 7-58　"形位公差"对话框设置 3

7.6　编辑尺寸标注

如果用户完成尺寸标注后，发现一些错误需要修改，此时不必将需要修改的尺寸标注对象删除并重新标注，可以直接使用编辑尺寸标注命令进行修改。下面分别介绍 AutoCAD 中常用的编辑尺寸标注命令。

7.6.1　使用 DIMEDIT 命令编辑

利用 DIMEDIT 命令，用户可以编辑尺寸标注的文字内容，文字的旋转方向以及指定尺寸界线的倾斜角度等。

1. 调用方式

▼ 命令行：DIMEDIT。

▼ 菜单栏："标注" → "倾斜"。

▼ 工具栏："标注" → "编辑" ⟋。

▼ 功能区："注释" → "标注" → "倾斜" H。

2. 操作步骤

用上述任一方式调用 DIMEDIT 命令后，命令行提示与操作如下。

> 命令: _dimedit
> 输入标注编辑类型 [默认(H)/新建(N)/旋转(R)/倾斜(O)] <默认>:
> 选择对象:

3. 选项说明

（1）默认（H）：将选择的尺寸文字移到默认位置。

（2）新建（N）：通过文字编辑器输入新的文本。

（3）旋转（R）：按指定的角度旋转文字。

（4）倾斜（O）：调整尺寸界线的倾斜角度。

（5）选择对象：选择要修改的尺寸对象。

例如，将图 7-59（a）所示的尺寸标注修改为图 7-59（b）所示的尺寸标注样式，可按如下操作完成。

> 命令:DIMEDIT ↙
> 输入标注编辑类型 [默认(H)/新建(N)/旋转(R)/倾斜(O)] <默认>: R ↙　（旋转标注的文字）
> 指定标注文字的角度: 30 ↙
> 选择对象:　（单击尺寸标注 "8"）
> 选择对象: ↙　（结束对象选择）
> 命令:DIMEDIT ↙
> 输入标注编辑类型 [默认(H)/新建(N)/旋转(R)/倾斜(O)] <默认>: O ↙　（倾斜尺寸界线）
> 选择对象:　（单击尺寸标注 "13"）
> 选择对象: ↙　（结束对象选择）
> 输入倾斜角度 (按 ENTER 表示无): -60 ↙

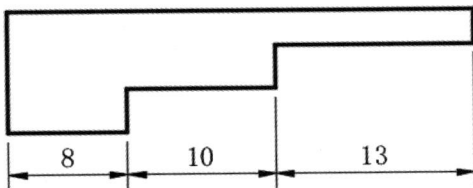
（a）修改前

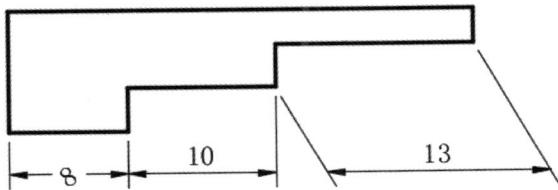
（b）修改后

图 7-59　尺寸编辑修改示例

7.6.2　使用 DIMTEDIT 命令编辑

利用 DIMTEDIT 命令，用户不仅可以移动和旋转标注文字，还可以重新定位尺寸线。

1. 调用方式

▽ 命令行：DIMTEDIT。

▽ 菜单栏："标注"→"对齐文字"→"默认/角度/左/右/居中"。

☑ 工具栏："标注" → "编辑标注文字" 🅐 。
☑ 功能区："注释" → "标注" → "左对正/居中对正/右对正/角度"。

2. 操作步骤

用上述任一方式调用 DIMTEDIT 命令后，命令行提示与操作如下。

命令: _dimtedit
选择标注:
为标注文字指定新位置或 [左对齐(L)/右对齐(R)/居中(C)/默认(H)/角度(A)]

3. 选项说明

（1）为标注文字指定新位置：在屏幕上指定标注文字的新位置。
（2）左对齐（L）：沿尺寸线左对齐标注文字。本选项适用于线性标准、半径标准、直径标准。
（3）右对齐（R）：沿尺寸线右对齐标注文字。本选项适用于线性标准、半径标准、直径标准。
（4）居中（C）：将标注文字放置在尺寸线的中间。
（5）默认（H）：将标注文字放置在默认位置。
（6）角度（A）：将标注文字旋转指定的角度。
例如，将图 7-60（a）所示尺寸标注修改为图 7-60（b）所示的尺寸标注，可按如下操作完成。

命令: DIMTEDIT ↙
选择标注: （选择尺寸标注"8"）
为标注文字指定新位置或 [左对齐(L)/右对齐(R)/居中(C)/默认(H)/角度(A)]: L ↙ （沿尺寸线左对齐）
命令: DIMTEDIT ↙
选择标注: （选择尺寸标注"13"）
为标注文字指定新位置或 [左对齐(L)/右对齐(R)/居中(C)/默认(H)/角度(A)]: （单击 M 点，移到新位置）

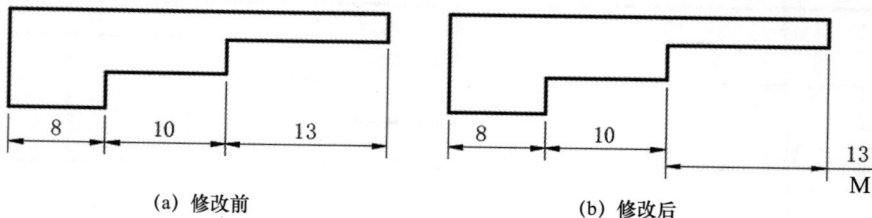

图 7-60 尺寸文字位置修改示例

7.6.3 使用 DIMSTYLE 命令更新标注

利用 DIMSTYLE 命令，用户可将选定的尺寸标注更新为当前尺寸标注样式。

1. 调用方式

☑ 命令行：DIMSTYLE。
☑ 菜单栏："标注" → "更新"。
☑ 工具栏："标注" → "标注更新" 🔲 。

☑ 功能区："注释"→"标注"→"更新" 。

2. 操作步骤

用上述任一方式调用 DIMSTYLE 命令后，命令行提示与操作如下。

```
命令: _dimstyle
当前标注样式:ISO-25　　注释性: 否
输入标注样式选项
[注释性(AN)/保存(S)/恢复(R)/状态(ST)/变量(V)/应用(A)/?] <恢复>: _apply
选择对象:
```

3. 选项说明

（1）当前标注样式：显示当前的标注样式，该样式可取代随后选择的尺寸标注对象的标注样式。

（2）注释性（AN）：创建注释性标注样式。

（3）保存（S）：将标注系统变量的当前设置保存到标注样式。

（4）恢复（R）：把标注系统变量恢复为选定的尺寸标注对象的标注样式的设置。

（5）状态（ST）：显示所有标注系统变量的当前设置。

（6）变量（V）：列出某个标注样式或选定的尺寸标注对象的标注系统变量设置。

（7）应用（A）：使用当前的样式取代随后选择的尺寸标注对象的标注样式。

例如，图 7-61（a）中的尺寸标注样式改为"新样式"，效果如图 7-61（b）所示，首先选择"新样式"为当前标注样式，然后单击"注释"选项卡的"标注"面板中的"更新"按钮，命令行提示与操作如下。

```
命令: _dimstyle
当前标注样式: 新样式　　注释性: 否
输入标注样式选项
[注释性(AN)/保存(S)/恢复(R)/状态(ST)/变量(V)/应用(A)/?] <恢复>: _apply
选择对象:　（选择尺寸标注对象，可以选择多个尺寸标注对象同时更新）
选择对象: ↙　（结束选择）
```

至此，完成了尺寸标注样式更新。

图 7-61　更新标注示例

7.6.4　使用"特性"管理器编辑

用户可以通过"特性"管理器，对图形中的各尺寸标注的组成要素进行编辑修改。

1. 调用方式

☑ 命令行：PROPERTIES。

☑ 菜单栏："修改"→"特性"或"工具"→"选项板"→"特性"。

☑ 工具栏："标准"→"特性"█。

☑ 功能区："视图"→"选项板"→"特性"█。

2. 操作步骤

首先选中待修改的尺寸标注对象，用上述任一方式调用"特性"命令，系统将打开"特性"选项板，如图 7-62 所示。用户可以在该选项板中进行"直线和箭头""文字""调整""主单位""换算单位和公差"等尺寸特性的编辑修改。

提示与技巧

用户可以利用夹点对尺寸标注进行编辑：单击待修改的尺寸标注对象，将指针移动到不同的控制夹点，系统将显示不同的快捷菜单选项，如图 7-63 所示。也可以使用"分解"命令，分解尺寸的各组成部分，再逐一修改。

图 7-62　"特性"选项板

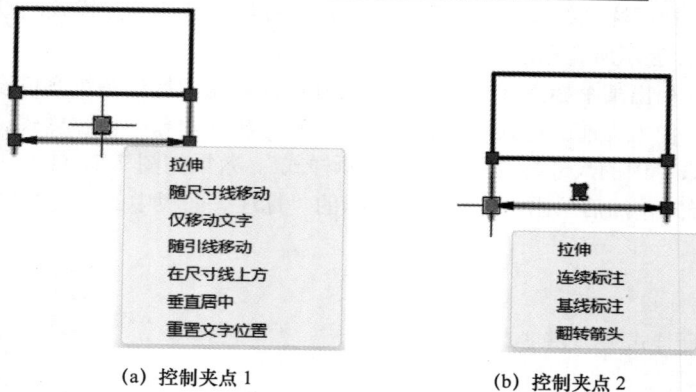

(a) 控制夹点 1　　　　　　(b) 控制夹点 2

图 7-63　利用夹点编辑尺寸标注

7.7　综合案例

7.7.1　综合案例——标注挂轮架

1. 学习目标

本案例标注挂轮架图形，如图 7-64 所示。通过本案例，读者可以进一步掌握尺寸标注的正确设置方法，从而熟练应用线性标注、连续标注、半径标注、直径标注、角度标注等标注方法。

2. 设计思路

先设置标注样式，再利用各种标注方法进行尺寸标注。

3. 操作步骤

（1）打开文件"源文件\初始文件\第 7 章\综合案例——标注挂轮架（初始文件）.dwg"。

扫码看视频

标注挂轮架

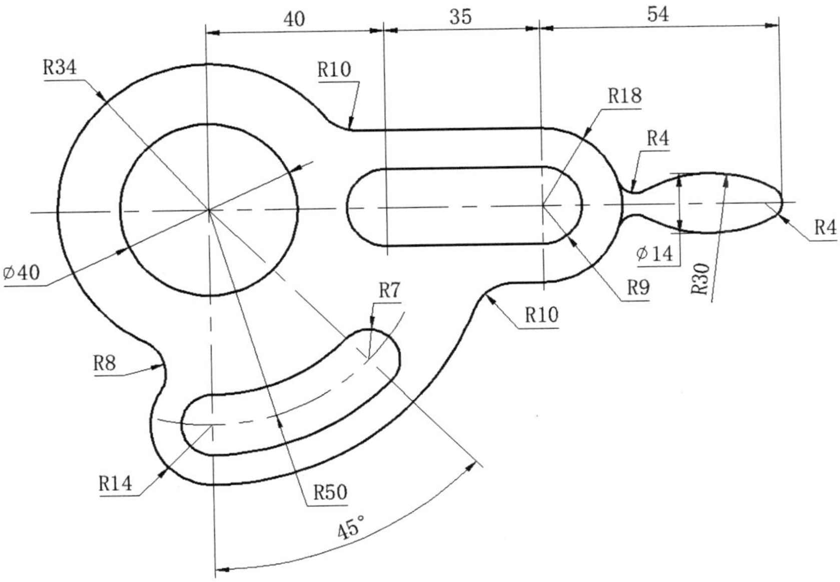

图 7-64　挂轮架图形

（2）单击"默认"选项卡的"注释"面板中的"标注样式"按钮，打开"标注样式管理器"对话框，新建"挂轮架"标注样式该标注样式的各项设置如下："箭头大小"设为 3，"字体"设为仿宋，"文字高度"设为 3.5，"文字从尺寸线偏移"设为 1.5，"文字对齐方式"为"ISO 标准"，主单位"精度"为 0，其余采用默认设置，并将新建的标注样式置为当前。

（3）单击"注释"选项卡的"标注"面板中的"线性"按钮，标注线性尺寸。依照如下命令行提示与操作标注出线性尺寸⌀14。采用相同的方法，标注线性尺寸 40。

```
命令: _dimlinear
指定第一个尺寸界线原点或 <选择对象>:　（捕捉圆弧象限点）
指定第二条尺寸界线原点:　（捕捉另一圆弧象限点）
指定尺寸线位置或[多行文字(M)/文字(T)/角度(A)/水平(H)/垂直(V)/旋转(R)]: T ↙
输入标注文字 <14>: %%C14 ↙
指定尺寸线位置或[多行文字(M)/文字(T)/角度(A)/水平(H)/垂直(V)/旋转(R)]:　（移动鼠标，指定尺寸
线位置）
标注文字 = 14
```

（4）单击"注释"选项卡的"标注"面板中的"连续"按钮，创建连续标注 35 和 54。命令行提示与操作如下。

```
命令: _dimcontinue
指定第二个尺寸界线原点或 [选择(S)/放弃(U)] <选择>:
标注文字 = 35 　（标注尺寸 35）
指定第二个尺寸界线原点或 [选择(S)/放弃(U)] <选择>:
标注文字 = 54 　（标注尺寸 54）
指定第二个尺寸界线原点或 [选择(S)/放弃(U)] <选择>: ↙ 　（结束连续标注）
```

（5）单击"注释"选项卡的"标注"面板中的"半径"按钮，标注半径尺寸。命令行提示与

操作如下。

> 命令: _dimradius
> 选择圆弧或圆: （选择半径为 R34 的圆）
> 标注文字 = 34
> 指定尺寸线位置或 [多行文字(M)/文字(T)/角度(A)]: （移动鼠标，指定尺寸线位置）

标注出了半径尺寸 R34。采用相同的方法，标注其余半径尺寸。

（6）分别单击"注释"选项卡的"标注"面板中的"直径"按钮 ⃠ 和"角度"按钮 △，标注直径尺寸⌀40 和角度尺寸 45°。

至此，完成了挂轮架图形的尺寸标注，结果如图 7-64 所示。

7.7.2 综合案例——标注泵盖

1．学习目标

本案例标注泵盖图形，如图 7-65 所示。通过本案例，读者可以进一步掌握尺寸标注的正确设置方法，从而熟练应用形位公差、引线标注、线性标注、直径标注、半尺寸标注等尺寸标注方法。

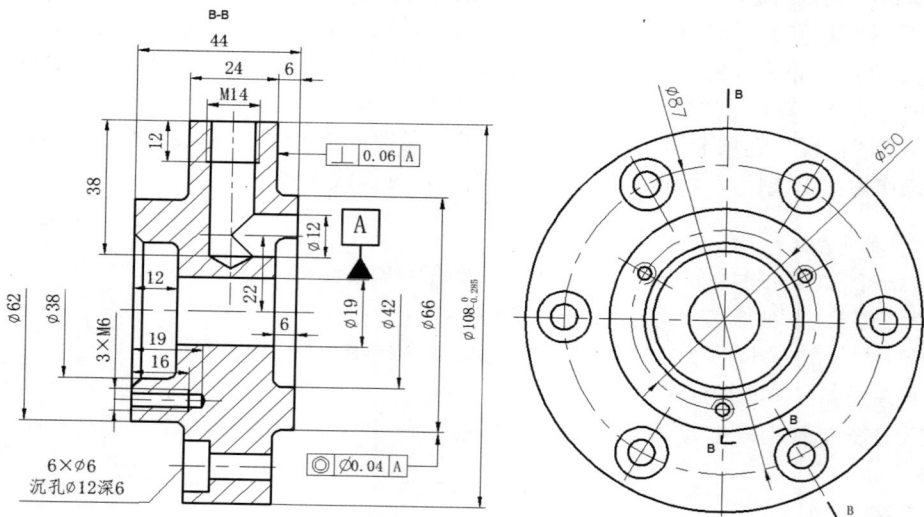

图 7-65 泵盖图形

2．设计思路

设置无公差尺寸标注样式、半尺寸标注样式及带公差尺寸标注样式，并利用各种标注方法完成尺寸标注。

3．操作步骤

（1）打开文件"源文件\初始文件\第 7 章\综合案例——标注泵盖（初始文件）.dwg"。

（2）无公差尺寸标注。

① 设置无公差尺寸标注样式。单击"默认"选项卡的"注释"面板中的"标注样式"按钮 ⪤，打开"标注样式管理器"对话框，新建"泵盖"标注样式。在该标注样式中将"箭头大小"设为 3，选择仿宋字体，"文字高度"设为 3.5，"文字从尺寸线偏移"设为 1.5，"文字对齐方式"设为"水平"，主单位"精度"设为 0，其余采用默认设置，并将该标注样式置为当前。

② 单击"注释"选项卡的"标注"面板中的"线性"按钮 ⊢，标注线性尺寸 M14。命令行提示与操作如下。采用相同的方法，对图形中其他线性尺寸进行标注。结果如图 7-66 所示。

```
命令: _dimlinear
指定第一个尺寸界线原点或 <选择对象>: （捕捉尺寸界线原点）
指定第二条尺寸界线原点: （捕捉尺寸界线原点）
指定尺寸线位置或[多行文字(M)/文字(T)/角度(A)/水平(H)/垂直(V)/旋转(R)]: T ↙
输入标注文字 <14>: M14 ↙
指定尺寸线位置或[多行文字(M)/文字(T)/角度(A)/水平(H)/垂直(V)/旋转(R)]: （移动鼠标,指定尺寸
线位置）
```

③ 单击"注释"选项卡的"标注"面板中的"直径"按钮 ◯，标注辅助圆直径尺寸⌀87。命令行提示与操作如下。采用相同的方法，对图形中其他圆的直径尺寸进行标注。结果如图 7-67 所示。

```
命令: _dimdiameter
选择圆弧或圆: （选择辅助圆）
标注文字 = 87
指定尺寸线位置或 [多行文字(M)/文字(T)/角度(A)]: （移动鼠标,指定尺寸线位置）
```

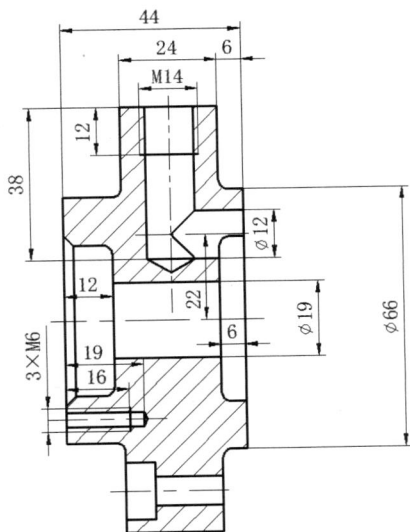

图 7-66　标注线性尺寸

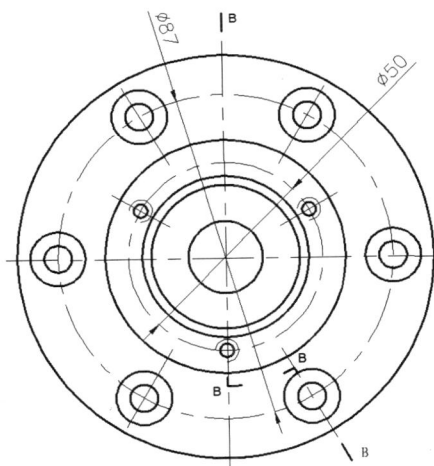

图 7-67　标注直径尺寸

（3）半尺寸标注。

① 设置半尺寸标注样式。单击"默认"选项卡的"注释"面板中的"标注样式"按钮 ⊣，打开"标注样式管理器"对话框。在"泵盖"标注样式的基础上，新建"泵盖（半尺寸）"标注样式，如图 7-68 所示。参照图 7-69 设置"新建标注样式"对话框中的"线"选项卡，其余采用默认设置，并将新建的"泵盖（半尺寸）"标注样式置为当前。

② 单击"注释"选项卡的"标注"面板中的"线性"按钮 ⊢，使用线性标注方法在剖视图中进行半尺寸标注⌀38。命令行提示与操作如下。采用相同的方法，在剖视图中标注半尺寸标注⌀62 和⌀42。

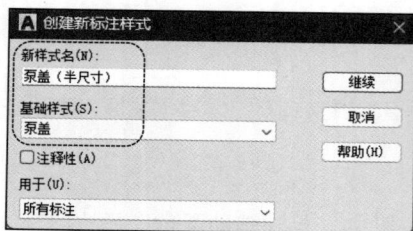

图 7-68 "泵盖（半尺寸）"样式

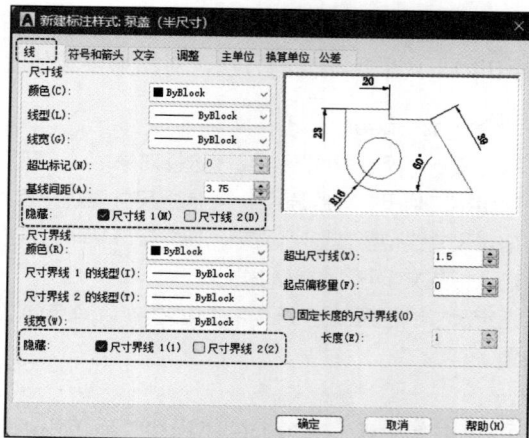

图 7-69 "线"选项卡的设置

命令: _dimlinear

指定第一个尺寸界线原点或 <选择对象>: （选择剖视图中上方要标注尺寸的端点）

指定第二条尺寸界线原点: （选择剖视图中下方要标注尺寸的端点）

指定尺寸线位置或[多行文字(M)/文字(T)/角度(A)/水平(H)/垂直(V)/旋转(R)]: T ↙

输入标注文字 <38>: %%c38 ↙

指定尺寸线位置或[多行文字(M)/文字(T)/角度(A)/水平(H)/垂直(V)/旋转(R)]: （移动鼠标，指定尺寸线位置）

标注文字 = 38

（4）带公差尺寸标注。

① 设置带公差尺寸标注样式。单击"默认"选项卡的"注释"面板中的"标注样式"按钮，打开"标注样式管理器"对话框。在"泵盖"标注样式的基础上，新建"泵盖（带公差）"标注样式，如图 7-70 所示。将"新建标注样式"对话框中的"公差"选项卡设置为如图 7-71 所示，其余采用默认设置，并将新建的"泵盖（带公差）"标注样式置为当前。

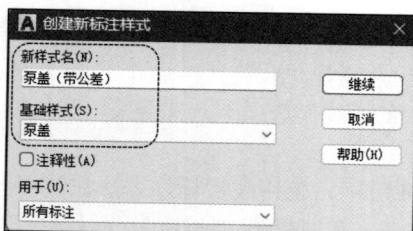

图 7-70 "泵盖（带公差）"样式

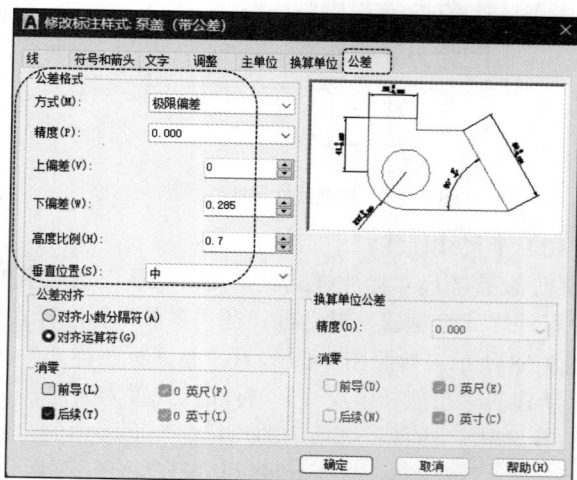

图 7-71 "公差"选项卡的设置

② 单击"注释"选项卡的"标注"面板中的"线性"按钮，在剖视图中标注带公差的尺寸：

双击标注的文字，在文字前添加"%%C"，即完成了带公差的尺寸标注。

（5）形位公差标注。

① 绘制基准符号。利用"直线""图案填充"及"多行文字"命令，绘制基准符号，如图 7-72 所示。

② 标注形位公差。在命令行中输入快速引线标注命令 QLEADER，引线注释类型选择"公差"，绘制相应引线。在系统弹出的"形位公差"对话框中设置形位公差，如图 7-73 所示，即完成形位公差的标注。采用相同的方法完成另一形位公差的标注。

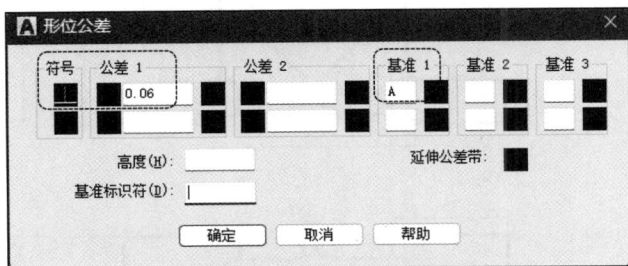

图 7-72　基准符号　　　　　　　　图 7-73　"形位公差"的设置

（6）引线标注。在命令行中输入命令 QLEADER，打开"引线"设置对话框，在"注释类型"选项中选择"多行文字"，在"附着"选项卡中选择"最后一行加下划线"，绘制相应引线，输入文本"6X%%C6""沉孔%%C12 深 6"，完成引线标注。

7.8　小结与提升

7.8.1　知识小结

尺寸标注是 AutoCAD 工程绘图中必不可少的一环，有助于准确传递设计意图和制造要求。本章介绍了尺寸标注的基本概念、常用符号、标注规范以及各种标注和编辑尺寸对象的方法。在使用 AutoCAD 进行尺寸标注时，读者应熟悉各种标注的类型和相应的符号，遵守国家标准和规范，以确保标注的准确性和可读性。

尺寸标注是 AutoCAD 工程绘图中的重要步骤，需要仔细认真地进行。选择适当的标注样式、确定标注的基准、添加适当的箭头和标注文字以及检查尺寸标注的正确性，可以确保图纸的准确性和美观度，从而提高生产效率和产品质量。

7.8.2　技能提升

练习题 1： 按照图 7-74 所示要求进行尺寸标注。

【练习目的】 掌握尺寸标注的正确设置方法，熟练应用线性标注、连续标注、基线标注、带公差尺寸标注、半径标注、直径标注等标注方法。

【思路点拨】

（1）设置尺寸标注样式。

（2）标注线性尺寸、基线尺寸、连续尺寸及半尺寸。

（3）标注半径尺寸和直径尺寸。

（4）标注带公差的尺寸。

扫码看视频

练习题 1 演示

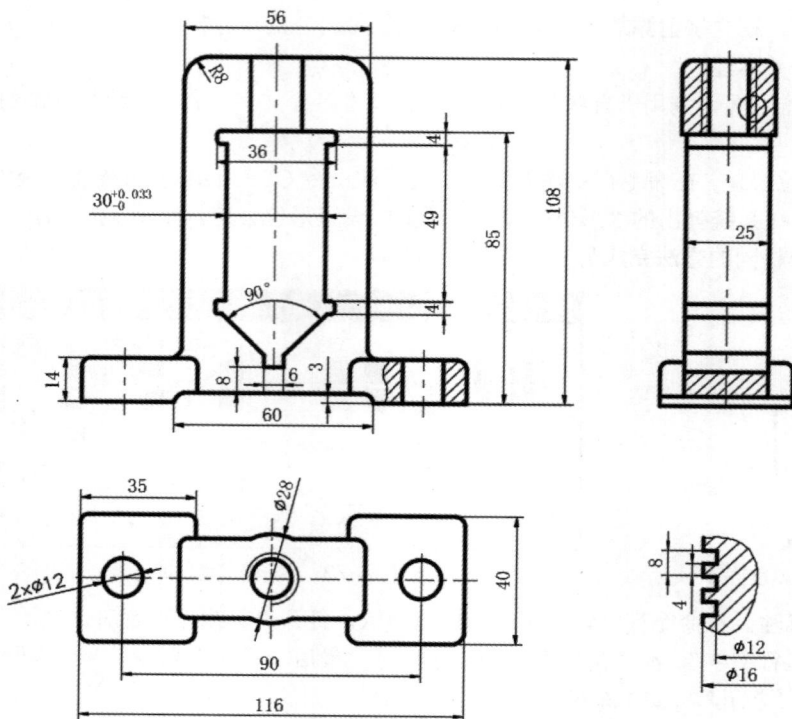

图 7-74　练习题 1

练习题 2：按照图 7-75 所示要求进行尺寸标注。

【练习目的】熟练设置尺寸标注样式，灵活应用引线标注、线性标注、连续标注、基线标注等标注方法。

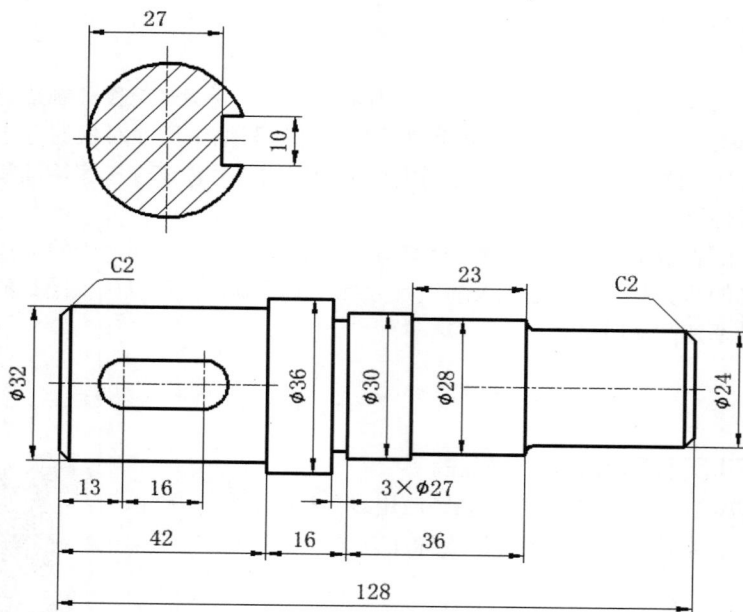

扫码看视频

练习题 2 演示

图 7-75　练习题 2

【思路点拨】

（1）设置文字样式和标注样式。

（2）标注线性尺寸、基线尺寸、连续尺寸。

（3）用引线标注命令标注倒角尺寸。

练习题 3：按照图 7-76 所示要求进行尺寸标注。

【练习目的】掌握设置尺寸标注样式的技能，能够快速进行线性标注、连续标注、半径标注及直径标注，熟悉带公差的尺寸标注及形位公差的标注技巧。

【思路点拨】

（1）设置基本标注样式、半尺寸标注样式及公差标注样式。

（2）标注线性尺寸、连续尺寸以及半径尺寸和直径尺寸。

（3）绘制基准符号，完成半尺寸标注及公差标注。

扫码看视频

练习题 3 演示

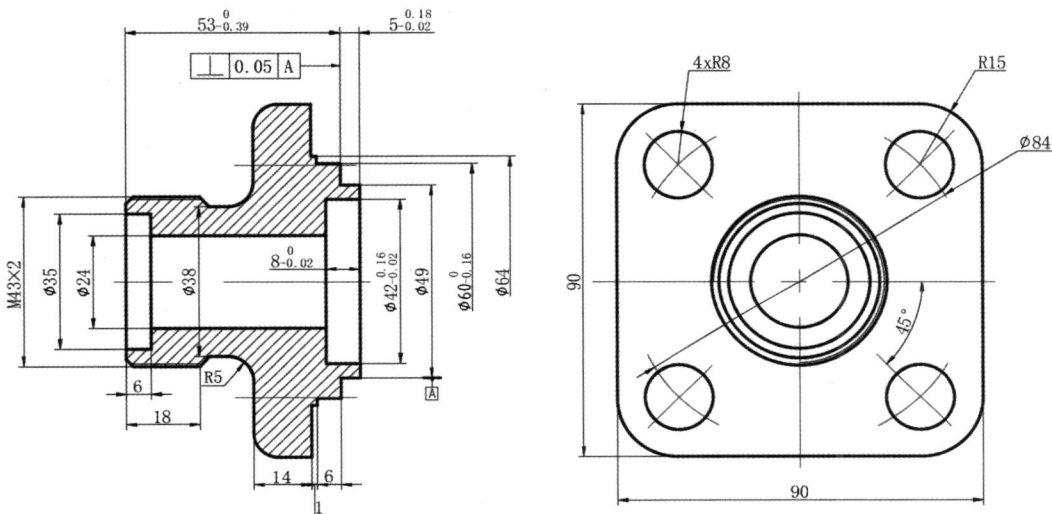

图 7-76　练习题 3

7.8.3　素养提升

尺寸标注在工程绘图中占据举足轻重的地位。恰当、准确的尺寸标注能够准确传递设计意图和制造要求，确保生产或施工过程不会出错。因此，绘图者不仅要具有遵守国家标准、工程技术手册规范的意识，还要有以下良好的工作作风。

规范与用心：在尺寸标注中，每一项数据都不能有丝毫偏差，这不仅是对技术的要求，更是对个人道德品质的考验。我们要诚实守信，对自己的工作负责，不因一时的疏忽而导致后续的严重问题。

团队协作与沟通：图形中包含许多尺寸，这一个个的尺寸，并不是独立存在的，而是彼此联系和制约的。在学习、工作中，我们也需要有团队协作意识和沟通能力，这样才能够更好地与他人合作。

责任感与职业道德：图形中每一处微小的标注，都有可能影响到产品的质量和安全，我们需要有高度的责任感和职业道德，确保标注准确可读。

第 **8** 章

块与外部参照

在使用AutoCAD绘图时，如果遇到图形中有大量相同或相似的部分，或者需要绘制的图形与已有的图形文件存在相同部分，可以把需要重复绘制的图形创建成块，在需要时直接插入它们，从而提高绘图效率。此外，用户也可以使用外部参照功能，把已有的图形文件以参照的形式插入当前图形中。

知识目标

（1）了解块的特点，掌握创建块及插入块的方法。
（2）掌握定义、编辑及提取块属性的方法。
（3）掌握外部参照及AutoCAD设计中心的应用方法。

能力目标

（1）掌握创建自己的图形库和具有通用性的属性块的操作技能。
（2）能够快速利用设计中心和外部参照，编辑和管理图形文件对象。

素养目标

理解提高绘图效率的意义，培养高效工作的能力。

部分案例预览

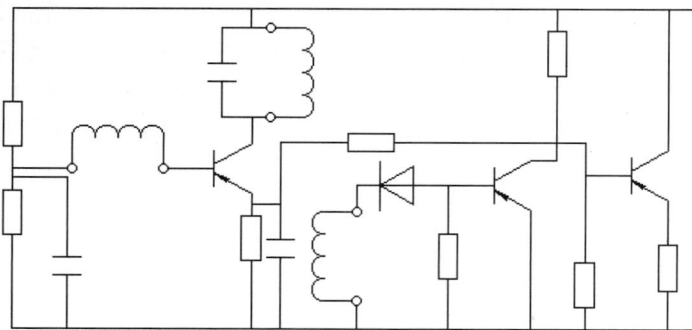

8.1　块的基本操作

多次重复使用的图形，可以定义为图块，简称块。块是一组图形对象的集合，在图形中作为一个整体使用，用户可以根据需要按一定的比例和角度将块插入任意指定位置。

在 AutoCAD 中通过创建和使用块，用户可以将复杂的图形分解成多个简单重复的部分，从而简化绘图过程；使用块可以大大减少用于重复绘制相同图形的工作量，从而提高了绘图效率；通过修改块，可轻松地实现对整个图形中所有使用该块的部分的修改，从而提高修改图形的便利性。

AutoCAD 提供的块有两种类型：内部块和外部块。内部块只能在定义它的图形文件中调用，并存储在该图形文件内部；外部块以文件的形式保存于计算机中，可以将其调用到其他图形文件中。

8.1.1　创建内部块

创建内部块需要打开"块定义"对话框，以完成相关的设置。

1. 调用方式

- ☑ 命令行：BLOCK（快捷命令：B）。
- ☑ 菜单栏："绘图"→"块"→"创建"。
- ☑ 工具栏："绘图"→"创建块" 🖻。
- ☑ 功能区："默认"→"块"→"创建" 🖻 或"插入"→"块定义"→"创建块" 🖻。

2. 操作步骤

用上述任一方式调用"创建内部块"命令后，系统打开"块定义"对话框，如图 8-1 所示。

3. 选项说明

（1）"名称"文本框：用于设置块的名称。用户在该文本框中直接输入块名即可，块名不区分大小写。单击文本框右边下拉箭头可以显示当前图形的块名称。

（2）"基点"选项组：用于设置块的插入基点位置。用户可以直接在 X/Y/Z 三个文本框中输入，也可以单击"拾取点"按钮，使 AutoCAD 临时切换到绘

图 8-1　"块定义"对话框

图窗口，系统将提示用户指定一个基点，在此提示下用户拾取一点，该点即为新建块的插入基点。

（3）"对象"选项组：用于选择组成块的对象，以及创建块之后对这些对象的处理方式为"保留""删除"或"转换为块"。

（4）"方式"选项组：用于设置块的行为。用户可以选择"注释性""按统一比例缩放"或"允许分解"等。

（5）"设置"选项组：用于设置块的单位及超链接。

（6）"说明"列表框：用于设置块的文字说明。

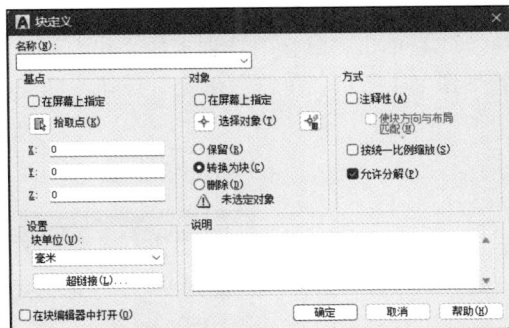

> 💡 **提示与技巧**
>
> 　　虽然用户可以选择块上的任意一点作为插入基点，但为了插入方便，应根据图形的结构选择基点。一般将基点选在块的对称中心、左下角或其他有特征的位置。

8.1.2 案例——创建餐凳内部块

1. 学习目标

创建如图 8-2 所示的餐凳内部块。通过本案例，读者可以进一步熟悉块的基本操作。

2. 设计思路

先绘制餐凳图形，再创建内部块。

3. 操作步骤

（1）单击"默认"选项卡的"绘图"面板中的"矩形"按钮 ▢，绘制一个圆角半径为 50，边长为 500，宽为 430 矩形，再利用"偏移"命令把绘制好的矩形向外偏移 50。

（2）单击"默认"选项卡的"绘图"面板中的"直线"按钮 ╱，绘制连接 2 个矩形的直线，结果如图 8-3 所示，再利用"修剪"命令对外矩形的多余部分进行修剪，最终效果如图 8-2 所示。

图 8-2　餐凳内部块　　　　　　　　　图 8-3　绘制矩形和直线

（3）单击"默认"选项卡的"块"面板中的"创建"按钮 ▢，打开"块定义"对话框，相关设置如图 8-4 所示。单击"确定"按钮，即完成创建餐凳内部块的操作。

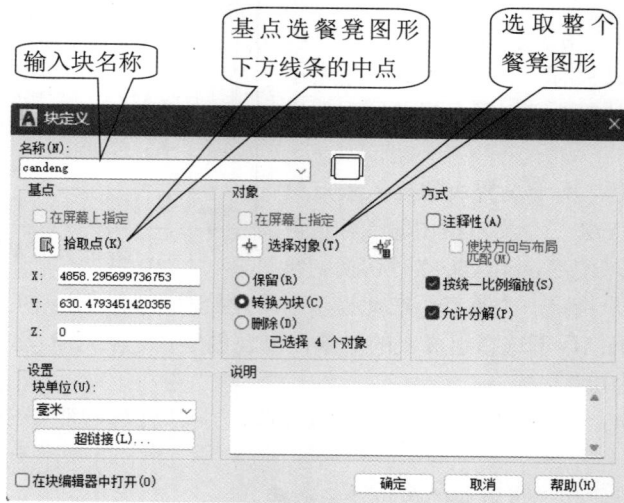

图 8-4　设置"块定义"对话框

8.1.3 创建外部块

创建外部块，也称写块，是将选定图形对象或块保存到一个独立的图形文件中。

1．调用方式

☑ 命令行：WBLOCK（快捷命令：W）。

☑ 功能区："插入"→"块定义"→"写块" 。

2．操作步骤

用上述任一方式调用"写块"命令后，系统将打开"写块"对话框，如图 8-5 所示。

（1）"源"选项组：用于设置组成块的对象来源。其中"块"表示将已定义的块保存为图形文件；"整个图形"表示将把当前的整个图形文件；"对象"表示将指定的对象保存为图形文件，选中该单选按钮，"基点"选项组和"对象"选项组才能够使用。

（2）"基点"选项组：用于设置外部块的插入基点位置。

图 8-5　"写块"对话框

（3）"对象"选项组：用于确定组成外部块的对象。

（4）"目标"选项组：用于设置保存外部块的文件名和路径、插入单位。

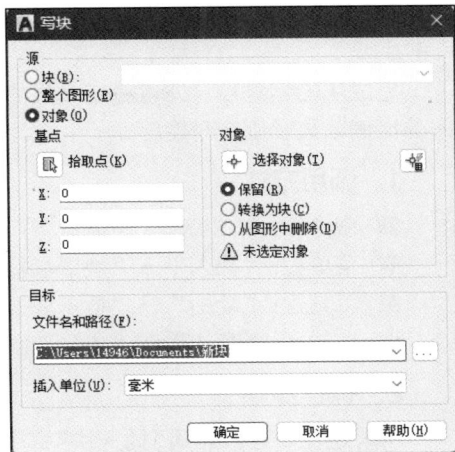

8.1.4　案例——创建餐凳外部块

1．学习目标

将 8.1.2 中的餐凳内部块，创建为外部块。通过本案例，读者可以进一步熟悉创建外部块的基本操作。

扫码看视频

创建餐凳外部块

2．设计思路

先打开内部块，再创建外部块。

3．操作步骤

（1）打开文件"源文件\初始文件\第 8 章\案例——创建餐凳外部块（初始文件）.dwg"。

（2）单击"插入"选项卡的"块定义"面板中的"写块"按钮 ，打开"写块"对话框，相关设置如图 8-6 所示。单击"确定"按钮，即完成创建餐凳外部块的操作。

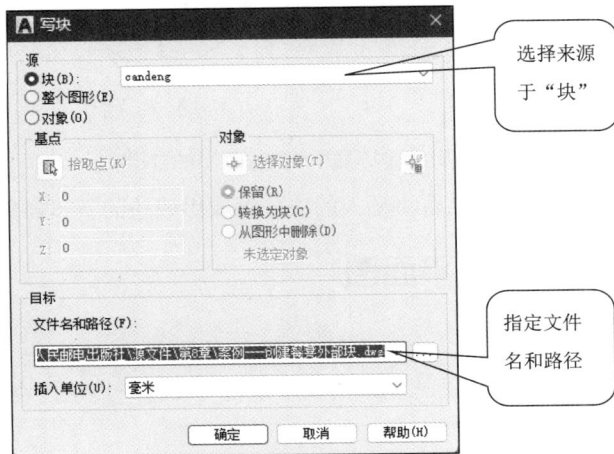

图 8-6　设置"写块"对话框

8.1.5 插入块

完成块的创建后，即可将定义好的块插入到图形中。在插入块时，需要指定插入点的位置、插入的比例系数及旋转角度等。

1. 调用方式

- ☑ 命令行：INSERT（快捷命令：I）。
- ☑ 菜单栏："插入"→"块选项板"。
- ☑ 工具栏："绘图"→"插入块" 🔲 或 "插入"→"插入块" 🔲。
- ☑ 功能区："默认"→"块"→"插入块" 🔲 或"插入"→"块定义"→"插入块" 🔲。

2. 操作步骤

用上述任一方式调用"插入块"命令后，系统将打开"块"选项板，如图 8-7 所示。用户在该选项板中完成相关的选择设置后，即可将块插入到当前图形中。

3. 选项说明

（1）"插入点"选项组：用于指定插入点的位置。用户可以在屏幕上指定插入点，也可以通过该选项组右边的文本框输入插入点的坐标值。

（2）"比例"选项组：用于指定插入块时的缩放比例。用户可以设置统一的比例系数，也可以分别将 X/Y/Z 轴方向的比例系数设为不同的值。若比例系数为正数，大于 1 表示放大，小于 1 表示缩小；若比例系数为负数，则表示插入块的镜像，如图 8-8 所示。

（3）"旋转"选项组：用于指定插入块时，绕其基点旋转的角度。角度值为正数表示沿逆时针方向旋转，为负数表示沿顺时针方向旋转。

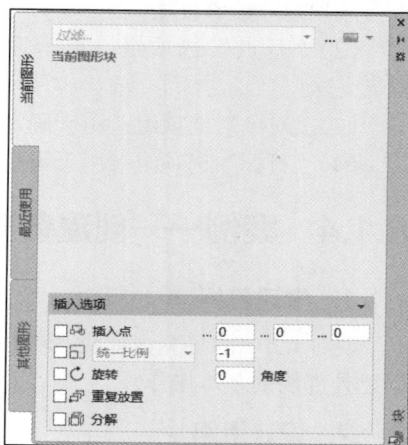

图 8-7　"块"选项板

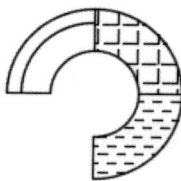　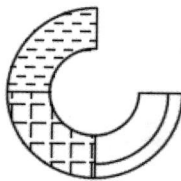　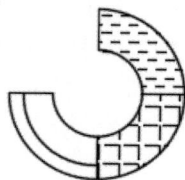

(a) 比例 X=1, Y=1　　　(b) 比例 X=−1, Y=1　　　(c) 比例 X=1, Y=−1　　　(d) 比例 X=−1, Y=−1

图 8-8　比例系数取负值时插入块的效果

（4）"分解"复选框：用于设置是否将插入的块分解成组成块的基本对象。

8.1.6 案例——绘制餐桌平面图

1. 学习目标

绘制餐桌平面图，如图 8-9 所示。通过本案例，读者可以进一步掌握块的创建、插入方法。

扫码看视频

绘制餐桌平面图

2．设计思路

利用"圆""图案填充"等命令绘制圆桌，利用"插入块"命令绘制餐凳。

3．操作步骤

（1）单击"默认"选项卡的"绘图"面板中的"圆"按钮⊙，绘制一个半径为 460 的圆。再利用"偏移"命令，将该圆向内偏移 30。

（2）单击"默认"选项卡的"绘图"面板中的"图案填充"按钮▨，打开"图案填充创建"选项卡，如图 8-10 所示。选择"AR-RROF"图案，填充角度设为 45°，填充比例为 6，拾取圆内部一点，完成圆桌图案填充，结果如图 8-11 所示。

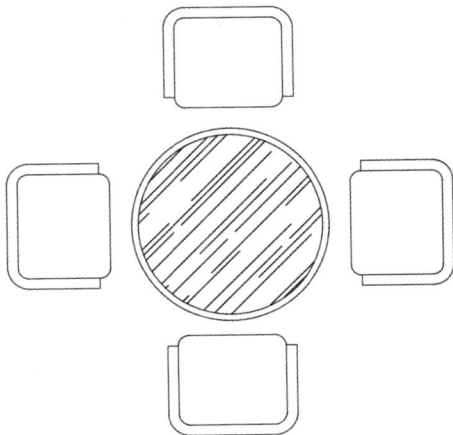

图 8-9　餐桌平面图

图 8-10　"图案填充创建"选项卡

（3）单击"默认"选项卡的"块"面板中的"插入块"按钮，打开如图 8-7 所示的"块"选项板。单击"显示文件选择对话框"按钮…，浏览选择 8.1.4 节中的"案例——创建餐凳外部块"文件，在绘图区捕捉外圆的上象限点，并竖直向上偏移 100 作为块的插入点，如图 8-12 所示，即完成了一张餐凳外部块的插入。

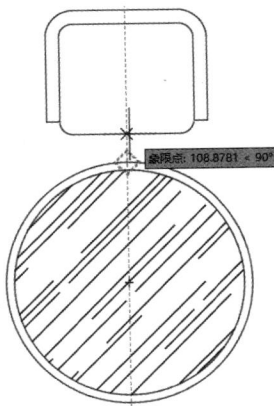

图 8-11　绘制圆桌　　　　图 8-12　插入餐凳图块

（4）分别捕捉其余象限点，向外偏移均为 100，旋转角度分别为 90°、180° 和 270°，完成其他餐凳外部块的插入。

8.2　块的属性

绘制图形时，常需要插入多个带有不同名称或附加信息的块，如果依次对各个块进行标注，会浪费很多时间。如果先为块定义属性，在插入块的时候再为块指定相应的属性值，就可以提高绘图效率。

　　属性是可以包含在块中的文本对象，用于对插入的块进行注解，类似于商品上的附加标签，如型号、材料、生产者、价格等。

　　属性不同于块中的一般文本，它具有以下特点。

　　（1）属性包括属性标记和属性值两部分。例如，可以把 name 定义为属性标记，而具体的"张三""李四"等就是属性值。

　　（2）在定义块前，要先定义属性。属性被定义后，该属性以属性标记的形式显示在图中，用户可修改属性标记、属性提示、属性的默认值等。

　　（3）属性定义好后，可以将属性及相关图形一起定义成块，也可只将属性定义为块。

　　（4）插入块时，AutoCAD 显示属性提示信息，要求用户输入属性值。插入块后，属性以值的形式显示在图中。

　　（5）插入块后，可修改属性的可见性，还可把属性提取出来写入文件。

8.2.1　定义块属性

　　定义块属性必须在创建块之前进行，属性可以储存数据，如产品编号、产品名称等。

1. 调用方式

☑ 命令行：ATTDEF 或 DDATTDEF（快捷命令：ATT）。
☑ 菜单栏："绘图"→"块"→"定义属性"。
☑ 功能区："默认"→"块"→"定义属性" 或"插入"→"块定义"→"定义属性" 。

2. 操作步骤

　　用上述任一方式调用"定义属性"命令后，系统打开"属性定义"对话框，如图 8-13 所示。

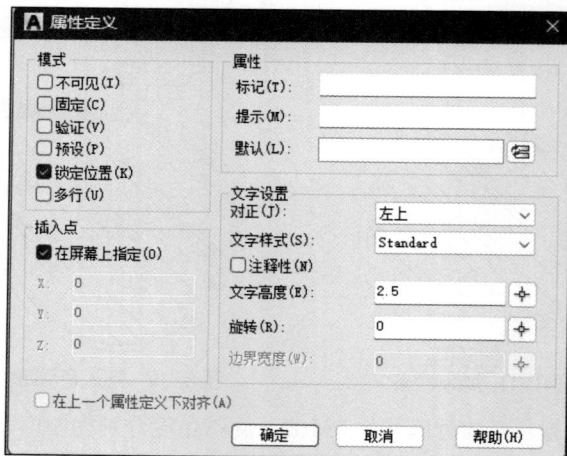

图 8-13　"属性定义"对话框

3. 选项说明

　　（1）"模式"选项组：该选项组中的 6 个复选框被选中时分别表示：插入块时不显示属性值；赋予属性固定值；提示验证属性值是否正确；插入包含预设属性值的块时，将属性设置为默认值；锁定块参照中属性的位置；属性值可以包含多行文字。

　　（2）"插入点"选项组：用于指定属性位置。用户可输入坐标值或选择"在屏幕上指定"，关闭对话框后将显示"起点"提示，指定属性相对于与其关联的对象的位置。

（3）"属性"选项组：用于设置属性数据。用户可在"标记"文本框中输入属性的标记，在"提示"文本框中输入属性的提示，在"默认"文本框指定属性的默认值。

（4）"文字设置"选项组：用于设置属性文字的对正方式、文字样式、高度及旋转角度等。

提示与技巧

属性被定义后，可作为创建块中的对象进行选择；属性标记中不能含有空格；同一块中不能存在标记相同的两个不同属性；属性标记只显示在属性定义中，插入时块不会显示；无论是否显示，属性值都与属性标记直接相连。

8.2.2 案例——绘制基准符号块

图 8-14 基准符号块

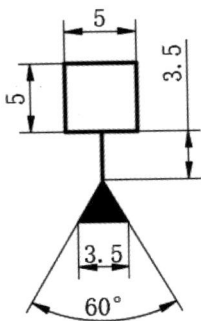

1. 学习目标

本案例绘制基准符号块，如图 8-14 所示。通过本案例，读者可以进一步掌握定义块属性、创建包含属性的块及插入块的操作技能。

2. 设计思路

先绘制基准符号图形，定义块属性，再创建带属性的块，最后插入块。

3. 操作步骤

（1）利用直线、矩形及图案填充命令绘制基准符号图形，如图 8-15 所示。

（2）单击"默认"选项卡的"块"面板中的"定义属性"按钮 ，打开"属性定义"对话框，对"属性"及"文字设置"等选项组进行设置，如图 8-16 所示。点击"确定"按钮，在屏幕上捕捉矩形的几何中心点作为插入点，即完成了属性定义，效果如图 8-17 所示。

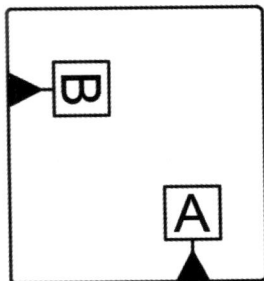

图 8-15 基准符号图形

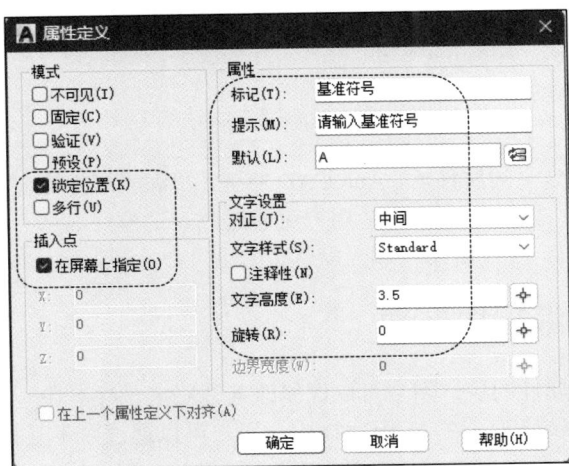

图 8-16 "属性定义"对话框设置

（3）单击"默认"选项卡的"块"面板中的"创建"按钮 ，打开"块定义"对话框，输入块名称"JZFH"，拾取基准符号图形多段线的下方中点为基点，选取块属性的图形对象，如图 8-18 所示。单击"确定"按钮，即完成了带属性的块的创建。

（4）单击"默认"选项卡的"块"面板中的"插入块"按钮 ，打开"块"选项板，选择已创建的块"JZFH"，依次指定插入点和旋转角度，并输入相应的属性值，即完成了属性块的插入，效果如图 8-14 所示。

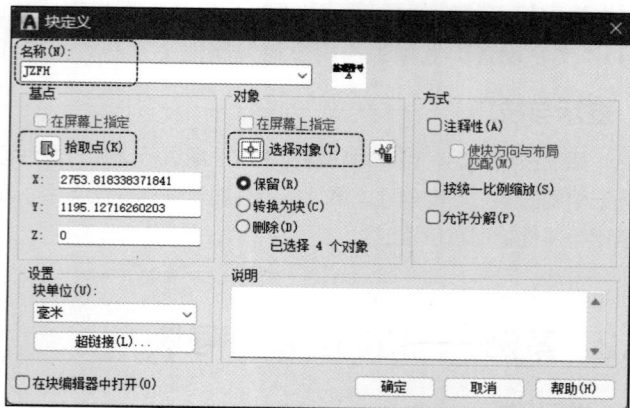
图 8-18 "块定义"对话框设置

图 8-17 定义块属性

8.2.3 修改属性定义

定义块属性后，用户还可以对其修改，也就是可以修改属性定义中的属性标记、属性提示及属性默认值。

1. 调用方式

▽ 命令行：DDEDIT 或 TEXTEDIT。

▽ 菜单栏："修改"→"对象"→"文字"→"编辑"。

2. 操作步骤

用上述任一方式调用"修改属性定义"命令后，命令行提示与操作如下。

```
命令: _textedit
当前设置: 编辑模式 = Single
选择注释对象或 [模式(M)]:
```

选择已定义的属性后，AutoCAD 将弹出"编辑属性定义"对话框，如图 8-19 所示。用户可通过此对话框修改属性定义的"标记""提示"和"默认值"。

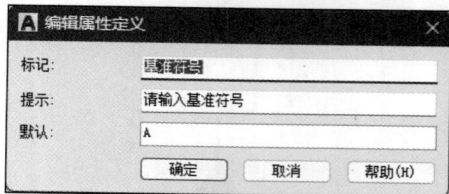
图 8-19 "编辑属性定义"对话框

8.2.4 编辑块属性

对于带属性的块，用户可以像修改其他对象一样对块属性进行编辑修改。在 AutoCAD 中，用户可以通过以下几种方式编辑块属性。

1. 调用方式

▽ 命令行：EATTEDIT。

▽ 菜单栏："修改"→"对象"→"属性"→"单个"。

▽ 工具栏："修改 II"→"编辑属性"。

▽ 功能区："默认"→"块"→"编辑属性"。

2. 操作步骤

用上述任一方式调用"修改属性定义"命令后，命令行提示与操作如下。

命令: _eattedit
选择块:

单击绘图区中带属性的块，系统将打开"增强属性编辑器"对话框，如图 8-20 所示。

3. 选项说明

（1）"属性"选项卡：用于显示块中每个属性的属性标记、属性提示和属性值，如图 8-20 所示。在列表框中选择某一属性后，"值（v）"文本框中将显示出该属性对应的属性值，用户可以通过该文本框修改属性值。

（2）"文字选项"选项卡：用于修改属性文字的格式，该选项卡如图 8-21 所示。在该选项卡中可以设置文字样式、对正、高度、旋转等属性。

（3）"特性"选项卡：用于修改属性文字的图层、线宽、线型、颜色及打印样式等，该选项卡如图 8-22 所示。

图 8-20　"增强属性编辑器"对话框

图 8-21　"文字选项"选项卡

图 8-22　"特性"选项卡

:gear: **提示与技巧**

用户还可以通过"块属性管理器"对话框来编辑属性，其操作方法为：通过在命令行输入 BATTMAN 命令后按 Enter 键或单击"默认"选项卡的"块"面板中的"块属性管理器"按钮，使系统打开"块属性管理器"对话框，如图 8-23 所示；单击该对话框中的"编辑"按钮，系统将打开"编辑属性"对话框，如图 8-24 所示；通过"编辑属性"对话框即可编辑块属性。

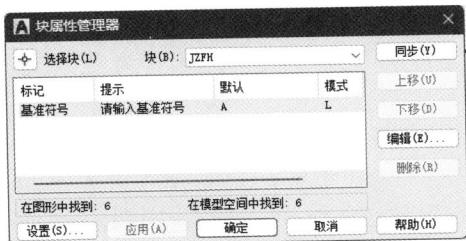

图 8-23　"块属性管理器"对话框

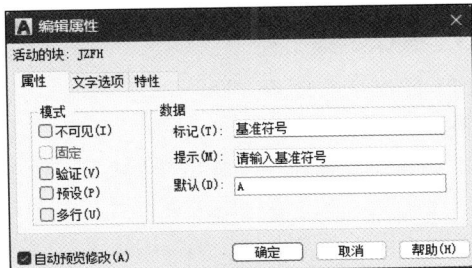

图 8-24　"编辑属性"对话框

8.2.5 提取属性

AutoCAD 的块及其属性中含有大量数据，如块的名称、块的插入点坐标、插入比例和各个属性的值等，用户可以根据需要将这些数据提取出来，将其写入文件并保存为数据文件，以供其他分析使用。通过 ATTEXT 命令或 EATTEXT 命令可实现对属性的提取。

1. 使用 ATTEXT 命令提取属性

在命令行中输入 ATTEXT 命令后按 Enter 键，系统将打开"属性提取"对话框，如图 8-25 所示。用户可选择文件格式 CDF、SDF 和 DXX 中的任一种作为输出数据文件的格式；"选择对象"按钮用于选择块对象；"样板文件"按钮用于指定某个样板文件；"输出文件"按钮用于设置提取文件的名字。

2. 使用 EATTEXT 命令提取属性

在命令行中输入 EATTEXT 命令后按 Enter 键，或单击"插入"选项卡的"链接和提取"面板中的"提取数据"按钮，系统将打开"数据提取"对话框，并以向导的形式进行引导，如图 8-26 所示。具体操作步骤可参考 8.2.6 小节的案例。

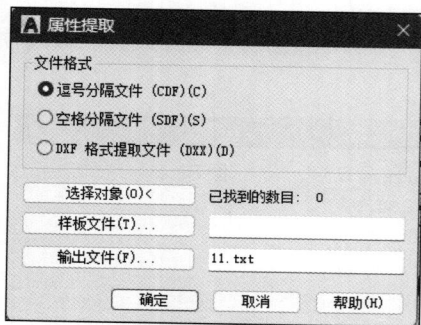

图 8-25 "属性提取"对话框

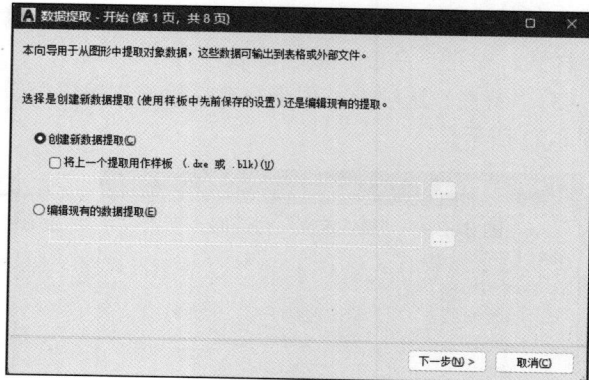

图 8-26 "数据提取"对话框

8.2.6 案例——绘制办公桌布置图

1. 学习目标

本案例绘制办公桌布置图并提取块属性，如图 8-27 所示。通过本案例，读者可以进一步掌握定义块属性、创建属性块、插入块及提取属性的方法。

扫码看视频

绘制办公桌布置图

2. 设计思路

先绘制所需图形，再定义块属性、创建属性块并插入块，最后提取属性。

3. 操作步骤

（1）绘制所需图形，即一张办公桌、办公桌上卡片及电话机（绘制步骤参考 2.3.7 小节），如图 8-28 所示。

（2）单击"默认"选项卡的"块"面板中的"定义属性"按钮，打开"属性定义"对话框，对属性及文字设置等选项组进行设置，如图 8-29 所示。点击"确定"按钮，在卡片上适当位置插入属性，即完成了对"工号"属性的定义，效果如图 8-30 所示。

（3）参照步骤（2），采用相同的方法，完成对其他属性的定义，得到如图 8-31 所示的效果。

（4）单击"默认"选项卡的"块"面板中的"创建"按钮，打开"块定义"对话框，输入块名称"BGZ"，拾取桌子左下角点作为基点，选取块属性及图形对象，如图 8-32 所示。点击"确定"按钮，即完成了块的创建。

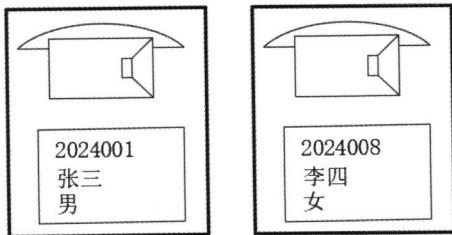

图 8-27　办公桌布置图　　　　　　　　　　　　　　图 8-28　绘制图形

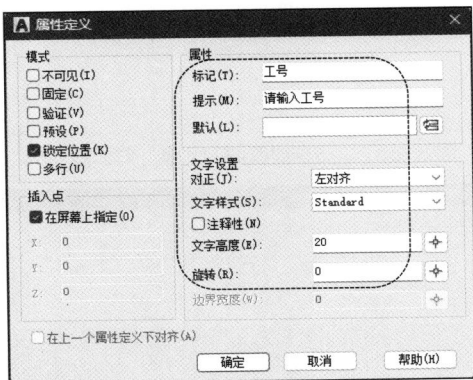

图 8-29　"属性定义"对话框　　　　　　图 8-30　定义工号属性　　图 8-31　完成属性定义

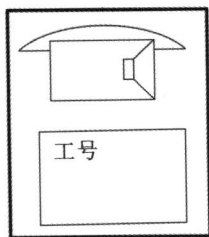

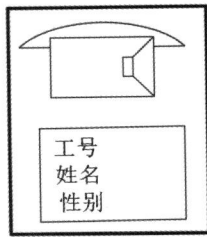

（5）单击"默认"选项卡的"块"面板中的"插入块"按钮，打开"块"选项板，选择已创建的块"BGZ"，依次指定插入点，并输入相应的属性值，即完成了属性块的插入，效果如图 8-27 所示。

（6）单击"插入"选项卡的"链接和提取"面板中的"提取数据"按钮，系统打开"数据提取-开始"对话框，如图 8-33 所示。选择"创建新数据提取"单选按钮，然后单击"下一步"按钮。

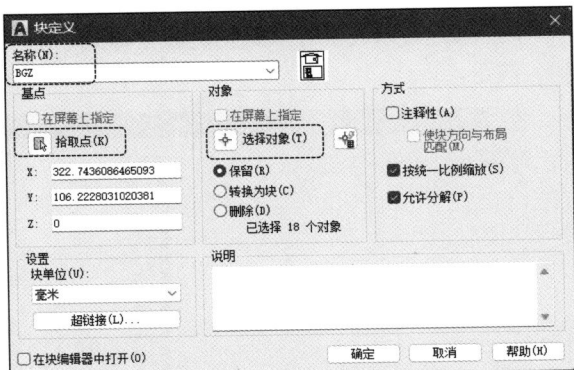

图 8-32　"块定义"对话框　　　　　　　图 8-33　"数据提取-开始"对话框

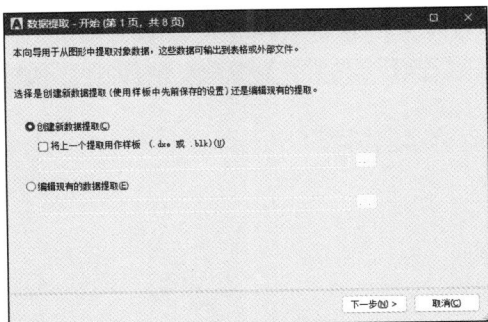

（7）在打开的"数据提取-定义数据源"对话框中选中"在当前图形中选择对象"单选按钮，然后单击右边按钮，在图形中选取要提取属性的块，按 Enter 键返回"数据提取-定义数据源"对话框，如图 8-34 所示，再单击"下一步"按钮。

（8）在打开的"数据提取-选择对象"对话框中选中要提取数据的对象，如图 8-35 所示，然后单击"下一步"按钮。

（9）在打开的"数据提取-选择特性"对话框中选中要提取的对象的特性，如图 8-36 所示，然后单击"下一步"按钮。

（10）在打开的"数据提取-优化数据"对话框中，重新设置数据的排列顺序，如图 8-37 所示，继续单击"下一步"按钮。

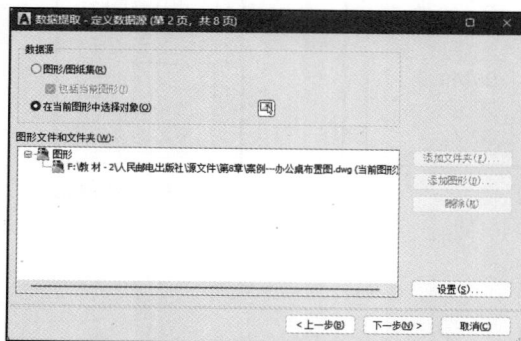

图 8-34 "数据提取-定义数据源"对话框

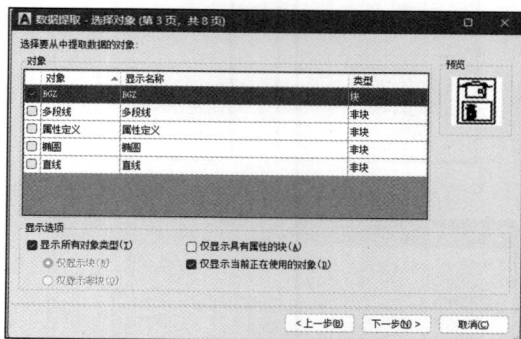

图 8-35 "数据提取-选择对象"对话框

图 8-36 数据提取-选择特性

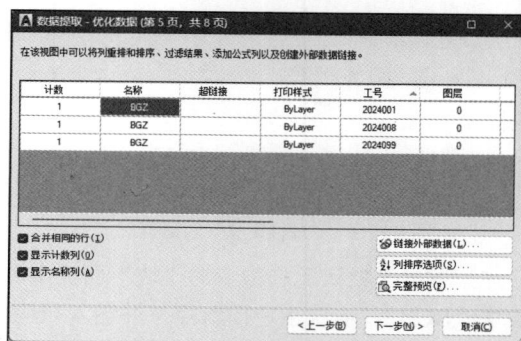

图 8-37 数据提取-优化数据

（11）在打开的"数据提取-选择输出"对话框中，选中"将数据提取处理表插入图形"复选框，如图 8-38 所示，继续单击"下一步"按钮。

（12）在打开的"数据提取-表格样式"对话框中，用户可以设置存放数据的表格样式，这里采用默认样式，如图 8-39 所示，继续单击"下一步"按钮。

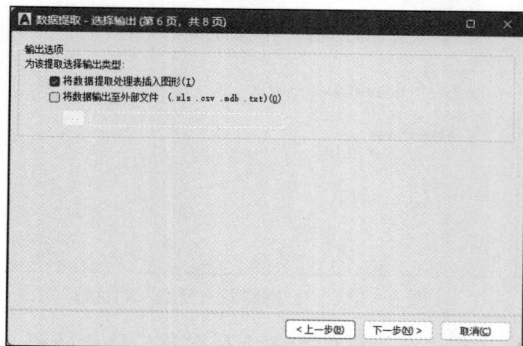

图 8-38 数据提取-选择输出

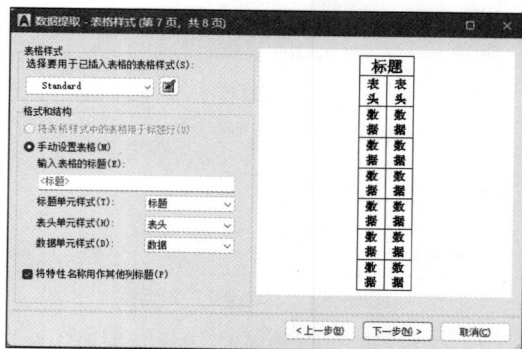

图 8-39 数据提取-表格样式

（13）数据提取完毕，在绘图窗口合适的位置以适当的缩放比例放置提取的属性数据，结果如图 8-40 所示。

计数	名称	超链接	打印样式	工号	图层	线宽	线型	线型比例	性别	姓名	颜色
1	BGZ		ByLayer	2024001	0	0.20 毫米	Continuous	1.0000	男	张三	ByLayer
1	BGZ		ByLayer	2024008	0	0.20 毫米	Continuous	1.0000	女	李四	ByLayer
1	BGZ		ByLayer	2024099	0	0.20 毫米	Continuous	1.0000	女	王五	ByLayer

图 8-40　属性数据提取结果

8.3　外部参照

外部参照与块有相似的地方，即均可以以插入的方式将图形调用至另一图形中，它们的主要区别是：以块的方式将图形插入当前图形后，该块将永久性地插入当前图形，并成为当前图形的一部分；以外部参照的方式将图形插入某一图形（称之为主图形）后，被插入图形文件的信息并不直接加入主图形，主图形只是记录参照的关系。另外，对主图形的操作不会改变外部参照图形文件的内容。当打开具有外部参照的图形时，系统会自动把各外部参照图形文件重新调入内存并在当前图形中显示出来。

8.3.1　附着外部参照

附着外部参照的目的是帮助用户引用其他的图形以补充当前图形，主要用于在需要的位置附着一个新的外部参照文件，或将一个已附着外部参照的文件的副本附着在另一文件中。

1．调用方式

▼ 命令行：XATTACH（快捷命令：XA）。

▼ 菜单栏："插入"→"DWG 参照"。

▼ 工具栏："参照"→"附着外部参照" 🗋。

▼ 功能区："插入"→"参照"→"附着" 🗋。

2．操作步骤

用上述任一方式调用"附着外部参照"命令后，系统将打开"选择参照文件"对话框，如图 8-41所示。选择文件后，单击"打开"按钮，系统将弹出"附着外部参照"对话框，如图 8-42 所示。在该对话框中设置好插入点、插入比例、旋转角度和参照类型等参数后，单击"确定"按钮即完成附着外部参照的操作。

3．选项说明

该对话框中的"插入点""比例"及"旋转"等项与"插入块"选项板中的项含义类似，其余选项含义如下。

（1）"参照类型"选项组：用于指定外部参照文件的引用类型，有"附着型"和"覆盖型"两种参照类型。如果在一个文件中以"附着型"的方式引用了外部参照文件，当这个文件又被以参照的方式引用至另一个文件中时，AutoCAD 仍显示这个文件中嵌套的参照文件；如果在一个文件中以"覆盖型"的方式引用了外部参照文件，当这个文件又被以参照的方式引用于另一个文件中时，AutoCAD 将不再显示这个文件中嵌套的参照文件。

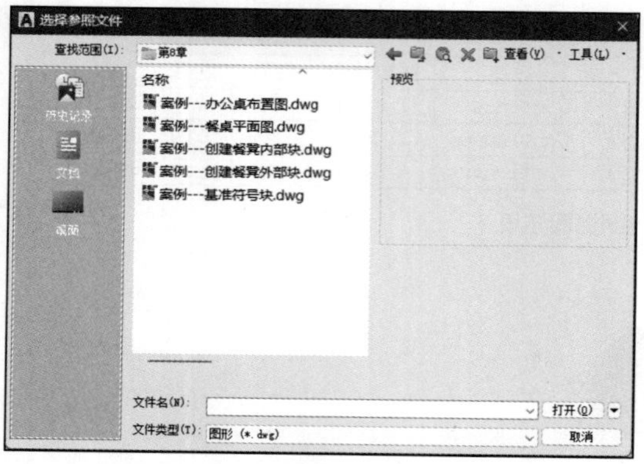

图 8-41 "选择参照文件"对话框

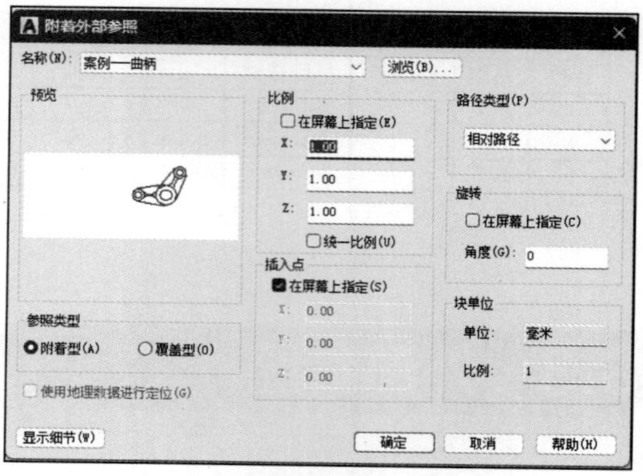

图 8-42 "附着外部参照"对话框

（2）"路径类型"下拉列表：用于指定外部参照文件的保存路径，有"完整路径""相对路径"和"无路径"3 种路径类型。

提示与技巧

> 当 A 文件以外部参照的形式被引用到 B 文件，而 B 文件又以外部参照的形式被引用到 C 文件时，对于 C 文件来说，A 文件就是一个嵌套的参照文件，它在 C 文件中的显示与否，取决于它被引用到 B 文件时的参照类型。

8.3.2 "外部参照"选项板

对于文件中所附着的外表参照，AutoCAD 主要通过"外部参照"选项板进行编辑和管理。

1. 调用方式

▼ 命令行：XREF 或 EXTERNALREFERENCES。
▼ 菜单栏："插入"→"外部参照"。
▼ 工具栏："参照"→"外部参照" 📂。
▼ 功能区："插入"→"参照"→"外部参照" ⬎。

2. 操作步骤

用上述任一方式调用"外部参照"命令后，系统将弹出"外部参照"选项板，如图 8-43 所示。用户可以通过该选项板查看、添加、删除和编辑外部参照文件，以及控制外部参照文件的绑定和卸载状态。此外，还可以设置外部参照文件的路径和名称等属性。

3. 选项说明

单击"外部参照"选项板上方的"附着"按钮 ▼，可以添加 DWG、DWF、PDF 或 DGN 等不同格式的外部参照文件，如图 8-44 所示。当附着多个外部参照后，选中外部参照列表框中的文件并单击鼠标右键，将弹出如图 8-45 所示的快捷菜单。在该快捷菜单上选择不同的命令可以对外部参照文件进行对应的操作，下面介绍几个常用命令的功能。

（1）"打开"命令：在新建窗口中打开选定的外部参照文件以进行编辑。

（2）"附着"命令：将打开"附着外部参照"对话框，如图 8-46 所示。在该对话框中可以选择需要插入到当前图形的外部参照文件并设置相关的参数。

（3）"卸载"命令：从当前图形中移除不需要的外部参照文件，只保留该外部参照文件的路径。当用户需要再次以参照的方式引用该文件时，单击"重载"按钮即可。

图 8-43 "外部参照"选项板

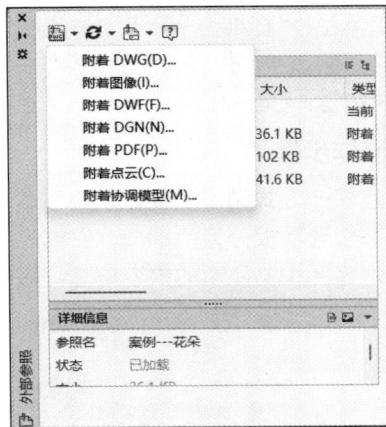

图 8-44 添加不同格式的外部参照文件

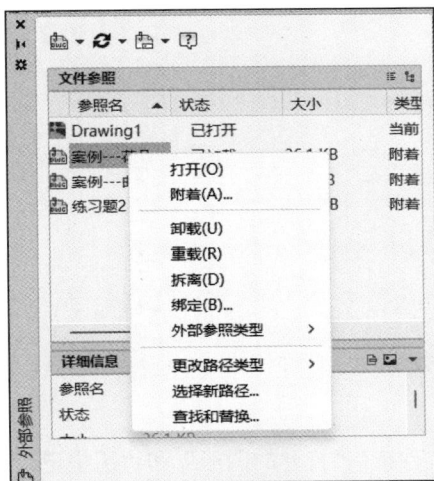

图 8-45 快捷菜单

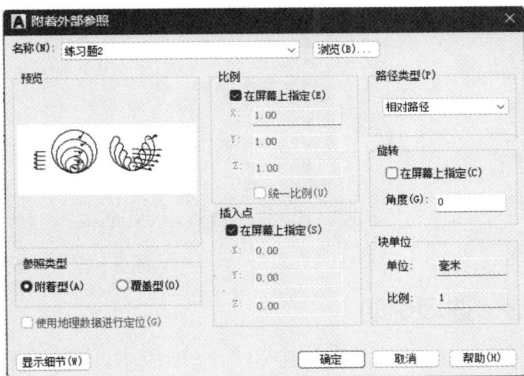

图 8-46 "附着外部参照"对话框

（4）"重载"命令：在不退出当前图形的情况下，更新外部参照文件。

（5）"拆离"命令：从当前图形中移除不再需要的外部参照文件。

（6）"绑定"命令：将外部参照文件中的图形及符号表（块、文字样式、图层、线型表）等转换为当前图形的一部分，使其成为图形的固有部分而不再是外部参照。

8.4 设计中心

AutoCAD 的设计中心是一个非常有用的工具，它可以实现对图形内容（如图形、块、图案填充等）的集中管理和高效操作。利用设计中心功能，用户不仅可以浏览和查看各种图形文件，还可以将图形文件从控制中心拖动到绘图区，也可以在本地计算机或网络驱动器中查找图形文件，并可创建指向常用图形、文件夹和 Internet 地址的快捷方式。

1. 调用方式

▼ 命令行：ADCENTER（快捷命令：ADC）。

▼ 菜单栏："工具"→"选项板"→"设计中心"。

- ▼ 工具栏："标准"→"设计中心"。
- ▼ 功能区："视图"→"选项板"→"设计中心"。
- ▼ 快捷键：Ctrl+2

2. 操作步骤

用上述任一方式调用"设计中心"命令后，系统将弹出"设计中心"选项板，如图 8-47 所示。"设计中心"选项板分为两部分，左侧为树状图，右侧为内容区。用户可以在树状图中浏览内容的源，而在内容区预览显示的内容信息，用户还可以在内容区中将项目添加到图形或工具选项板中。

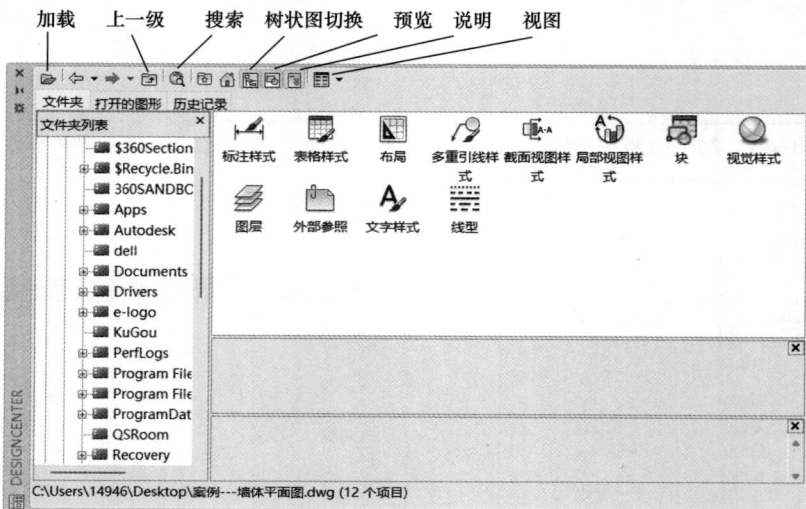

图 8-47 "设计中心"选项板

3. 选项说明

在 AutoCAD "设计中心"选项板中，用户可以在"文件夹""打开的图形"和"历史记录"这 3 个选项卡之间任意切换。

（1）"文件夹"选项卡：用于显示设计中心的资源，包括显示其文件和文件夹在计算机或网络驱动器中的层次结构。若要使用该选项卡调出图形文件，用户可以在左侧的"文件夹列表"框中指定图形文件的路径，右侧将显示该图形文件的预览信息。

（2）"打开的图形"选项卡：用于显示当前已打开的所有图形，并在右侧的内容区中列出选中图形中的块、图层、线型、文字样式、标注样式和打印样式等内容信息。

（3）"历史记录"选项卡：用于显示最近在设计中心打开的图形文件的列表，双击列表中的某个图形文件，即可在"文件夹"选项卡的树状图中定位该图形文件，并在右侧的内容区中显示该图形文件的各个定义表。

8.5 综合案例

扫码看视频

绘制时钟

8.5.1 综合案例——绘制时钟

1. 学习目标

本案例绘制时钟，如图 8-48 所示。通过本案例，读者可以进一步掌握创建块、插入块的方法，从而熟练应用"直线""多段线""圆"和"图案填充"等命令绘制图形。

2. 设计思路

用"圆"命令绘制表盘圆;用"直线""多段线"命令绘制分和时的刻度并创建块;用"定数等分"命令插入分和时的刻度;最后绘制指针并进行图案填充。

3. 操作步骤

(1)分别利用"直线"和"多段线"命令,绘制分和时的刻度,结果如图 8-49 所示。

(2)单击"默认"选项卡的"块"面板中的"创建"按钮 ,

图 8-48 时钟

打开"块定义"对话框,输入块名称"分",拾取线段下端点作为基点,选取短竖直线作为分刻度块的图形对象,如图 8-50 所示。点击"确定"按钮,即完成了"分"刻度块的创建。

图 8-49 分和时刻度

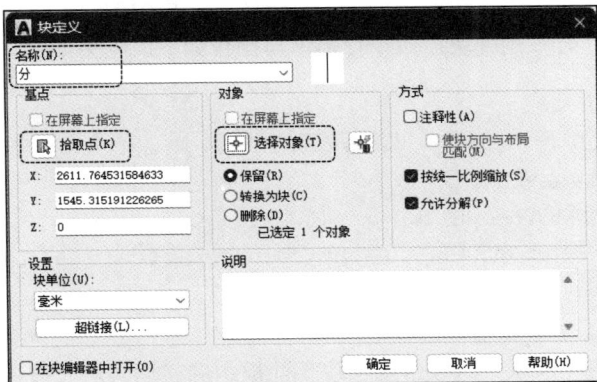

图 8-50 "块定义"对话框

(3)重复上一步操作,拾取多段线下端点作为基点,选取多段线作为"时"刻度块的图形对象,设定块名称为"时",其余步骤相同,完成"时"刻度块的创建。

(4)单击"默认"选项卡的"块"面板中的"定义属性"按钮 ,打开"属性定义"对话框,对属性和文字设置选项组进行设置,如图 8-51 所示。单击"确定"按钮,在绘图区的适当位置定义"数字"属性。

(5)单击"默认"选项卡的"块"面板中的"创建"按钮 ,打开"块定义"对话框,输入块名称"数字",拾取"数字"属性下方中点作为基点,选取"数字"属性为块对象,完成"数字"属性块的创建。

(6)单击"默认"选项卡的"绘图"面板中的"圆"按钮 ,绘制两个半径分别为 90 与 75 的表盘同心圆。

(7)单击"默认"选项卡的"绘图"面板中的"定数等分"按钮 ,对表盘内圆进行定数等分,插入"分"刻度块,命令行提示与操作如下。结果如图 8-52 所示。

```
命令: _divide
选择要定数等分的对象:  （选择表盘内圆）
输入线段数目或 [块(B)]: B ↵
输入要插入的块名: 分 ↵
是否对齐块和对象? [是(Y)/否(N)] <Y>: ↵
输入线段数目: 60 ↵
```

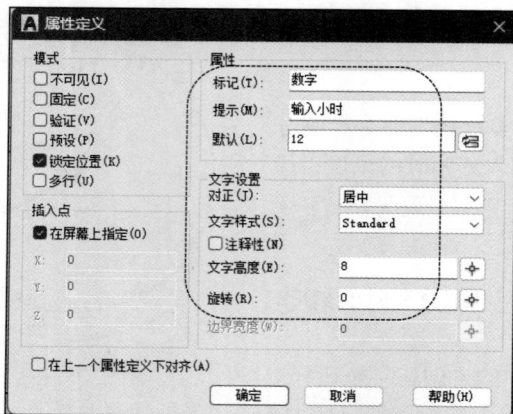

图 8-51 "属性定义"对话框

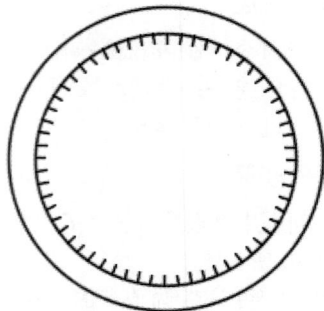

图 8-52 插入"分"刻度块

（8）再次单击"默认"选项卡的"绘图"面板中的"定数等分"按钮，对表盘内圆进行定数等分，插入"时"刻度块，命令行提示与操作如下。结果如图 8-53 所示。

```
命令: _divide
选择要定数等分的对象: （选择表盘内圆）
输入线段数目或 [块(B)]: B ↙
输入要插入的块名: 时 ↙
是否对齐块和对象? [是(Y)/否(N)] <Y>: ↙
输入线段数目: 12 ↙
```

（9）单击"默认"选项卡的"块"面板中的"插入块"按钮，在 12 时刻度处插入"数字"属性块。重复插入"数字"属性块，将属性值分别改为 3、6、9，即完成数字的插入，结果如图 8-54 所示。

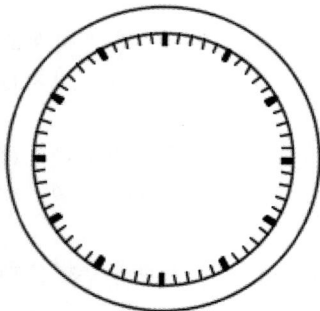

图 8-53 插入"时"刻度块

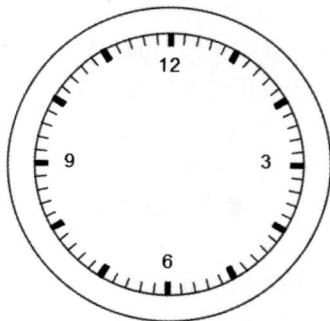

图 8-54 插入数字

（10）单击"默认"选项卡的"绘图"面板中的"图案填充"按钮，选取"ACAD_ISO14W100"图案，对表盘内、外圆之间进行填充，结果如图 8-55 所示。

（11）单击"默认"选项卡的"绘图"面板中的"圆环"按钮，绘制一个内径为 0、外径为 8、中心点在表盘圆心的圆环，结果如图 8-56 所示。

（12）利用"直线"命令绘制秒针，利用"多段线"命令绘制时针和分针，即完成时钟的绘制，最终效果如图 8-48 所示。

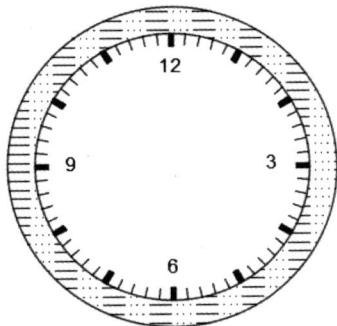

图 8-55　填充图案

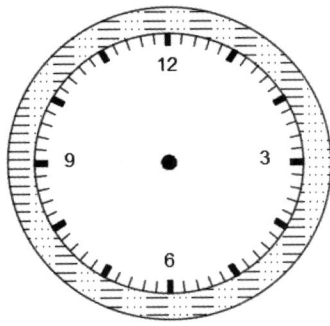

图 8-56　绘制中心转轴

8.5.2　综合案例——绘制电路图

扫码看视频

绘制电路图

1. 学习目标

本案例绘制电路图，如图 8-57 所示。通过本案例，读者可以进一步掌握块的灵活操作方法，巩固基本的图形绘制和编辑命令。

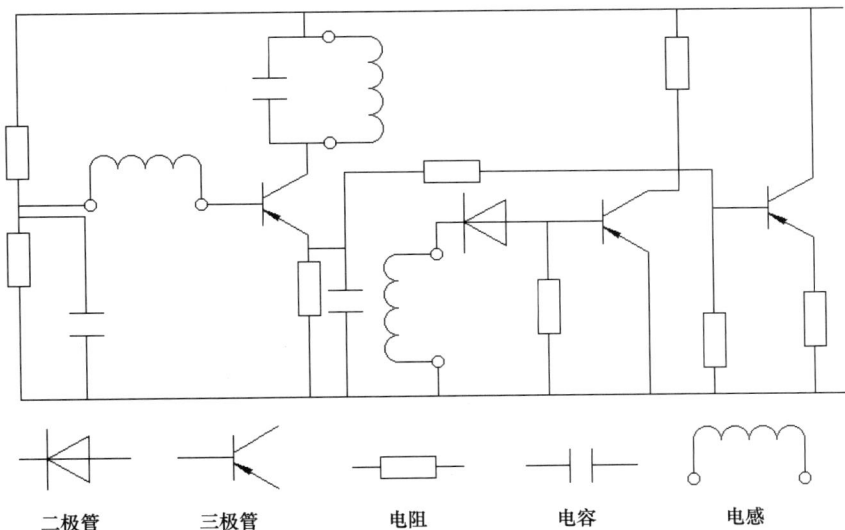

二极管　　　三极管　　　电阻　　　电容　　　电感

图 8-57　电路图

2. 设计思路

先绘制电子元器件（包括二极管、三极管、电阻、电容及电感）并创建块，再绘制线路并插入块。

3. 操作步骤

（1）绘制二极管。

① 单击"默认"选项卡的"绘图"面板中的"直线"按钮 ，绘制一条长度为 20 的直线。再单击"默认"选项卡的"绘图"面板中的"多边形"按钮 ，在直线上绘制正三角形，命令行提示与操作如下。将绘制的正三角形绕直线中点旋转 90°，结果如图 8-58 所示。

命令：_polygon 输入侧面数 <4>: 3 ↙

指定正多边形的中心点或 [边(E)]:　（捕捉拾取直线的中点）

输入选项 [内接于圆(I)/外切于圆(C)] <I>: ↙

指定圆的半径: 5 ↙

② 绘制经过三角形左侧顶点的长度适当的竖直线，即完成了二极管的绘制，效果如图 8-59 所示。

（2）绘制三极管。利用"直线"和"多段线"命令，完成三极管的绘制，结果如图 8-60 所示。

（3）绘制电阻。利用"矩形"和"直线"命令绘制电阻，命令行提示与操作如下。

命令: _rectang

指定第一个角点或 [倒角(C)/标高(E)/圆角(F)/厚度(T)/宽度(W)]: （适当位置指定一点）

指定另一个角点或 [面积(A)/尺寸(D)/旋转(R)]: @10,-4 ↙

命令: _line

指定第一个点: （捕捉矩形左侧中点）

指定下一点或 [放弃(U)]: 5 ↙

指定下一点或[退出(E)/放弃(U)]: ↙

命令: _line

指定第一个点: （捕捉矩形右侧中点）

指定下一点或 [放弃(U)]: 5 ↙

指定下一点或[退出(E)/放弃(U)]: ↙

完成电阻的绘制，结果如图 8-61 所示。

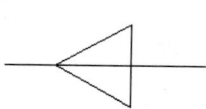

图 8-58 绘制直线和三角形　　**图 8-59 二极管**　　**图 8-60 三极管**　　**图 8-61 电阻**

（4）绘制电容。利用"直线""偏移"和"修剪"命令，完成电容的绘制，结果如图 8-62 所示。

（5）绘制电感。利用"直线""圆弧"和"复制"命令，完成电感的绘制，具体操作如下。

① 绘制一条长度为 6 的竖直线段，并在线段下端点位置绘制一个半径为 1 的圆，如图 8-63 所示。

② 单击"默认"选项卡的"绘图"面板中的"起点、端点、半径"绘制圆弧按钮 ，绘制半圆弧，命令行提示与操作如下。结果如图 8-64 所示。

命令: _arc

指定圆弧的起点或 [圆心(C)]: （捕捉竖直线段的上端点）

指定圆弧的第二个点或 [圆心(C)/端点(E)]: _e

指定圆弧的端点: @-5,0 ↙

指定圆弧的中心点(按住 Ctrl 键以切换方向)或 [角度(A)/方向(D)/半径(R)]: _r

指定圆弧的半径(按住 Ctrl 键以切换方向): 2.5 ↙

③ 将圆弧复制 3 个，再复制竖直线段和小圆，即完成了电感绘制，结果如图 8-65 所示。

（6）创建块。单击"默认"选项卡的"块"面板中的"创建"按钮 ，打开"块定义"对话框，输入块名称"二极管"，拾取二极管左端点作为插入基点，选取绘图区中已绘制的二极管作为块对象，即完成"二极管"块的创建。用同样的方法，分别创建"三极管"块、"电阻"块、"电容"块和"电感"块。

图 8-62　电容　　　　图 8-63　绘制直线和圆　　　图 8-64　绘制半圆弧　　　　图 8-65　电感

（7）插入电阻。具体操作如下。

① 绘制一条长度适当的水平直线，以该直线的左端点为起点绘制长度约 16 的竖直直线。

② 单击"默认"选项卡的"块"面板中的"插入块"按钮，选择"电阻"块进行插入，命令行提示与操作如下。

```
命令: _-INSERT 输入块名或 [?] <电阻>: 电阻
单位: 毫米　转换:　　1.0000
指定插入点或 [基点(B)/比例(S)/旋转(R)]: R ↙
指定旋转角度 <0>: -90 ↙
指定插入点或 [基点(B)/比例(S)/旋转(R)]:　　（捕捉竖直直线的下端点作为插入点）
```

③ 重复插入"电阻"块，然后以"电阻"块下端点为起点，绘制长度约为 16 的竖直直线，再绘制一条长度适当的水平直线。结果如图 8-66 所示。

（8）插入电感。

① 以两个"电阻"块的交点为起点，绘制一条长度约为 12 的水平直线，并利用偏移命令，将该直线向下偏移 2。

② 在直线右端点处插入"电感"块，如图 8-67 所示。

（9）插入电容。以偏移后的直线右端点为起点，绘制一条长度约 10 的竖直直线。以竖直直线下端点为插入基点插入"电容"块，并把"电容"块旋转-90°，然后绘制竖直直线将其连接至下方的水平线，结果如图 8-68 所示。

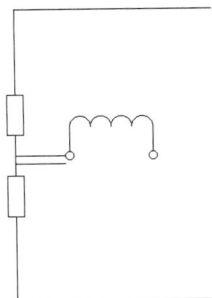

图 8-66　插入电阻　　　　　　　　图 8-67　插入电感　　　　图 8-68　插入电容

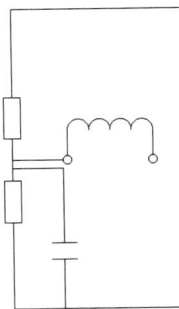

（10）采用类似的方法，完成电路图其他部分的绘制，结果如图 8-57 所示。

8.6　小结与提升

8.6.1　知识小结

　　本章主要介绍了在 AutoCAD 中如何建立、插入与重新定义如何块，如何制作与插入属性块，以及如何使用外部参照等功能。通过这些高效的绘图功能，用户可以非常方便地创建与组合较为复杂的图形结构。

　　块是在 AutoCAD 中创建和保存的一组对象，可以作为一个整体被插入至图纸多次，并且每次插入的对象可以是相同的或者是按比例缩放的。

　　外部参照允许用户将一个 AutoCAD 文件（通常是 DWG 或 DXF 格式）作为一个参考底图插入另一个 AutoCAD 文件中，当用户需要在一个项目中引用多个文件时非常有用。

　　设计中心是 AutoCAD 中的一个非常有用的工具，它具有类似于 Windows 资源管理器的界面，可管理块、外部参照、光栅图像以及来自其他源文件或应用程序的图形内容。

8.6.2　技能提升

　　练习题 1：标注如图 8-69 所示齿轮零件的表面结构符号。

　　【练习目的】掌握定义块属性、插入块的操作方法。

　　【思路点拨】

　　（1）用"直线"命令绘制表面结构符号。

　　（2）用"定义属性"命令和"写块"命令创建表面结构符号块。

　　（3）插入表面结构符号块并输入相应属性值。

图 8-69　标注齿轮零件的表面结构符号

　　练习题 2：打开初始图形文件"练习题 2.dwg"，如图 8-70 所示。将图 8-70（a）定义为块，然后在图 8-70（b）中插入所定义的块，并设置缩放比例为 60%，效果如图 8-70（c）所示。

　　【练习目的】熟练掌握创建块、插入块的操作技能。

　　【思路点拨】

　　（1）用"写块"命令创建块。

　　（2）按比例在对应位置插入块。

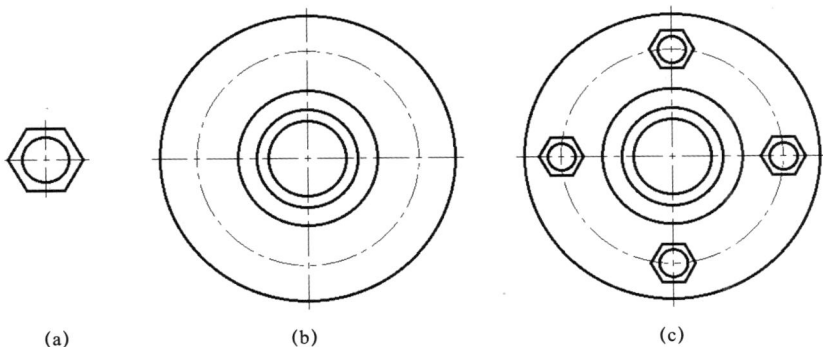

图 8-70 练习题 2

8.6.3 素养提升

  图块也好，外部参照也罢，它们仅是一幅完整图形的一个组成部分。整个图形因有图块的加入而更加完整，而图块也因应用到图形中才显得更有意义。图块与整幅图形的关系，犹如生活中的个人与团队的关系——个体只有和团队结为一体，才能获得无穷的力量；团队成长了，个人才可能有发展的空间。

  大雁迁徙时往往排成"人"字型或"一"字型，前面大雁的飞行可以掀起一股向上的气流，从而减少了后面大雁的飞行阻力。当领头雁飞累了的时候就会发出信息，这时队列中的另一只强壮的大雁就会自觉地飞上去替补。有人甚至做过这样的试验：当用枪射杀第一只大雁后，观察发现队形依然会保持不变。动物学家们的试验也表明，大雁长距离结队飞行的速度是单只大雁飞行速度的 1.73 倍。正是这样一种甘于奉献、团结合作的精神，使得大雁能够历经冬去春来，长途迁徙数千里。正如一滴水很快就会干枯，只有投入大海的怀抱，它才能长久地存在。

第 9 章

三维实体的绘制与编辑

　　使用AutoCAD软件，用户不仅能够创建零件图、装配图等二维图形，还可以利用其提供的多种创建和编辑三维实体的命令，绘制各种类型的三维实体，从而直观地反映物体的实际形状。三维实体可以由基本实体命令直接创建，也可以由二维平面图形生成。

知识目标

（1）熟悉三维坐标系，了解观察三维实体的基本方法。
（2）掌握创建基本三维实体的方法及其基本参数的设置。
（3）掌握通过二维图形、布尔运算创建三维实体的方法。
（4）掌握三维实体的编辑方法。

能力目标

（1）能够正确设置绘图环境，熟练地对三维实体进行显示观察和效果切换。
（2）具备绘制基本三维实体和具有中等复杂度的三维实体的操作能力。
（3）能够综合应用绘制及编辑命令绘制各种组合体。

素养目标

能够运用多维的视角分析问题、观察事物，并得出不同的感受和认知。

部分案例预览

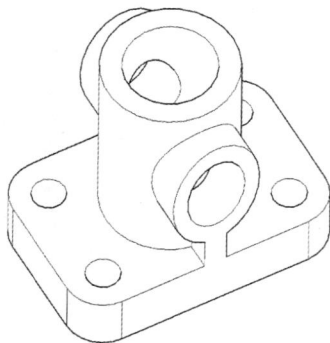

9.1 三维坐标系

与在二维坐标系中对平面图形进行操作有所不同，绘制与编辑三维实体需要在三维坐标系中进行。三维坐标系是在二维坐标系的基础上根据右手定则增加第三维坐标轴（Z 轴）而扩展形成的。

9.1.1 右手定则

在三维坐标系中，已知 X 轴的正方向和 Y 轴的正方向，根据右手定则即可确定 Z 轴的正方向。具体方法为：伸出右手，将拇指、食指、中指伸展为相互垂直的姿势，拇指指向 X 轴的正方向，食指指向 Y 轴的正方向，中指所指示的方向即是 Z 轴的正方向，如图 9-1 所示。

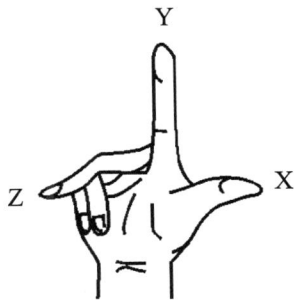

图 9-1 坐标系的确定

9.1.2 创建用户坐标系

AutoCAD 的默认坐标系为世界坐标系（World Coordinate System，WCS）。当用户开始创建一张新图纸时，默认坐标系是世界坐标系，其 X 轴正方向为水平向右，Y 轴正方向为竖直向上，Z 轴与屏幕垂直，正方向为由屏幕向外。

在平面绘图中，用户通常不需要另行设置用户坐标。但在三维绘图中，为了能够更加灵活地绘制和编辑图形，用户通常需要建立用户坐标系（User Coordinate System，UCS）。尽管用户坐标系中的三个坐标轴之间仍然相互垂直，但其在方向及位置上有了很大的灵活性：用户坐标系的原点可以放在任意位置上，坐标系也可以倾斜任意角度。用户可以通过以下方式创建用户坐标系。

1. 调用方式

- ▼ 命令行：UCS。
- ▼ 菜单栏："工具"→"新建 UCS"。
- ▼ 工具栏："UCS"→"UCS" 📐。
- ▼ 功能区："视图"→"坐标"→"UCS" 📐。

2. 操作步骤

用上述任一方式调用"UCS"命令后，命令行提示与操作如下。

```
命令: _UCS
当前 UCS 名称: *世界*
指定 UCS 的原点或 [面(F)/命名(NA)/对象(OB)/上一个(P)/视图(V)/世界(W)/X/Y/Z/Z 轴(ZA)]
<世界>:
```

3. 选项说明

（1）指定 UCS 的原点：使用一点、两点或三点定义一个新的 UCS。

（2）面（F）：将 UCS 与实体对象的选定面对齐。

（3）命名（NA）：为新建的用户坐标命名。

（4）对象（OB）：根据选定对象定义新的坐标系。

（5）上一个（P）：恢复上一个 UCS。

（6）视图（V）：以垂直于视图方向（平行于屏幕）的平面为 XY 平面创建新的坐标系。

（7）世界（W）：将当前 UCS 设置为 WCS。

（8）X/Y/Z：指定当前 UCS 绕 X/Y/Z 轴的旋转角度从而得到新的 UCS。

（9）Z 轴（ZA）：指定 UCS 的原点及 Z 轴正半轴上一点，系统将按右手定则定义当前坐标系。

9.2 观察三维实体

由于三维实体具有多个面，仅从一个角度不能观察到其所有的面，因此，为了更好、更全面地观察三维实体，不但需要进行坐标系变换，还需要设置合适的观察点。用户可以选择 AutoCAD 提供的标准方向观察三维实体，也可以动态观察三维实体。

9.2.1 从标准方向观察三维实体

在默认状态下，三维绘图命令绘制的三维实体都是俯视的平面图，用户可以利用系统提供的俯视、仰视、前视、后视、左视和右视 6 个正交视图和西南、西北、东南、东北 4 个等轴测视图，分别从不同的方位对三维实体进行观察。用户可以通过以下几种方式调用从标准方向观察三维实体命令。

（1）选择"视图"菜单下"三维视图"命令，然后在子菜单中根据需要选择相应的视图命令，如图 9-2 所示。

（2）在"视图"选项卡的"命名视口"面板中，单击视图列表框的下拉按钮，在弹出的下拉列表中选择相应的视图选项，如图 9-3 所示。

（3）通过"视图"工具栏上的各个按钮，选择不同的命令，如图 9-4 所示。

（4）单击绘图区域左上角的"视图控件"图标，在弹出的列表中选择需要的视图方式，如图 9-5 所示。

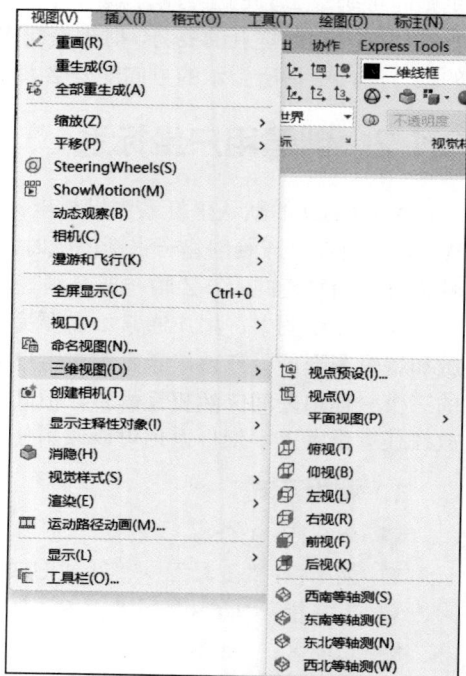

图 9-2 通过"视图"菜单调用方式

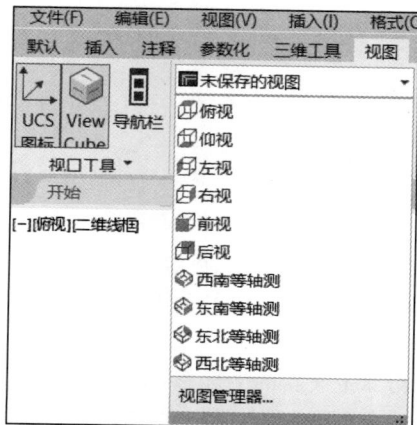

图 9-3 通过"命名视口"面板调用方式

图 9-4　通过"视图"工具栏调用方式

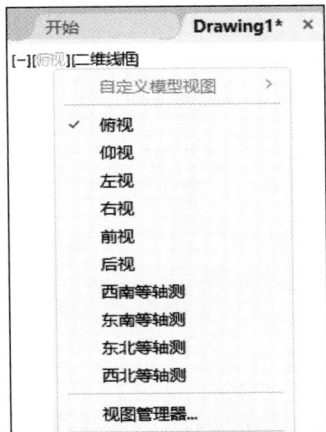

图 9-5　通过"视图控件"列表调用方式

9.2.2　动态观察三维实体

AutoCAD 的动态观察功能可以实现动态、交互、直观地观察三维实体。用户可以通过以下几种方式调用动态观察三维实体命令。

（1）使用绘图区的"导航栏"上的"动态观察"按钮，如图 9-6 所示。

（2）单击"视图"选项卡的"导航"面板上的"动态观察"下拉列表框，在打开的下拉列表中可以选择"动态观察""自由动态观察""连续动态观察"，如图 9-7 所示。

（3）单击"动态观察"工具栏上的对应按钮，即可进行受"约束的动态观察""自由动态观察"或"连续的动态观察"，如图 9-8 所示。

图 9-6　导航栏

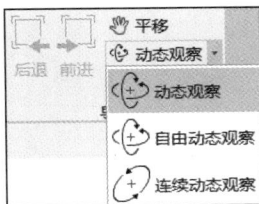

图 9-7　"动态观察"下拉列表框

图 9-8　"动态观察"工具栏

9.3　绘制基本三维实体

在 AutoCAD 中，用户可以绘制多段体、长方体、楔体、圆锥体、球体、圆柱体、圆环体和棱锥体等基本三维实体。下面以绘制长方体和圆锥体为例，介绍基本三维实体的绘制方法。

9.3.1　长方体

用户可以通过以下几种方式调用"长方体"命令绘制长方体。

1. 调用方式

- ▼ 命令行：BOX。
- ▼ 菜单栏："绘图"→"建模"→"长方体"。
- ▼ 工具栏："建模"→"长方体" ◻。
- ▼ 功能区："三维工具"→"建模"→"长方体" ◻。

2. 操作步骤

用上述任一方式调用"长方体"命令后，命令行提示与操作如下。

```
命令:_box
指定第一个角点或 [中心(C)]: （指定底面一个角点的位置）
```

3. 选项说明

（1）指定第一个角点：指定底面一个角点的位置。选择该选项，系统将提示如下。用户指定底面另外一个角点的位置和长方体的高，即可确定该长方体。如果输入的是正值，则沿着当前 UCS 的 X、Y 和 Z 轴的正方向绘制长度；如果输入的是负值，则沿着 X、Y 和 Z 轴负方向绘制长度。图 9-9（a）展示了通过指定两个角点和高绘制的长方体。

```
指定其他角点或 [立方体(C)/长度(L)]: （指定底面另外一个角点的位置）
指定高度或 [两点(2P)]: （指定长方体的高）
```

（2）立方体（C）：选择绘制立方体。图 9-9（b）展示了通过指定一个角点和长度绘制的立方体。

（3）长度（L）：输入长、宽、高的值，从而确定长方体。图 9-9（c）展示使用"长度"命令绘制的立方体。

（4）中心（C）：先确定长方体的中心，再确定该长方体底面的一个角点，最后输入长方体的高。图 9-9（d）展示了使用"中心"命令绘制的长方体。

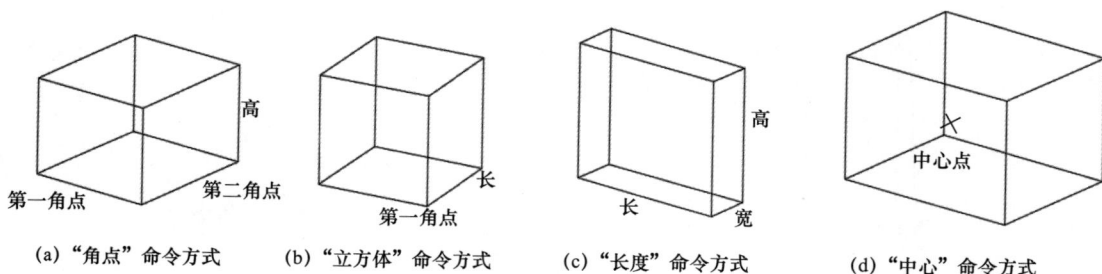

(a)"角点"命令方式　(b)"立方体"命令方式　(c)"长度"命令方式　(d)"中心"命令方式

图 9-9　绘制长方体的方式

9.3.2　案例——绘制桌台

1. 学习目标

本案例绘制桌台，如图 9-10 所示。通过本案例，读者可以进一步掌握长方体的绘制方法。

2. 设计思路

使用长方体命令配合对象捕捉、正交、复制等命令绘制图形。

扫码看视频

绘制桌台

3. 操作步骤

（1）单击"视图"选项卡的"命名视图"面板中的"东南等轴测"按钮 ，将当前视图观察方向设置为东南等轴测视图。

（2）单击"三维工具"选项卡的"建模"面板中的"长方体"按钮 ，绘制长方体。命令行提示与操作如下。即绘制好一个尺寸为 80×200×250 的长方体。

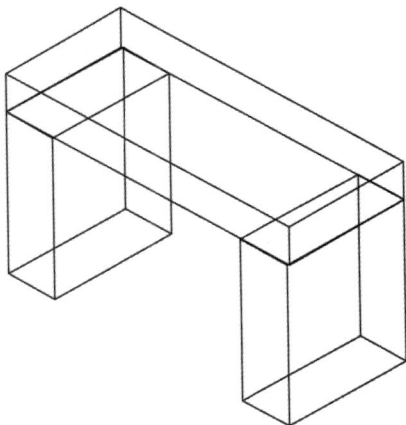

> 命令: _box
> 指定第一个角点或 [中心(C)]: （适当位置指定长方体的一个角点）
> 指定其他角点或 [立方体(C)/长度(L)]: L ↙
> 指定长度: 80 ↙
> 指定宽度: 200 ↙
> 指定高度或 [两点(2P)] <2.9265>: 250 ↙

图 9-10 桌台图形

（3）单击"默认"选项卡的"修改"面板中的"复制"按钮 ，开启"对象捕捉"和"极轴追踪"功能，复制一个长方体。命令行提示与操作如下。得到另外一个长方体，如图 9-11 所示。

> 命令: _copy
> 选择对象: （选择已绘制的长方体）
> 选择对象: ↙
> 当前设置: 复制模式 = 多个
> 指定基点或 [位移(D)/模式(O)] <位移>: （捕捉角点 A）
> 指定第二个点或 [阵列(A)] <使用第一个点作为位移>: 400 ↙ （极轴角 0° 移动鼠标）
> 指定第二个点或 [阵列(A)/退出(E)/放弃(U)] <退出>: ↙ （结束复制）

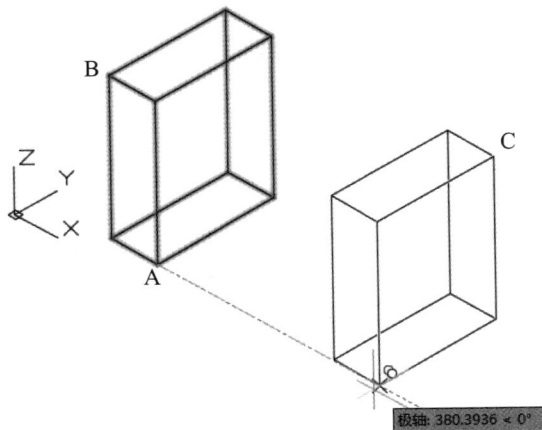

极轴: 380.3936 < 0°

图 9-11 绘制长方体

（4）再次单击"三维工具"选项卡的"建模"面板中的"长方体"按钮 ，绘制长方体台面。命令行提示与操作如下。

```
命令: _box
指定第一个角点或 [中心(C)]: （捕捉角点 B）
指定其他角点或 [立方体(C)/长度(L)]: （捕捉角点 C）
指定高度或 [两点(2P)] <250.0000>: 60 ↙
```

完成桌台的绘制，结果如图 9-10 所示。

9.3.3 圆锥体

用户可以利用 CONE 命令，绘制底面位于当前 UCS 的 XY 平面的圆锥体或椭圆锥体，圆锥体的高度与 Z 轴平行，具体方法如下。

1. 调用方式

- ☑ 命令行：CONE。
- ☑ 菜单栏："绘图"→"建模"→"圆锥体"。
- ☑ 工具栏："建模"→"圆锥体" △。
- ☑ 功能区："三维工具"→"建模"→"圆锥体" △。

2. 操作步骤

用上述任一方式调用"圆锥体"命令后，命令行提示与操作如下。

```
命令: _cone
指定底面的中心点或 [三点(3P)/两点(2P)/切点、切点、半径(T)/椭圆(E)]: （指定底面圆中心点，如
图 9-12（a）所示）
指定底面半径或 [直径(D)]: （指定底面圆半径，如图 9-12（b）所示）
指定高度或 [两点(2P)/轴端点(A)/顶面半径(T)] <60.0000>: （指定圆锥体高度，如图 9-12（c）
所示）
```

用户可以通过指定底面的中心点，也可以通过给定三点，或两点，或切点、切点、半径的方式绘制底面圆。选择"椭圆（E）"选项，可以绘制椭圆锥体，如图 9-12（d）所示。

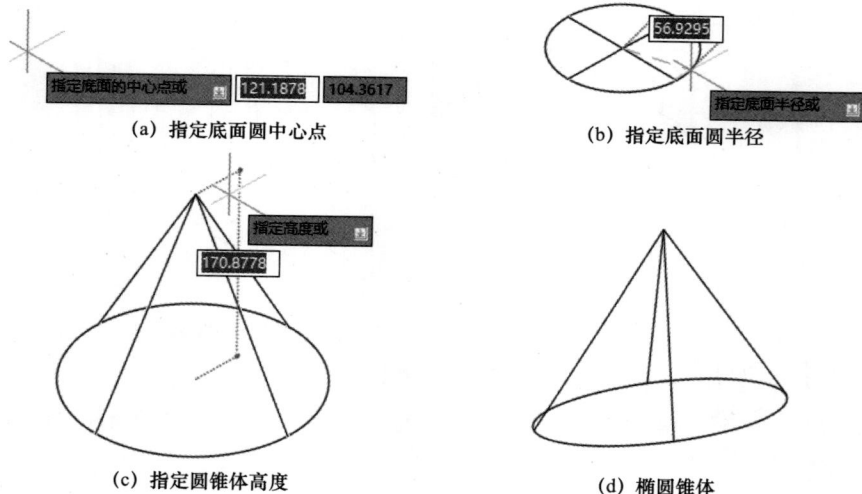

（a）指定底面圆中心点

（b）指定底面圆半径

（c）指定圆锥体高度

（d）椭圆锥体

图 9-12 绘制圆锥体

其他的基本三维实体，如多段体、楔体、球体、圆柱体、圆环体和棱锥体等的绘制方法，与长方体和圆锥体类似，在此不作详细讲述。

> ### 提示与技巧
>
> 三维实体表面以线框的形式表示，线框密度由系统变量 ISOLINES 控制。系统变量 ISOLINES 的数值范围为 0 ~ 2047，数值越大，线框越密。

9.4 由二维图形创建三维实体

在 AutoCAD 中，除了可以通过实体绘制命令绘制基本三维实体外，还可以使用拉伸、旋转、扫掠、放样等方法，利用绘制好的二维图形创建一些不规则的三维实体。

9.4.1 拉伸

利用"拉伸"命令能够将封闭的二维图形，沿着指定的高度或路径拉伸，从而实现由二维图形创建三维实体。

1．调用方式

- ▼ 命令行：EXTRUDE（快捷命令：EXT）。
- ▼ 菜单栏："绘图"→"建模"→"拉伸"。
- ▼ 工具栏："建模"→"拉伸" 📥。
- ▼ 功能区："三维工具"→"建模"→"拉伸" 📥。

2．操作步骤

用上述任一方式调用"拉伸"命令后，命令行提示与操作如下。

```
命令: _extrude
当前线框密度: ISOLINES=4，闭合轮廓创建模式 = 实体
选择要拉伸的对象或 [模式(MO)]:    （选择要拉伸的对象 ）
选择要拉伸的对象或 [模式(MO)]:    ↵  （结束对象选择 ）
指定拉伸的高度或 [方向(D)/路径(P)/倾斜角(T)/表达式(E)]:    （指定拉伸的高度，或选择其他选项 ）
```

3．选项说明

（1）模式（MO）：指定拉伸对象是实体还是曲面。

（2）指定拉伸的高度：按指定的高度拉伸。输入高度值后，用户还可根据实际需要，指定拉伸的倾斜角度。指定倾斜角为正值表示对基准对象进行逐渐变细的拉伸，为负值则表示对基准对象进行逐渐变粗的拉伸，如图 9-13 所示。

（3）方向（D）：通过指定的两点确定拉伸的长度和方向。

（4）路径（P）：基于指定曲线路径对图形对象进行拉伸，如图 9-14 所示。

（5）表达式（E）：输入公式或函数以指定拉伸高度。

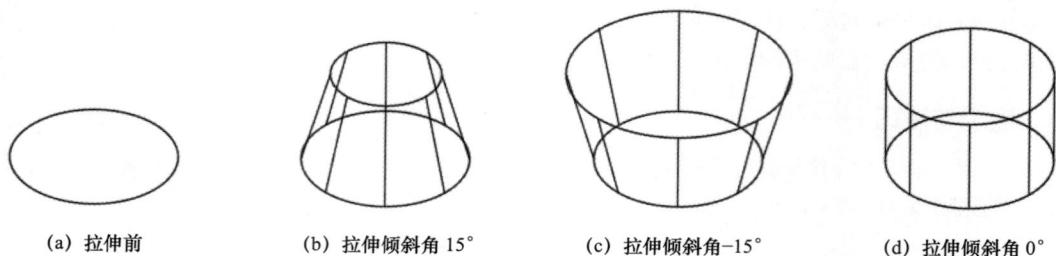

(a) 拉伸前　　　　(b) 拉伸倾斜角 15°　　　　(c) 拉伸倾斜角-15°　　　　(d) 拉伸倾斜角 0°

图 9-13　不同倾斜角度下拉伸圆的效果

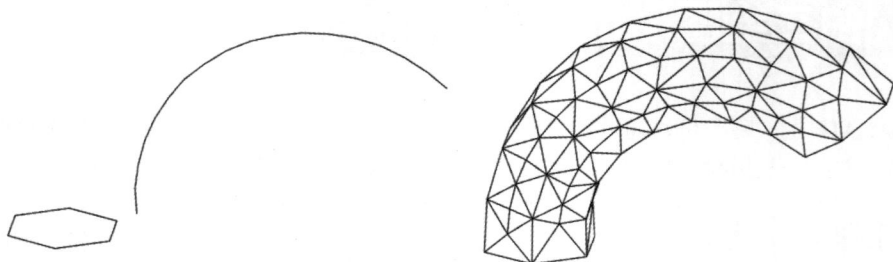

图 9-14　沿圆弧路径拉伸多边形

> 🔧 **提示与技巧**
>
> 　　将二维图形拉伸成三维实体时，用于拉伸的二维图形对象可以是圆、椭圆、封闭的二维多段线、封闭的样条曲线等。如果使用由直线或圆弧组成的轮廓通过拉伸创建实体，需要先将它们转换为一个多段线对象，或者面域。用于拉伸的路径可以是圆、圆弧、椭圆、椭圆弧、二维多段线、三维多段线、二维样条曲线等。作为拉伸路径的对象可以封闭，也可以不封闭。

9.4.2　案例——绘制连接件

扫码看视频

绘制连接件

1. 学习目标

　　本案例绘制连接件，如图 9-15 所示。通过本案例，读者可以进一步掌握"拉伸"命令的使用技巧，巩固"创建面域""移动"等命令的使用方法。

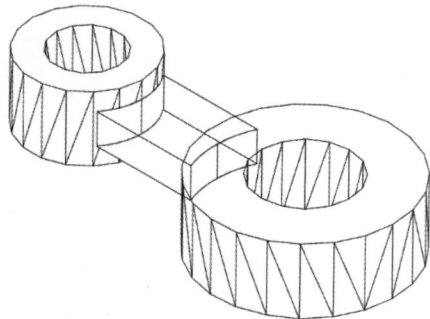
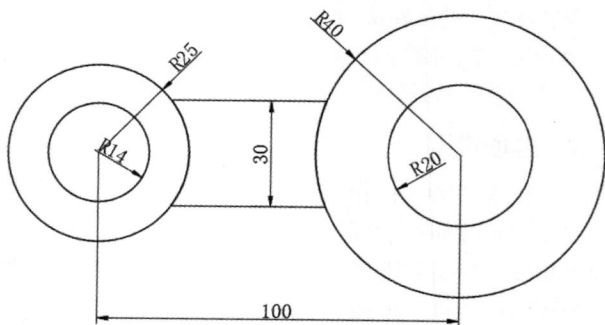

图 9-15　连接件

2. 设计思路

先利用"圆""直线"命令绘制轮廓线，再创建面域，最后拉伸面域。

3．操作步骤

（1）单击"默认"选项卡的"绘图"面板中的"圆"按钮⊘，在圆心为'50,50'处绘制半径分别为 14 和 25 的同心圆，在圆心'150,50'处绘制半径分别为 20 和 40 的同心圆。

（2）单击"默认"选项卡的"绘图"面板中的"直线"按钮╱，开启"对象捕捉"和"对象捕捉追踪"功能┗┓，配合"正交"模式，在圆心连线上下两侧各 15 处绘制直线，并利用"修剪"命令将多余的线段修剪掉，结果如图 9-16 所示。

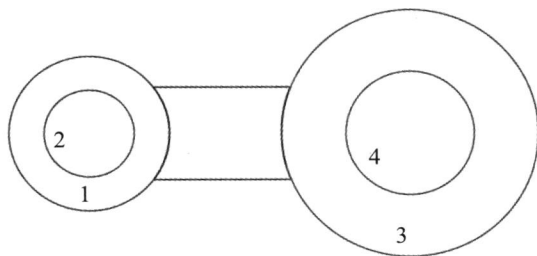

图 9-16　绘制同心圆和直线

（3）单击"默认"选项卡的"绘图"面板中的"面域"按钮◎，选择圆 1、圆 2、圆 3 及圆 4 对象创建面域。

（4）单击"三维工具"选项卡的"实体编辑"面板中的"差集"按钮⬚，执行差集运算。命令行提示与操作如下。用同样的方法，对圆 3 和圆 4 进行差集运算。

```
命令：_subtract 选择要从中减去的实体、曲面和面域…
选择对象：（拾取圆 1）
选择对象： ↙
选择要减去的实体、曲面和面域…
选择对象：（拾取圆 2）
选择对象： ↙
```

（5）单击"默认"选项卡的"绘图"面板中的"边界"按钮□，打开"边界创建"对话框，如图 9-17 所示。对象类型选择"面域"，拾取点选择左右两组同心圆之间封闭图形内部一点，如图 9-18 所示，按 Enter 键完成面域的创建。

（6）单击"视图"选项卡的"命名视图"面板中的"东南等轴测"按钮◈，将当前视图方向设置为东南等轴测视图。

（7）单击"三维工具"选项卡的"建模"面板中的"拉伸"按钮▤，对面域进行拉伸。命令行提示与操作如下。两个圆环面域拉伸后，得到如图 9-19 所示结果。

图 9-17　"边界创建"对话框

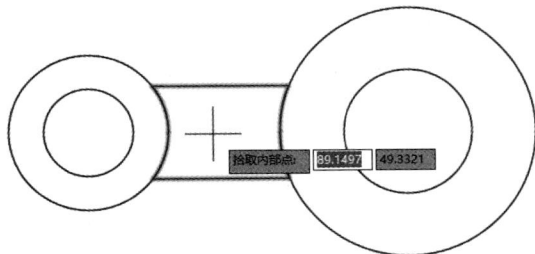

图 9-18　拾取内部点

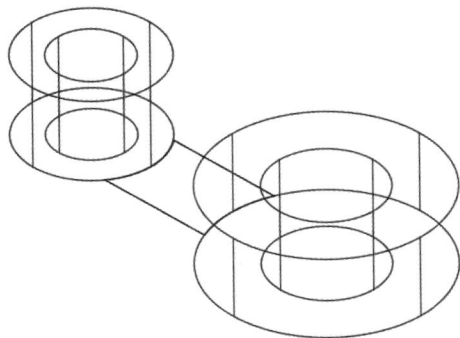

图 9-19　拉伸两圆环面域

命令: _extrude

当前线框密度：ISOLINES=4，闭合轮廓创建模式 = 实体

选择要拉伸的对象或 [模式(MO)]：（选择左边小圆环面域）

选择要拉伸的对象或 [模式(MO)]：（选择右边大圆环面域）

选择要拉伸的对象或 [模式(MO)]：↙

指定拉伸的高度或 [方向(D)/路径(P)/倾斜角(T)/表达式(E)] <10.0000>: 30 ↙ （沿 Z 轴正方向移动鼠标，输入高度值 30 后按 Enter 键）

（8）单击"默认"选项卡的"修改"面板中的"移动"按钮 ✛，移动中间的面域。命令行提示与操作如下。

命令: _move

选择对象：（选择中间的面域）

选择对象：↙

指定基点或 [位移(D)] <位移>：（捕捉端点作为基点，如图 9-20 所示）

指定第二个点或 <使用第一个点作为位移>: @0,0,8 ↙

（9）单击"三维工具"选项卡的"建模"面板中的"拉伸"按钮 ▥，拉伸移动后的中间的面域。命令行提示与操作如下。结果如图 9-21 所示。

命令: _extrude

当前线框密度：ISOLINES=4，闭合轮廓创建模式 = 实体

选择要拉伸的对象或 [模式(MO)]：（选择中间的面域）

选择要拉伸的对象或 [模式(MO)]：↙

指定拉伸的高度或 [方向(D)/路径(P)/倾斜角(T)/表达式(E)] <30.0000>: 14 ↙ （沿 Z 轴正方向移动鼠标，输入高度值 14 按 Enter 键）

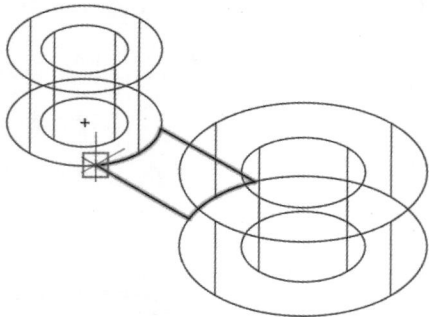

图 9-20 指定移动基点

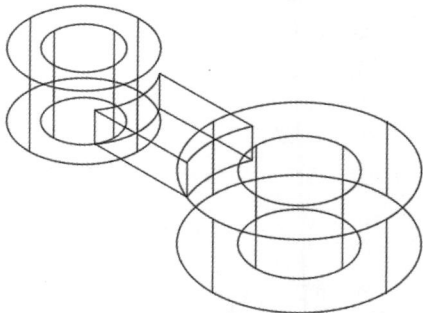

图 9-21 拉伸中间的面域

（10）选择菜单栏中的"视图"→"消隐"命令，对拉伸实体消隐，结果如图 9-15 所示。

💡 **提示与技巧**

本案例采用的是拉伸圆环面域得到空心圆柱体的方法，也可以拉伸两个圆得到两个实心圆柱体，再利用 9.5.1 小节中的三维实体的布尔运算方法得到空心圆柱体。

9.4.3　旋转

利用"旋转"命令可将二维图形绕某一轴旋转一定角度从而形成三维实体。用于旋转的二维图形可以是封闭的多段线、多边形、矩形、圆、椭圆、闭合样条曲线、圆环和面域。图 9-22 所示图形为封闭多段线绕直线旋转一周得到的实体。

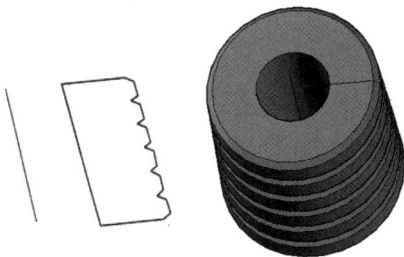

图 9-22　将二维图形旋转成三维实体

1. 调用方式

▽ 命令行：REVOLVE（快捷命令：REV）。

▽ 菜单栏："绘图"→"建模"→"旋转"。

▽ 工具栏："建模"→"旋转" 🔘。

▽ 功能区："三维工具"→"建模"→"旋转" 🔘。

2. 操作步骤

用上述任一方式调用"旋转"命令后，命令行提示与操作如下。

命令: _revolve
当前线框密度: ISOLINES=4，闭合轮廓创建模式 = 实体
选择要旋转的对象或 [模式(MO)]: （选择要旋转的对象）
选择要旋转的对象或 [模式(MO)]: （可继续选择要旋转的对象或按 Enter 键结束选择）
指定轴起点或根据以下选项之一定义轴 [对象(O)/X/Y/Z] <对象>:

3. 选项说明

（1）指定轴起点：通过两个点确定旋转轴。指定旋转轴的起点后，系统将提示如下。指定完轴端点及旋转角度后，即可得到旋转体。

指定轴端点:
指定旋转角度或 [起点角度(ST)/反转(R)/表达式(EX)] <360>:

（2）对象（O）：选择现有的对象作为旋转轴。

（3）X/Y/Z：使用当前 UCS 的 X、Y 或 Z 轴作为旋转轴。

9.4.4　案例——绘制凸台

扫码看视频

绘制凸台

1. 学习目标

本案例绘制凸台，如图 9-23 所示。通过本案例，读者可以进一步掌握利用"旋转"命令实现由二维图形创建三维实体的方法。

2. 设计思路

先利用多段线命令绘制封闭轮廓线，再利用"旋转"命令创建凸台实体。

3. 操作步骤

（1）单击"默认"选项卡的"绘图"面板中的"多段线"按钮 ⏹，绘制封闭轮廓线和旋转轴。如图 9-24 所示。

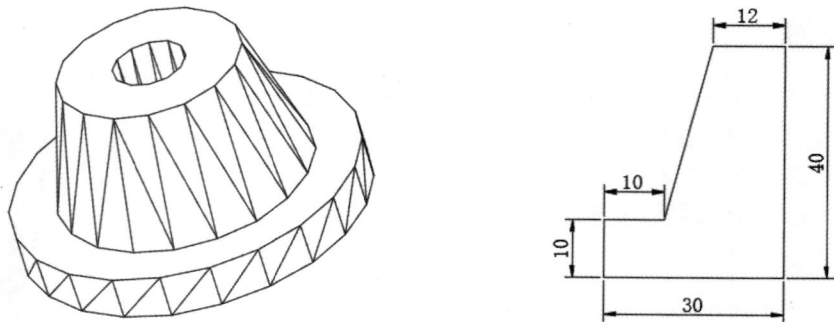

图 9-23　凸台

（2）单击"三维工具"选项卡的"建模"面板中的"旋转"按钮，对封闭二维图形进行旋转。命令行提示与操作如下。得到的旋转实体如图 9-25 所示。

```
命令: _revolve
当前线框密度: ISOLINES=4，闭合轮廓创建模式 = 实体
选择要旋转的对象或 [模式(MO)]:    （选择凸台轮廓线）
选择要旋转的对象或 [模式(MO)]:  ↙　（结束选择）
指定轴起点或根据以下选项之一定义轴 [对象(O)/X/Y/Z] <对象>: ↙  （选择"对象"选项）
选择对象:  （拾取旋转轴）
指定旋转角度或 [起点角度(ST)/反转(R)/表达式(EX)] <360>: ↙   （旋转一周）
```

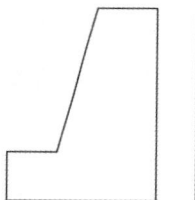

图 9-24　绘制旋转的对象和旋转轴

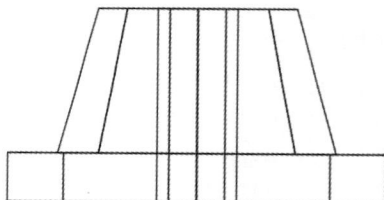

图 9-25　旋转结果

（3）单击"视图"选项卡的"导航"面板中的"动态观察"按钮，调整视图角度。

（4）选择菜单栏中的"视图"→"消隐"命令，对实体进行消隐，结果如图 9-23 所示。

9.4.5　扫掠

利用"扫掠"命令可以将开放或闭合的平面曲线（轮廓线）沿开放或闭合的二维或三维路径创建为实体或曲面，如图 9-26 所示。当扫掠的对象不是封闭的图形时，扫掠后将得到网格面，否则得到的是三维实体。

1.　调用方式

▼ 命令行：SWEEP。

▼ 菜单栏："绘图"→"建模"→"扫掠"。

▼ 工具栏："建模"→"扫掠"。

▼ 功能区："三维工具"→"建模"→"扫掠"。

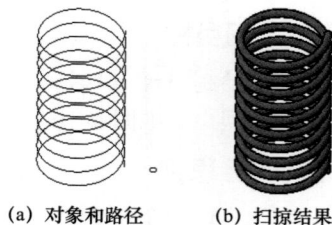

（a）对象和路径　　　（b）扫掠结果

图 9-26　扫掠

2．操作步骤

用上述任一方式调用"扫掠"命令后，命令行提示与操作如下。

命令: _sweep
当前线框密度:　ISOLINES=4，闭合轮廓创建模式 = 实体
选择要扫掠的对象或 [模式(MO)]:（选择要扫掠的对象）
选择要扫掠的对象或 [模式(MO)]:　（可继续选择要扫掠的对象或按 Enter 键结束选择）
选择扫掠路径或 [对齐(A)/基点(B)/比例(S)/扭曲(T)]:

3．选项说明

（1）对齐（A）：指定是否对齐轮廓，以使其作为扫掠路径切向的法向，默认情况下，轮廓是对齐的。

（2）基点（B）：指定扫掠对象的基点。如果指定的点不在选定对象所在的平面上，则该点将被投影到该平面上。

（3）比例（S）：指定比例因子以进行扫掠操作。从扫掠路径的开始到结束，比例因子将统一应用到扫掠对象上。

（4）扭曲（T）：用于设置当前被扫掠对象的扭曲角度，如图 9-27 所示。

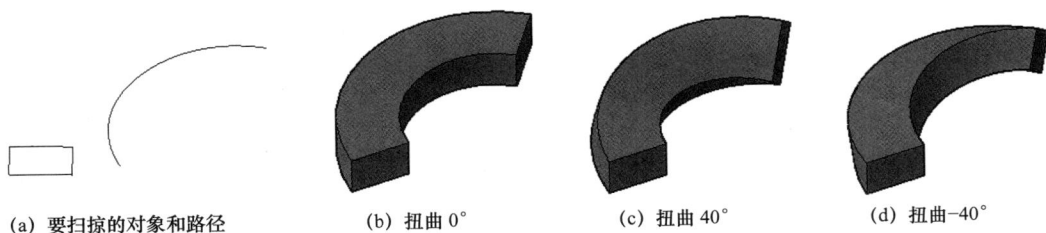

　(a) 要扫掠的对象和路径　　　　　(b) 扭曲 0°　　　　　(c) 扭曲 40°　　　　　(d) 扭曲 -40°

图 9-27　不同的扭曲角度下扭曲扫掠的效果对比

> **提示与技巧**
>
> 扫掠与拉伸不同，沿路径扫掠轮廓时，默认轮廓将被移动并与路径垂直对齐，而拉伸则不会。

扫码看视频

绘制弯型管

9.4.6　案例——绘制弯型管

1．学习目标

本案例绘制弯型管，如图 9-28 所示。通过本案例，读者可以进一步掌握"扫掠"命令的使用方法和操作技巧。

2．设计思路

先利用"直线""圆角""复制"命令绘制路径，再绘制一个圆作为扫掠对象，最后利用"扫掠"命令创建弯型管。

3．操作步骤

（1）利用"直线"和"圆角"命令，绘制长度为 80、夹角为 60°、圆角半径为 20 的端面图形，如图 9-29 所示。

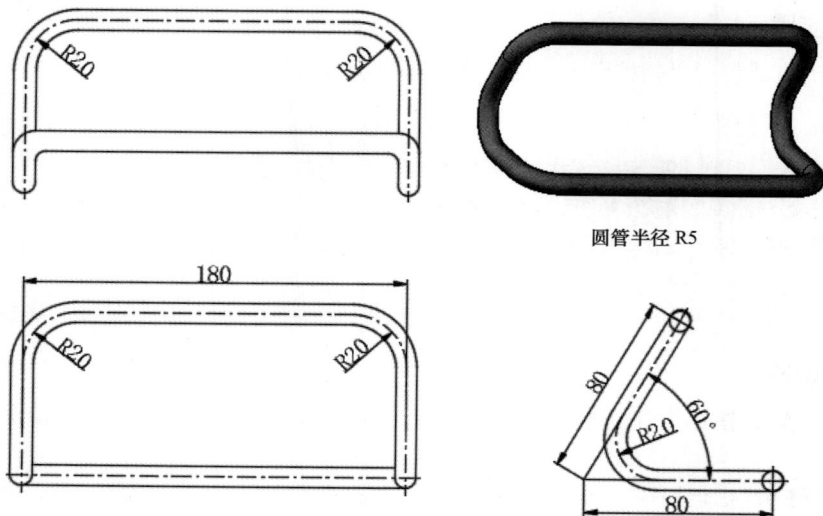

圆管半径 R5

图 9-28　弯型管

（2）单击"视图"选项卡的"命名视图"面板中的"西北等轴测"按钮 ，将视图切换为西北等轴测视图。

（3）单击"默认"选项卡的"修改"面板中的"复制"按钮 ，复制已绘图形。命令行提示与操作如下。

命令: _copy
选择对象:　（选择全部对象）
选择对象:　↙　（结束选择）
当前设置:　复制模式 = 多个
指定基点或 [位移(D)/模式(O)] <位移>:　（捕捉端点，如图 9-30 所示）
指定第二个点或 [阵列(A)] <使用第一个点作为位移>: 180　↙　（开启正交模式，鼠标沿 Z 轴方向移动，输入 180 后按 Enter 键，如图 9-31 所示）
指定第二个点或 [阵列(A)/退出(E)/放弃(U)] <退出>:　↙　（结束复制）

图 9-29　绘制端面图形

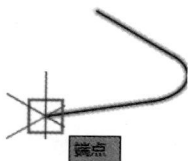

图 9-30　指定基点

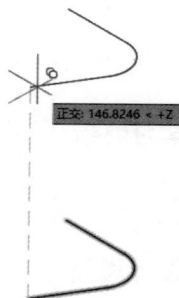

正交: 146.8246 < +Z

图 9-31　指定第二点

（4）利用"直线"命令，连接图形端点，如图 9-32 所示。

（5）利用"圆角"命令，绘制半径为 20 的圆角，结果如图 9-33 所示。

（6）单击"默认"选项卡的"修改"面板中的"合并"按钮 ，合并所有图形，得到扫掠路径。

（7）利用"圆"命令，在适当位置绘制一个半径为 5 的小圆，作为扫掠对象。

（8）单击"三维工具"选项卡的"建模"面板中的"扫掠"按钮![扫掠图标]，进行扫掠建模。命令行提示与操作如下。扫掠结果如图 9-34 所示。

命令: _sweep
当前线框密度：ISOLINES=4，闭合轮廓创建模式 = 实体
选择要扫掠的对象或 [模式(MO)]：（选择小圆）
选择要扫掠的对象或 [模式(MO)]：↙
选择扫掠路径或 [对齐(A)/基点(B)/比例(S)/扭曲(T)]：（选择合并的多段线）

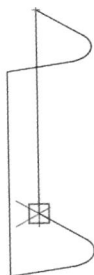

图 9-32　连接图形端点　　　　图 9-33　绘制圆角　　　　图 9-34　扫掠结果

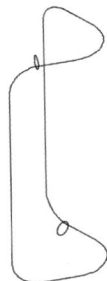

（9）单击"视图"选项卡的"导航"面板中的"自由动态观察"按钮![按钮图标]，调整观察角度。

（10）选择菜单栏中的"视图"→"视觉样式"→"灰度"命令，对模型进行灰度着色，结果如图 9-28 所示。

9.4.7　放样

利用"放样"命令，可以对包含两条或两条以上横截面曲线的一组曲线进行放样（绘制包含指定截面形状的实体或曲面），从而创建三维实体或曲面。

1. 调用方式

☑ 命令行：LOFT。
☑ 菜单栏："绘图"→"建模"→"放样"。
☑ 工具栏："建模"→"放样"![图标]。
☑ 功能区："三维工具"→"建模"→"放样"![图标]。

2. 操作步骤

用上述任一方式调用"放样"命令后，命令行提示与操作如下。

命令: _loft
当前线框密度：ISOLINES=4，闭合轮廓创建模式 = 实体
按放样次序选择横截面或 [点(PO)/合并多条边(J)/模式(MO)]：（选择图 9-35（a）截面）
按放样次序选择横截面或 [点(PO)/合并多条边(J)/模式(MO)]：（选择图 9-35（b）截面）
按放样次序选择横截面或 [点(PO)/合并多条边(J)/模式(MO)]：（选择图 9-35（c）截面）
按放样次序选择横截面或 [点(PO)/合并多条边(J)/模式(MO)]：（可继续选择横截面或按 Enter 键结束选择）
输入选项 [导向(G)/路径(P)/仅横截面(C)/设置(S)] <仅横截面>：

依次选择放样横截面后，需要选择放样方式，图 9-35 为"仅横截面"放样方式的结果。"放样"命令的各选项含义如下。

3. 选项说明

（1）导向（G）：使用导向曲线控制放样，每条导向曲线必须与所有截面相交，并且起始于第一个截面，结束于最后一个截面。

（2）路径（P）：使用一条简单的路径控制放样，该路径必须与全部或部分截面相交。

（3）仅横截面（C）：只使用截面进行放样。

（4）设置（S）：选择该选项可打开"放样设置"对话框，用户可以设置放样横截面上的曲面控制选项，如图 9-36 所示。

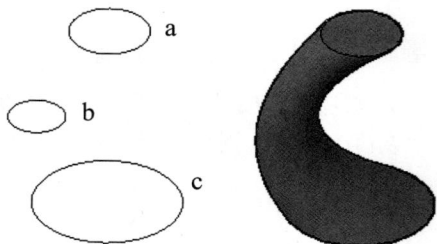

图 9-35　放样并概念着色

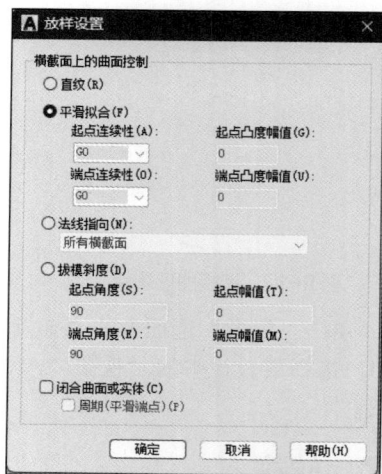

图 9-36　"放样设置"对话框

> **提示与技巧**
>
> 放样时使用的横截面曲线必须全部开放或全部闭合，不能使用既包含开放曲线又包含闭合曲线的选择集。用户可以指定放样操作的路径，进而可以更好地控制放样实体或曲面的形状。路径曲线最好始于第一个横截面所在的平面，止于最后一个横截面所在的平面。

9.4.8　案例——绘制蘑菇柱

扫码看视频

绘制蘑菇柱

1. 学习目标

本案例绘制蘑菇柱，如图 9-37 所示。通过本案例，读者可以进一步掌握"放样"命令的使用方法和操作技巧。

2. 设计思路

利用"圆"命令绘制横截面，然后利用"放样"命令创建蘑菇柱模型。

3. 操作步骤

（1）单击"视图"选项卡的"命名视图"面板中的"东南等轴测"按钮，将视图切换为东南等轴测视图。

（2）利用圆命令，分别在圆心为(0,0,0)(0,0,20)(0,0,70)(0,0,90)(0,0,100)的位置绘制半径分别为30、

10、70、20 和 5 的圆，如图 9-38 所示。

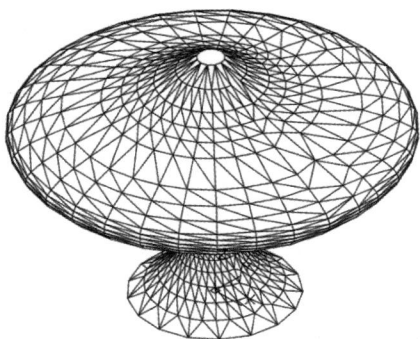

图 9-37　蘑菇柱模型　　　　　图 9-38　绘制圆截面

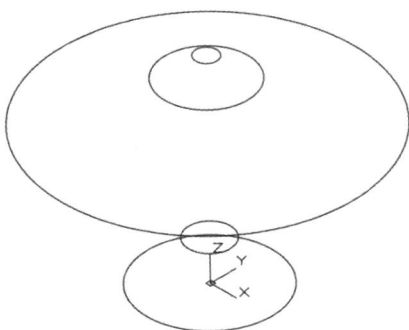

（3）单击"三维工具"选项卡的"建模"面板中的"放样"按钮，进行放样建模。命令行提示与操作如下。

```
命令: _loft
当前线框密度:  ISOLINES=4，闭合轮廓创建模式 = 实体
按放样次序选择横截面或 [点(PO)/合并多条边(J)/模式(MO)]: 找到 1 个   （从下往上依次选择图
9-38 中的 5 个圆）
按放样次序选择横截面或 [点(PO)/合并多条边(J)/模式(MO)]: 找到 1 个，总计 2 个
按放样次序选择横截面或 [点(PO)/合并多条边(J)/模式(MO)]: 找到 1 个，总计 3 个
按放样次序选择横截面或 [点(PO)/合并多条边(J)/模式(MO)]: 找到 1 个，总计 4 个
按放样次序选择横截面或 [点(PO)/合并多条边(J)/模式(MO)]: 找到 1 个，总计 5 个
按放样次序选择横截面或 [点(PO)/合并多条边(J)/模式(MO)]: ↙
选中了 5 个横截面
输入选项 [导向(G)/路径(P)/仅横截面(C)/设置(S)] <仅横截面>: ↙
```

（4）选择菜单栏中的"视图"→"消隐"命令，对模型进行消隐处理，结果如图 9-37 所示。

9.5　编辑三维实体

在二维图形中使用的许多编辑、修改命令，如"移动""旋转""镜像"和"阵列"等，同样适用于三维实体，具体的操作过程也相似，下面进行简单介绍。

9.5.1　三维编辑命令

用户除了可以在命令行输入相应的命令外，还可以通过以下几种方式调用三维实体编辑命令。

（1）在菜单栏中选择"修改"→"三维操作"菜单中的子命令，如图 9-39 所示；或在菜单栏中选择"修改"→"实体编辑"菜单中的子命令，如图 9-40 所示。

（2）单击"建模"工具栏上的相应按钮，如图 9-41 所示；或单击"实体编辑"工具栏上的相应按钮，如图 9-42 所示。

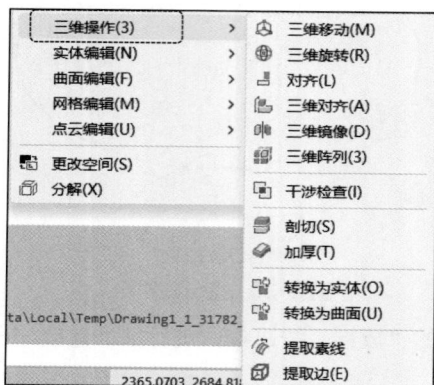

图 9-39 "三维操作"菜单

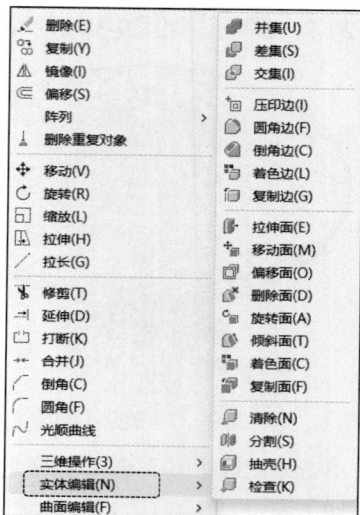

图 9-40 "实体编辑"菜单

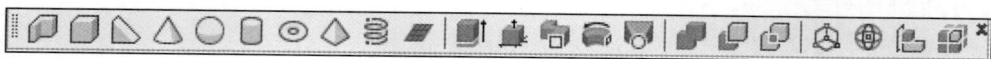

图 9-41 "建模"工具栏

图 9-42 "实体编辑"工具栏

（3）单击"三维工具"选项卡的"实体编辑"面板上的相应按钮，如图 9-43 所示。

下面介绍几个常用的三维实体编辑命令。

1. 三维旋转

利用 3DROTATE 命令，可使对象在三维空间中绕任意轴旋转。例如，使图 9-44（a）中的实体绕 Z 轴旋转 45°，其操作过程和步骤如下。旋转结果如图 9-44（c）所示。

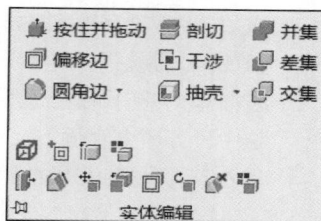

图 9-43 "实体编辑"面板

命令: _3drotate
UCS 当前的正角方向: ANGDIR=逆时针 ANGBASE=0
选择对象: （选择图 9-44（a）实体）
选择对象: ↙
指定基点: （指定 o 点为基点）
拾取旋转轴: （选择 Z 轴，如图 9-44（b）所示）
指定角的起点或键入角度: 45 ↙

2. 三维镜像

利用 MIRROR3D 命令可在三维空间中将指定对象复制为相对于某一平面的镜像。镜像平面可以通过 3 点确定，也可以是对象平面、最近定义的平面、Z 轴所在平面、视图平面、XY 平面、YZ 平面和 ZX 平面。例如，对图 9-45（a）中的实体进行镜像操作，其操作过程和步骤如下。镜像操作结果如图 9-45（b）所示。

(a) 原始图形	(b) 指定旋转轴	(c) 旋转结果

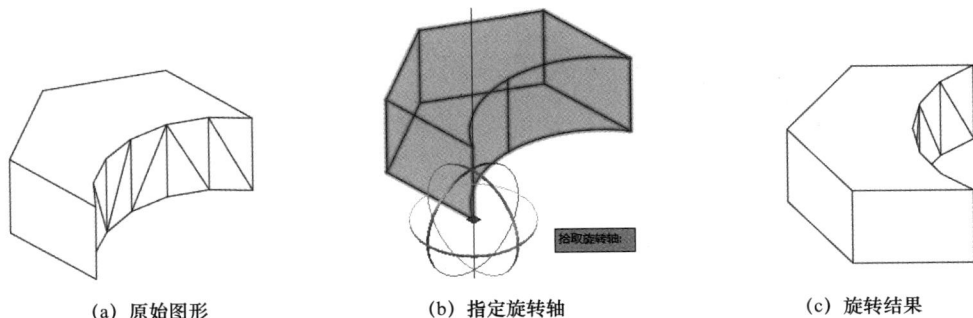

图 9-44　三维旋转

```
命令: _mirror3d
选择对象:　（选择图 9-45（a）图形）
选择对象:　↙
指定镜像平面 (三点) 的第一个点或[对象(O)/最近的(L)/Z 轴(Z)/视图(V)/XY 平面(XY)/YZ 平面
(YZ)/ZX 平面(ZX)/三点(3)] <三点>:　（依次指定 m、n 和 p 这 3 点）
是否删除源对象? [是(Y)/否(N)] <否>:　↙
```

3. 三维阵列

与二维阵列命令相似，三维阵列命令 3DARRAY，也可以实现将三维实体复制为矩形阵列或环形阵列。例如，将图 9-46（a）中圆柱体复制为阵列，其操作过程和步骤如下。阵列复制结果如图 9-46（b）所示。

```
命令: _3darray
选择对象:　（选择图 9-46（a）中圆柱体）
选择对象:　↙
输入阵列类型 [矩形(R)/环形(P)] <矩形>:　↙　（矩形阵列）
输入行数 (---) <1>: 2　↙
输入列数 (|||) <1>: 3　↙
输入层数 (...) <1>:　↙
指定行间距 (---): 40　↙
指定列间距 (|||): 40　↙
```

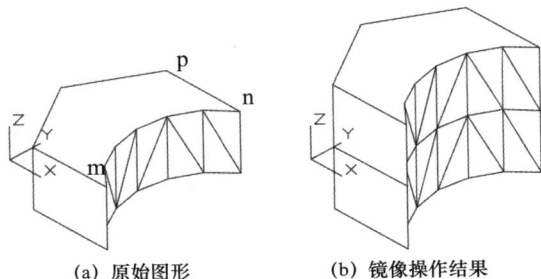

(a) 原始图形	(b) 镜像操作结果	(a) 原始图形	(b) 阵列复制结果

图 9-45　三维镜像　　　　　　　　　　　图 9-46　三维阵列

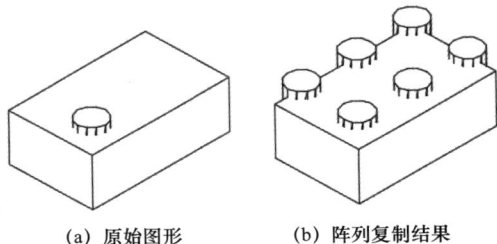

4. 对三维实体修圆角或倒角

在二维图形编辑中，圆角操作是指使用与对象相切并且具有指定半径的圆弧连接两个对象；而在三维实体编辑中，使用圆角命令（FILLET 或 FILLETEDGE）也可以对指定的三维实体进行圆角操作。用户通过指定圆角半径，然后选择要进行圆角操作的边，即可生成与边相切的圆角，如图 9-47（b）所示。

同样，在二维图形编辑中，倒角操作是指使用能够成角的直线连接两个对象；而在三维实体编辑中，用户也可以使用倒角命令（CHAMFER 或 CHAMFEREDGE）对选定的三维实体的相邻面进行倒角操作，如图 9-47（c）所示。

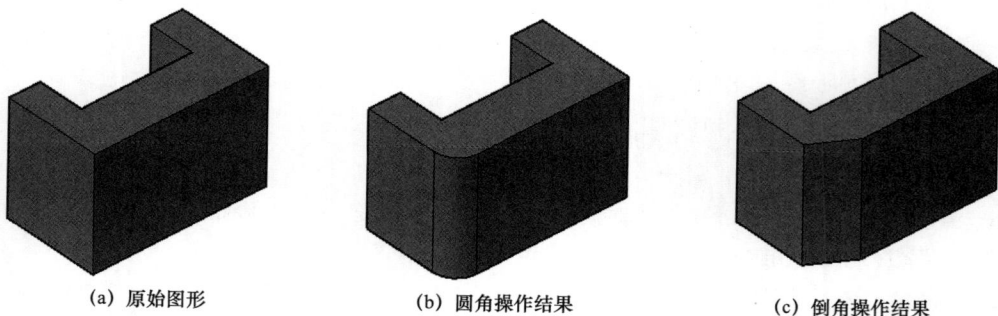

(a) 原始图形　　　　　　(b) 圆角操作结果　　　　　　(c) 倒角操作结果

图 9-47　对三维实体修圆角与倒角

5. 剖切

利用 SLICE 命令可以把现有实体剖开使之成为两部分，用户可以选择保留其中一部分或保留全部。例如，对图 9-48（a）中的实体进行剖切，其操作过程和步骤如下。将剖切后的一侧实体移动后，结果如图 9-48（b）所示。

```
命令: _slice
选择要剖切的对象: （选择图 9-48（a）实体）
选择要剖切的对象: ↙
指定切面的起点或 [平面对象(O)/曲面(S)/z 轴(Z)/视图(V)/xy(XY)/yz(YZ)/zx(ZX)/三点(3)] <三点>:
ZX ↙ （指定 ZX 为切面）
指定 ZX 平面上的点 <0,0,0>: （指定图 9-48（a）点 m）
在所需的侧面上指定点或 [保留两个侧面(B)] <保留两个侧面>: ↙
```

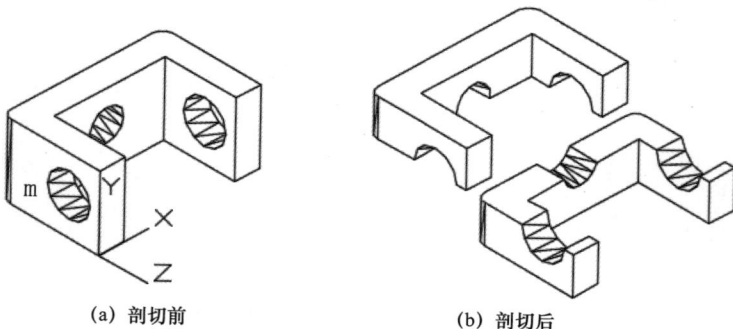

(a) 剖切前　　　　　　(b) 剖切后

图 9-48　实体剖切

6. 布尔运算

对生成的基本三维实体进行并集、差集、交集等布尔运算操作，可以得到更多样的三维实体。布尔运算的命令及含义如下。

（1）并集：使用 UNION（并集）命令，可以实现两个或多个现有实体的组合，使之成为一个复合对象，如图 9-49（b）所示。

（2）差集：使用 SUBTRACT（差集）命令，可以从第一个选择集的实体中减去第二个选择集的实体对象，并创建一个新的实体，如图 9-49（c）所示。

（3）交集：使用 INTERSECT（交集）命令，系统将计算两个或多个现有实体的共用部分（交集），将该交集创建为复合实体并删除交集以外的实体部分，如图 9-49（d）所示。

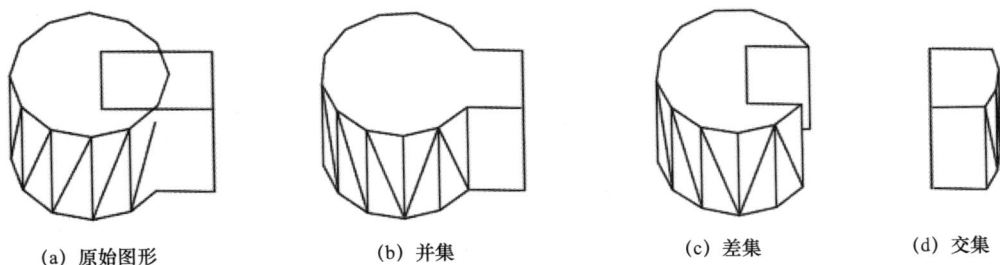

(a) 原始图形　　　　　(b) 并集　　　　　(c) 差集　　　　　(d) 交集

图 9-49　布尔运算

9.5.2　案例——绘制支架

扫码看视频

绘制支架

1. 学习目标

本案例绘制支架三维实体，如图 9-50 所示。通过本案例，读者可以进一步掌握基本三维实体的绘制方法，熟练应用三维镜像、移动及布尔运算编辑、修改三维实体。

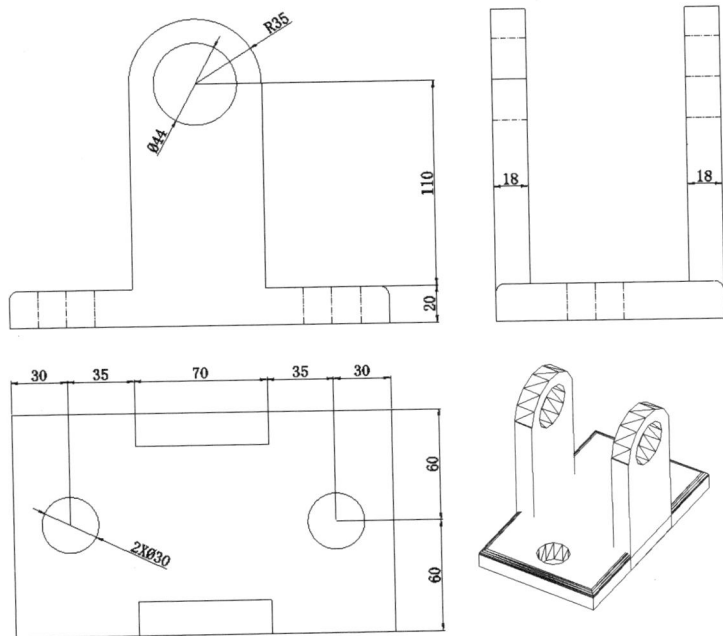

图 9-50　支架

2. 设计思路

利用"长方体"和"圆柱体"命令绘制底板，然后绘制侧架，再对侧架进行三维镜像。

3. 操作步骤

（1）单击"视图"选项卡的"命名视图"面板中的"东南等轴测"按钮，将视图切换为东南等轴测视图。

（2）单击"三维工具"选项卡的"建模"面板中的"长方体"按钮，绘制一个长为 120、宽为 200、高为 20 的长方体底板，如图 9-51 所示。命令行提示与操作如下。

```
_box
指定第一个角点或 [中心(C)]: 0,0,0 ↙
指定其他角点或 [立方体(C)/长度(L)]: L  （选用长度选项）
指定长度 <10.0000>:120 ↙
指定宽度 <10.0000>:200 ↙
指定高度或 [两点(2P)] <10.0000>: 20 ↙
```

（3）单击"三维工具"选项卡的"建模"面板中的"圆柱体"按钮，绘制底板上的两个圆柱体。命令行提示与操作如下。

```
命令: _cylinder
指定底面的中心点或 [三点(3P)/两点(2P)/切点、切点、半径(T)/椭圆(E)]: 60,30,0 ↙
指定底面半径或 [直径(D)] <5.0000>:15 ↙
指定高度或 [两点(2P)/轴端点(A)] <10.0000>: 20 ↙
命令: ↙  （重复执行圆柱体命令）
指定底面的中心点或 [三点(3P)/两点(2P)/切点、切点、半径(T)/椭圆(E)]: 60,170,0 ↙
指定底面半径或 [直径(D)] <15.0000>: 15 ↙
指定高度或 [两点(2P)/轴端点(A)] <20.0000>: 20 ↙
```

（4）单击"三维工具"选项卡的"实体编辑"面板中的"差集"按钮，从长方体底板中减去两个圆柱体，结果如图 9-52 所示。

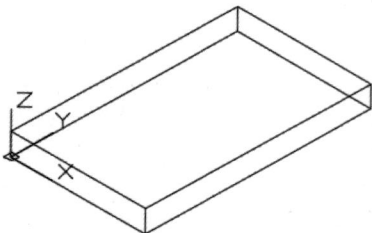

图 9-51 绘制长方体

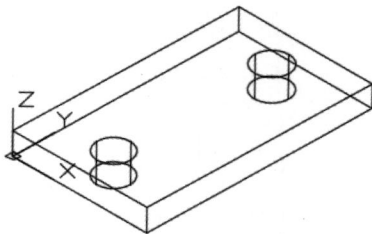

图 9-52 绘制圆柱孔

（5）单击"视图"选项卡的"坐标"面板中的"管理用户坐标系 UCS"按钮，命令行提示与操作如下。

```
命令: _ucs
当前 UCS 名称: *世界*
```

指定 UCS 的原点或 [面(F)/命名(NA)/对象(OB)/上一个(P)/视图(V)/世界(W)/X/Y/Z/Z 轴(ZA)] <世界>:Y ↵
指定绕 Y 轴的旋转角度 <90>: -90 ↵

（6）单击"三维工具"选项卡的"建模"面板中的"长方体"按钮🔲，绘制一个长为 130、宽为 70、高为 18 的长方体侧架，如图 9-53 所示。命令行提示与操作如下。

命令: _box
指定第一个角点或 [中心(C)]: 0,0,0 ↵
指定其他角点或 [立方体(C)/长度(L)]: L ↵
指定长度 <120.0000>: 130 ↵
指定宽度 <200.0000>: 70 ↵
指定高度或 [两点(2P)] <20.0000>: -18 ↵

（7）单击"三维工具"选项卡的"建模"面板中的"圆柱体"按钮🔲，绘制侧架上的圆柱体和孔。命令行提示与操作如下。侧架长方体与大圆柱体进行并集运算，再与小圆柱体进行差集运算，结果如图 9-54 所示。

命令: _cylinder
指定底面的中心点或 [三点(3P)/两点(2P)/切点、切点、半径(T)/椭圆(E)]: 130,35,0 ↵
指定底面半径或 [直径(D)] <15.0000>: 35 ↵
指定高度或 [两点(2P)/轴端点(A)] <20.0000>: -18 ↵
命令: _cylinder
指定底面的中心点或 [三点(3P)/两点(2P)/切点、切点、半径(T)/椭圆(E)]: 130,35,0 ↵
指定底面半径或 [直径(D)] <35.0000>: 22 ↵
指定高度或 [两点(2P)/轴端点(A)] <-18.0000>: -18 ↵

（8）单击"默认"选项卡的"修改"面板中的"移动"按钮✛，移动侧架到底板宽边的中间位置，如图 9-55 所示。命令行提示与操作如下。

命令: _move
选择对象: （选择侧架）
选择对象: ↵
指定基点或 [位移(D)] <位移>:0,0,0 ↵
指定位移 <0.0000, 0.0000, 0.0000>:0,65,0 ↵

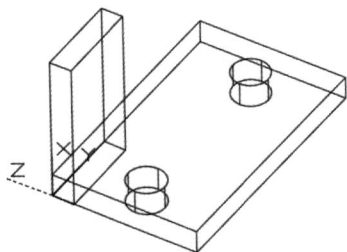

图 9-53　绘制长方体侧架　　　　　图 9-54　绘制圆柱体和孔

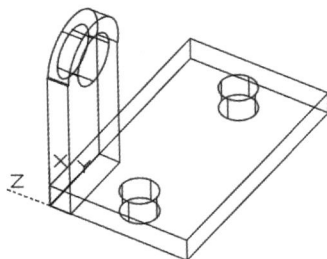

（9）选择菜单"修改"→"三维操作"→"三维镜像"命令，对移动后的侧架进行三维镜像复制，结果如图 9-56 所示。命令行提示与操作如下。

```
命令: _mirror3d
选择对象:  （选择侧架）
选择对象: ↙
指定镜像平面 (三点) 的第一个点或[对象(O)/最近的(L)/Z 轴(Z)/视图(V)/XY 平面(XY)/YZ 平面
(YZ)/ZX 平面(ZX)/三点(3)] <三点>: XY ↙  （指定 XY 平面为镜像平面）
指定 XY 平面上的点 <0,0,0>:  （捕捉图 9-56 所示中点（0,0,0））
是否删除源对象? [是(Y)/否(N)] <否>: ↙
```

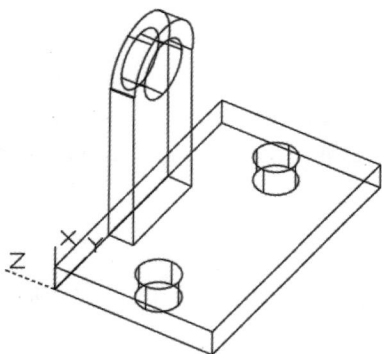
图 9-55 移动侧架

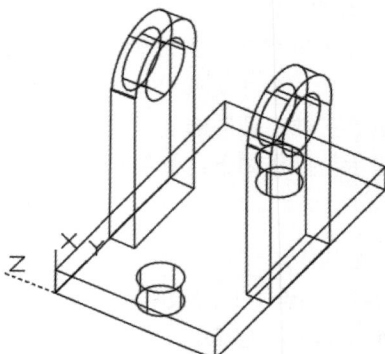
图 9-56 镜像侧架

（10）单击"三维工具"选项卡的"实体编辑"面板中的"圆角边"按钮 ，对底板上表面的边进行半径为 5 的修圆角操作。

（11）选择菜单"视图"→"消隐"命令，对实体进行消隐处理，结果如图 9-50 所示。

9.6 综合案例

9.6.1 综合案例——绘制亭子

1. 学习目标

扫码看视频

绘制亭子

本案例绘制亭子，如图 9-57 所示。通过本案例，读者可以进一步掌握基本三维实体图形的绘制和对编辑命令的灵活使用方法。

2. 设计思路

先绘制亭子的台阶，再绘制亭子墙体，最后绘制亭子顶部。

3. 操作步骤

（1）单击"视图"选项卡的"命名视图"面板中的"俯视"按钮 ，将视图切换为俯视图；选择"视觉样式"面板中的"概念"按钮 ，启动概念视觉样式。

图 9-57 亭子

（2）单击"默认"选项卡的"绘图"面板中的"直线"按钮 ∕，同时开启"正交"模式，绘制台阶草图，结果如图 9-58 所示。

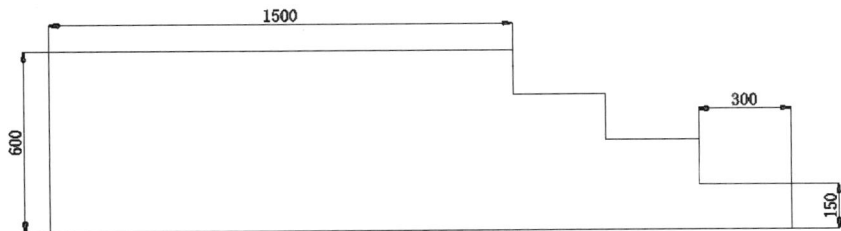

图 9-58　台阶草图

（3）单击"三维工具"选项卡的"建模"面板中的"旋转"按钮 ，将台阶草图以左边竖直线为旋转轴旋转 360°，结果如图 9-59 所示。

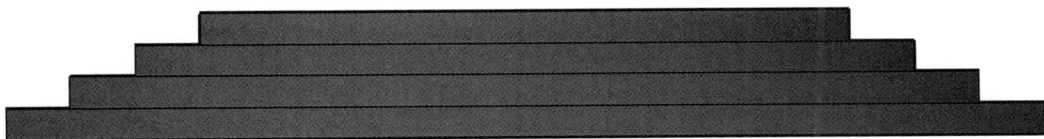

图 9-59　绘制台阶实体

（4）单击"视图"选项卡的"导航"面板中的"自由动态观察"按钮 ，适当调整观察角度。单击"视图"选项卡的"坐标"面板中的"原点"按钮 ，配合对象捕捉功能，将坐标系原点移到台阶上表面的中心，然后利用"多边形"命令，绘制一个内接正六边形，并指定半径为 1400，结果如图 9-60 所示。

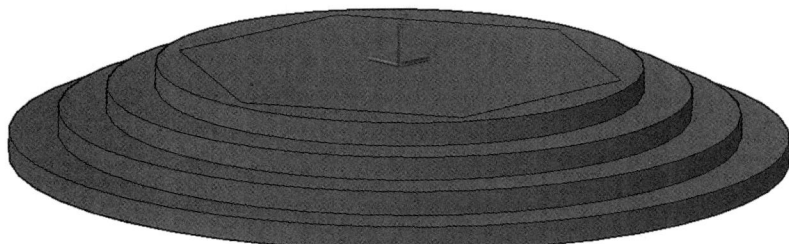

图 9-60　绘制正六边形

（5）选择台阶实体并单击鼠标右键，在弹出的快捷菜单中单击"隔离"/"隐藏对象"命令，将台阶实体隐藏。

（6）单击"三维工具"选项卡的"建模"面板中的"拉伸"按钮 ，对六边形进行高度为 3600的拉伸操作即得到亭子墙体，结果如图 9-61 所示。

（7）利用"UCS"命令调整用户坐标系，将 XY 平面设置到与拉伸的墙体某一侧平面平行，命令行提示与操作如下。结果如图 9-62 所示。

```
命令: UCS ↙
当前 UCS 名称: *没有名称*
指定 UCS 的原点或 [面(F)/命名(NA)/对象(OB)/上一个(P)/视图(V)/世界(W)/X/Y/Z/Z 轴(ZA)] <世
界>: （捕捉图 9-62 所示的端点 A）
指定 X 轴上的点或 <接受>: （捕捉图 9-62 所示的端点 B）
指定 XY 平面上的点或 <接受>: （捕捉图 9-62 所示的端点 C）
```

（8）将亭子墙体隐藏，再单击"默认"选项卡的"绘图"面板中的"多段线"按钮，绘制亭门，命令行提示与操作如下。将绘制的亭门多段线生成面域，结果如图 9-63 所示。

```
命令: _pline
指定起点: 200,0  ↙
当前线宽为  0.0000
指定下一个点或 [圆弧(A)/半宽(H)/长度(L)/放弃(U)/宽度(W)]: @1000,0  ↙
指定下一点或 [圆弧(A)/闭合(C)/半宽(H)/长度(L)/放弃(U)/宽度(W)]: @0,2200  ↙
指定下一点或 [圆弧(A)/闭合(C)/半宽(H)/长度(L)/放弃(U)/宽度(W)]: A  ↙
指定圆弧的端点(按住  Ctrl  键以切换方向)或[角度(A)/圆心(CE)/闭合(CL)/方向(D)/半宽(H)/直线(L)/
半径(R)/第二个点(S)/放弃(U)/宽度(W)]: CE  ↙
指定圆弧的圆心: @-500,0  ↙
指定圆弧的端点(按住  Ctrl  键以切换方向)或 [角度(A)/长度(L)]: @-500,0  ↙
指定圆弧的端点(按住  Ctrl  键以切换方向)或[角度(A)/圆心(CE)/闭合(CL)/方向(D)/半宽(H)/直线(L)/
半径(R)/第二个点(S)/放弃(U)/宽度(W)]: L  ↙
指定下一点或 [圆弧(A)/闭合(C)/半宽(H)/长度(L)/放弃(U)/宽度(W)]: C  ↙
```

（9）显示隐藏实体，然后在命令提示行中输入 UCS，将 X 轴旋转-90°。利用"环形阵列"命令，以极坐标（1400<60）为阵列中心点，对亭门面域进行环形阵列复制，阵列项目为 3，结果如图 9-64 所示。

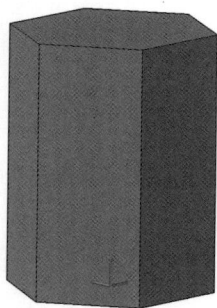

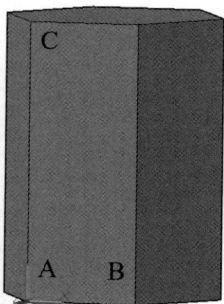

图 9-61 亭子墙体   图 9-62 调整坐标系   图 9-63 亭门面域

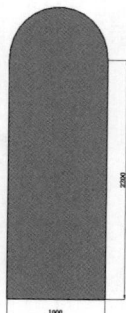

（10）单击"三维工具"选项卡的"建模"面板中的"拉伸"按钮，对 3 个亭门进行拉伸，拉伸距离为 3000，结果如图 9-65 所示。

（11）单击"三维工具"选项卡的"实体编辑"面板中的"差集"按钮，对拉伸的亭门与墙体进行差集布尔运算，结果如图 9-66 所示。

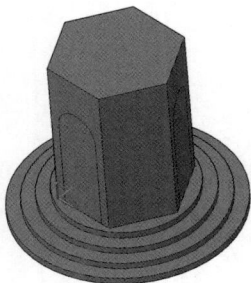

图 9-64 阵列亭门   图 9-65 拉伸亭门   图 9-66 差集运算

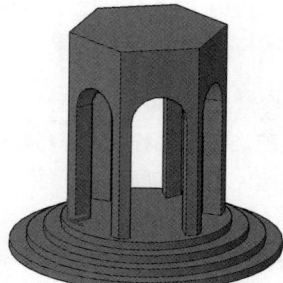

（12）将坐标系原点移到亭子的顶面中心，利用"多边形"命令，绘制一个内接半径为 1800 的正六边形，再利用"复制"命令，对绘制的多边形分别进行向下复制距离为 300 和 800 的实体。

（13）单击"三维工具"选项卡的"建模"面板中的"拉伸"按钮，对三个六边形沿 Z 轴反方向拉伸，拉伸距离分别为 120、80、60，结果如图 9-67 所示。

（14）利用"多边形"命令，绘制一个内接半径为 1500 正六边形，再利用"复制"命令，对绘制的六边形分别进行向上复制距离为 750、1500 的实体，再将复制后的正六边形依次以原点为基点向内偏移，偏移距离从下到上分别为 500、1000，删除多余的多边形，结果如图 9-68 所示。

（15）单击"三维工具"选项卡的"建模"面板中的"放样"按钮，从下到上依次选择上一步骤绘制的六边形为横截面，结果如图 9-69 所示。

（16）将坐标系的原点移动到放样体的顶面中心，单击"三维工具"选项卡的"建模"面板中的"圆锥体"按钮，绘制一个底面半径为 200，高度为 500 的圆锥体。完成亭子的绘制，最终结果如图 9-57 所示。

图 9-67 拉伸六边形　　　图 9-68 绘制六边形截面　　　图 9-69 对亭顶放样

9.6.2 综合案例——绘制支座模型

1. 学习目标

本案例绘制支座模型，如图 9-70 所示。通过本案例，读者可以进一步掌握创建用户坐标系、视图管理、实体建模与编辑实体的操作技能。

2. 设计思路

先绘制支座的底板，再绘制竖放的圆柱实体，然后绘制肋板及横放的圆柱体，最后绘制两个相交圆柱的通孔。

3. 操作步骤

（1）利用"矩形"命令，绘制长为 72，宽 48 的矩形；利用"圆角"命令，绘制半径为 10 的圆角；利用"圆"命令，捕捉圆角的圆心并分别绘制 4 个半径为 4.5 的小圆；即得到底板的二维平面图形，如图 9-71 所示。

（2）调整当前视图为"西南等轴测"三维空间视图；单击"三维工具"选项卡的"建模"面板中的"拉伸"按钮，对绘制的矩形及 4 个小圆进行拉伸，拉伸高度为 10；再利用"差集"命令，从长方体中减去 4 个小圆柱实体。结果如图 9-72 所示。

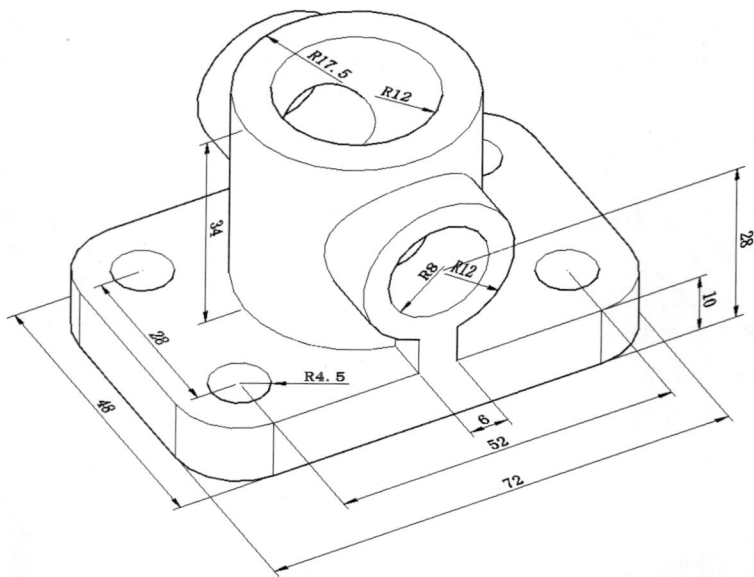

图 9-70 支座模型

（3）利用"圆"命令，绘制一个半径为 17.5，圆心在底板的上表面的中心的圆。单击"三维工具"选项卡的"建模"面板中的"拉伸"按钮▣，对绘制的圆进行拉伸，拉伸高度为 34，得到竖放的圆柱实体，结果如图 9-73 所示。

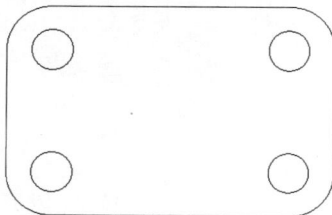

图 9-71　底板的二维图形

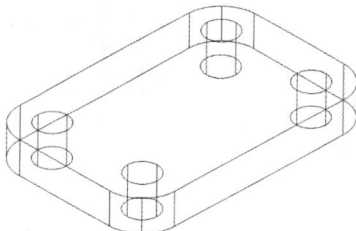

图 9-72　底板模型

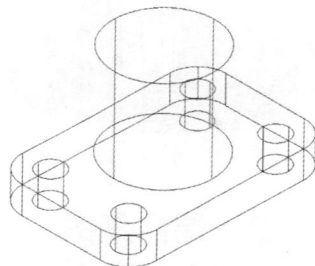

图 9-73　竖放的圆柱实体

（4）利用"UCS"命令，将 UCS 移动至底板前表面底边中心处，如图 9-74 所示。

（5）利用"圆"命令，绘制圆心为(0,28)，半径为 12 的圆；利用"直线"命令，捕捉底板前表面上边线的中点，以该点为对称点绘制长为 6 的水平线和水平线的两个端点与圆相交的竖直线；利用"修剪"命令将其修剪成一封闭图形。

（6）单击"默认"选项卡的"绘图"面板中的"面域"按钮◎，选择绘制好的封闭图形，创建一个面域，如图 9-75 所示。

（7）单击"三维工具"选项卡的"建模"面板中的"拉伸"按钮▣，对绘制好的封闭面域进行拉伸，拉伸高度为-48，得到肋板及横放的圆柱体。选择"概念"视觉样式，结果如图 9-76 所示。

（8）调用"并集"命令，选择底板，竖放、横放的圆柱体，将其组合形成一个整体的实体。

（9）利用"圆"命令，绘制圆心为(0,28)，半径为 8 的圆；单击"三维工具"选项卡的"建模"面板中的"拉伸"按钮▣，对圆进行拉伸，拉伸高度为-48，得到一个横放的小圆柱体。

（10）单击"视图"选项卡的"命名视图"面板中的"俯视"按钮◻，然后单击"西南等轴测"按钮❀，利用"圆"命令，将捕捉到的竖放圆柱体的顶面圆心作为圆心，以 12 为半径画圆；单击"三维工具"选项卡的"建模"面板中的"拉伸"按钮▣，对该圆进行拉伸，拉伸高度为-44，得到一个竖放的小圆柱体，如图 9-77 所示。

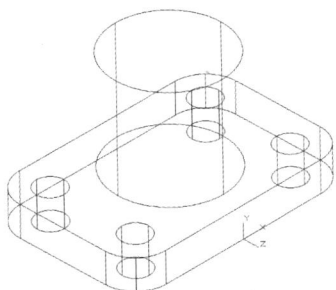

图 9-74　调整坐标系

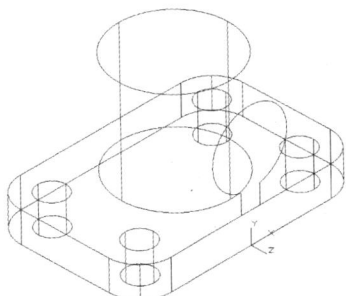

图 9-75　绘制封闭面域

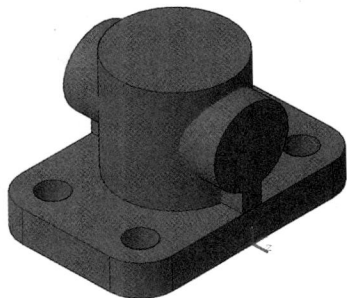

图 9-76　绘制肋板及横放的圆柱体

（11）利用"差集"命令，从合并的实体中减去 2 个小圆柱体，结果如图 9-78 所示。即完成了支座模型的绘制。

图 9-77　绘制小圆柱体

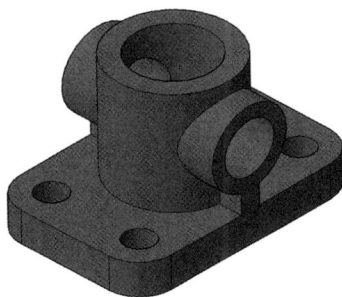

图 9-78　差集运算

9.7　小结与提升

9.7.1　知识小结

　　三维建模不仅是创建立体图形的过程，也是表达设计思维和设计理念的方式。本章主要介绍了 AutoCAD 中的三维实体的绘制、编辑、观察和消隐等命令。绘制三维实体命令大多集中在"绘图"→"建模"菜单中，编辑三维实体命令大多集中在"修改"→"实体编辑"菜单中，调整观察的视点和图形消隐着色命令大多集中在"视图"菜单中。

　　读者需要熟悉 AutoCAD 的三维坐标系，了解如何在不同的视图间进行切换；学会使用缩放、平移、旋转等工具，以便从各个角度观察模型；掌握绘制立方体、球体等基本三维实体的方法，熟悉对复杂形状与曲面建模的技能；熟练应用各种编辑与修改工具。

9.7.2　技能提升

　　练习题 1：绘制如图 9-79 所示的沙发效果图（尺寸自定）。

　　【练习目的】熟悉三维坐标系，掌握"拉伸""旋转""阵列""圆角"等命令的使用方法。

扫码看视频

练习题 1 演示

　　【思路点拨】

　　（1）用"长方体"命令，绘制底座、座垫及靠背。

　　（2）用"直线"命令绘制扶手轮廓并生成面域，用"拉伸"命令绘制扶手实体模型。

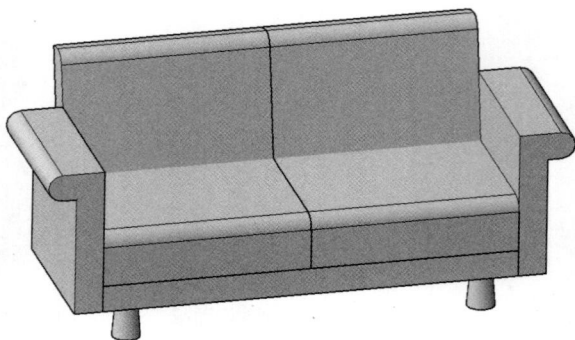

图 9-79　练习题 1

练习题 2：绘制图 9-80 所示的图形。

【练习目的】掌握创建三维图形时的坐标变换方法，进一步熟悉创建实体与编辑实体方法。

【思路点拨】

（1）绘制长方体、圆柱体等基本三维实体，并进行"圆角""剖切""差集"等实体编辑操作。

（2）绘制三维多段线并拉伸得到肋板实体。

扫码看视频

练习题 2 演示

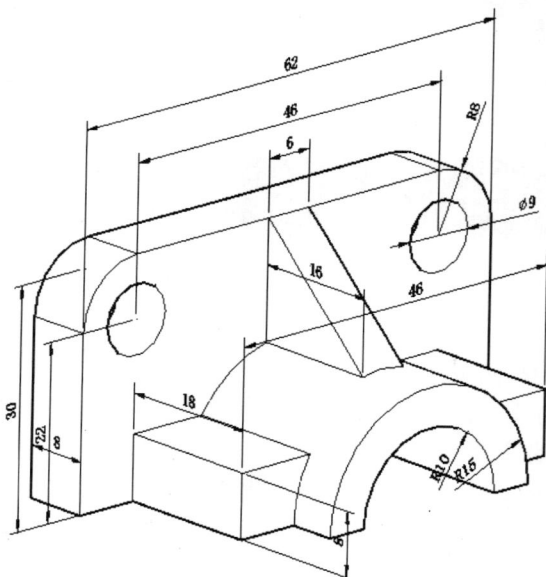

图 9-80　练习题 2

练习题 3：绘制图 9-81 所示的图形。

【练习目的】掌握各种视图的切换方法，熟练掌握基本三维实体的创建和对实体进行"圆角""阵列""差集"等操作的编辑技能。

【思路点拨】

（1）先绘制辅助线，再绘制竖放的长方体和圆柱体，并对其进行"圆角""阵列""差集"等操作。

（2）绘制横放的其他对象。

扫码看视频

练习题 3 演示

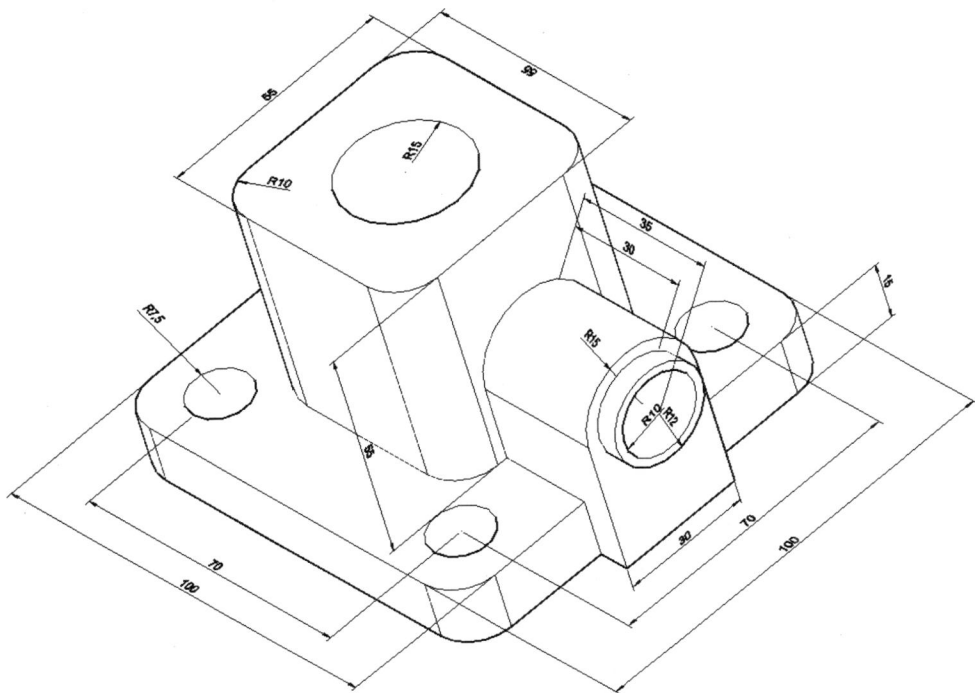

图 9-81 练习题 3

9.7.3 素养提升

　　一个三维模型，在不同的视图角度下，能够显示出不同的效果。生活也是一样，面对同一问题，人们的观察角度不同，也会产生不同的感受和认知。

　　面对同一条坑坑洼洼的公路，一位导游充满怨气地说"路面简直像麻子一样"，而另一位导游却诗意盎然地把这条路形容成"迷人的酒窝大道"。两位导游看待事物的角度不同，所传达出的内容就不同，两个观光团的游客的感受自然也就不一样了。听了第一位导游的话，游客们肯定会感到十分沮丧，而听了第二位导游的描述，游客们则会心情愉悦。倘若那位连声抱怨的导游能够换个角度，把公路上的坑洞也看作是酒窝，那么他和他的游客可能就会享受在这条公路上的旅行了吧。所以换个角度看问题，说不定就会发现事物的美丽之处。

第10章

机械工程绘图案例

AutoCAD作为行业内领先的CAD软件，在机械设计中发挥着至关重要的作用。本章是AutoCAD二维绘图命令在机械工程领域的综合应用，主要介绍使用AutoCAD绘制完整的零件图和装配图的基础知识及方法技巧。

10.1 绘制传动轴零件图

传动轴是机械工程领域普遍使用的重要零件之一，其零件图一般使用主视图标示轴上各轴段的长度、直径及各种结构的轴向位置。其他结构和形状，如键槽、退刀槽和中心孔等可以使用剖视图、断面图、局部视图和局部放大图等加以补充。下面介绍如图 10-1 所示传动轴零件图的绘制，以使读者能够进一步掌握绘制完整零件图的过程和方法。

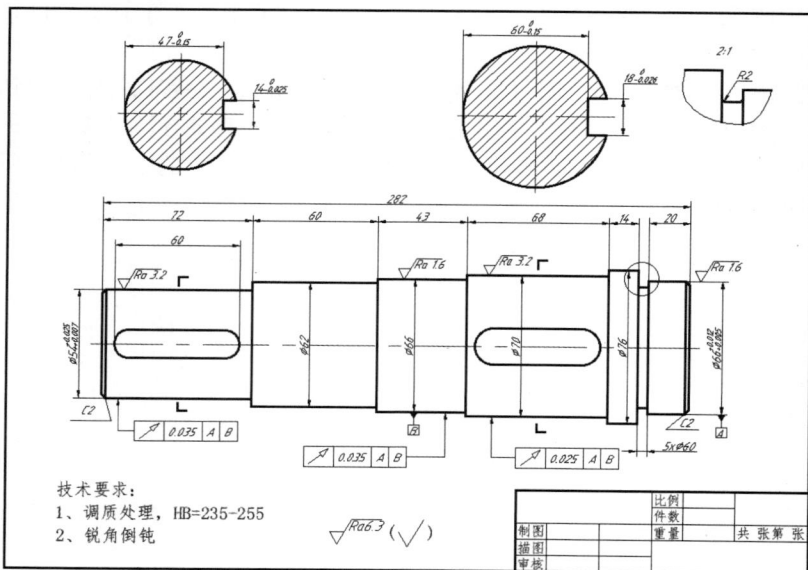

扫码看视频

绘制传动轴零件图

图 10-1 传动轴零件图

10.1.1　零件图概述

零件图是加工和检验零件的依据。绘制一个完整的零件图，除了需要表达零件所有的结构和形状细节，还要标注尺寸、技术要求等。

完整的零件图主要包括以下内容。

（1）一组视图：用于标示出零件内部和外部的形状与结构。

（2）尺寸标准：用于正确、完整、清晰地标示出制造、检验零件的全部尺寸。

（3）技术要求：包括粗糙度、尺寸公差、热处理、表面处理等要求。

（4）标题栏：用于提供零件名称、材料、数量、比例等信息。

使用 AutoCAD 绘制零件图包括以下步骤。

（1）调用样板图或设置作图环境。

（2）分析零件特点，确定用于表达零件形状的视图。

（3）绘制图形，根据零件的大小和复杂程度选择比例，尽量采用 1∶1 的比例绘图。

（4）标注尺寸、技术要求等；插入图框及填写标题栏等。

10.1.2　制作样板图

制作样板图可以让所有的绘图工作都在一个统一的标准和框架下进行，这样既可以提高绘图效率，又可以确保图纸的质量和标准化。下面以制作 A3 样板图为例，介绍符合机械制图国家标准的样板图的具体制作步骤。

（1）设置绘图单位、绘图界限。其中，长度单位选择"小数"，精度设为 0.0；角度单位选择"十进制度数"，精度设为 0.0；图形界限设为 420×297。

（2）设置图层。根据绘制机械图样的需要，一般设置轮廓线、剖面线、中心线等图层，如图 10-2 所示。

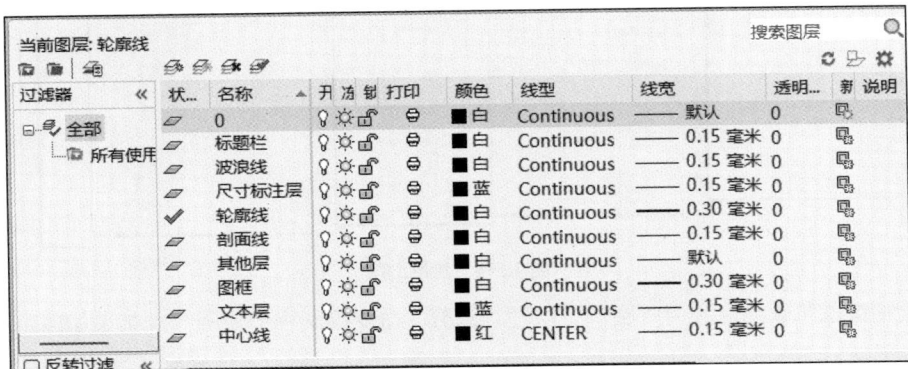

图 10-2　设置图层

（3）设置文字样式。先新建"尺寸"文字样式，选择"gbeitc.shx"字体和"gbcbig.shx"大字体；再新建"文本"文字样式，选择仿宋字体。

（4）设置标注样式。新建"机械零件标注"标注样式，设置好"线""符号和箭头""文字""调整"等选项。

（5）绘制图框和标题栏。利用"矩形"命令，绘制角点坐标为(25,10)和(410,287)的矩形，得到图框。标题栏可以用直线和相关编辑命令来绘制，也可以通过创建表格的方式或创建外部块的方式绘制，本书第 6 章对此已有详细介绍，在此不再赘述。

（6）保存样板图。选择菜单栏"文件"→"另存为"命令，打开"图形另存为"对话框，将图形保存为.dwt 格式的文件，即完成 A3 样板图的制作。

10.1.3　绘制传动轴主视图

传动轴主视图的绘制步骤如下。

（1）打开已制作的"A3 样板图.dwt"文件，将其另存为"传动轴零件图.dwg"。

（2）将"中心线"图层置为当前图层，利用"直线"命令绘图一条长度约为 290 的水平辅助线。

（3）将"轮廓线"图层置为当前图层，利用"直线""偏移""复制""修剪"等命令绘制传动轴各段轮廓线和退刀槽，结果如图 10-3 所示。

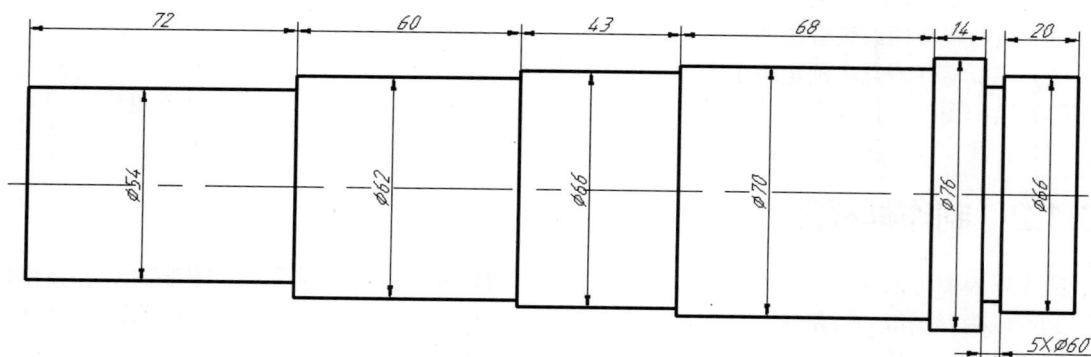

图 10-3　绘制传动轴各段轮廓线及退刀槽

（4）绘制倒角。利用"倒角"命令，在轴两端绘制倒角距离为 2 的倒角，再利用"直线"命令连接倒角线，结果如图 10-4 所示。

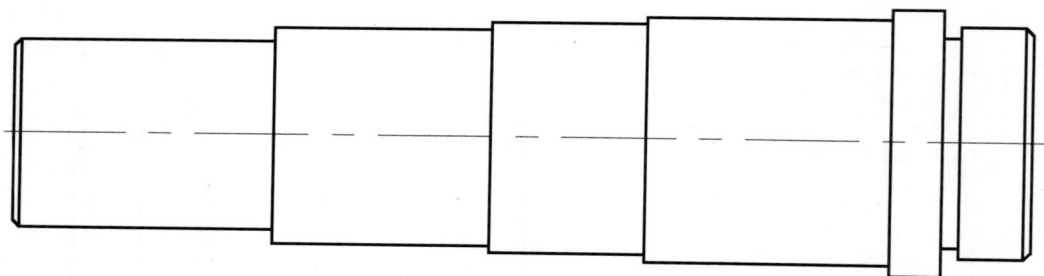

图 10-4　绘制倒角

（5）绘制键槽轮廓线。利用"圆""直线""修剪"命令绘制键槽轮廓线，结果如图 10-5 所示。

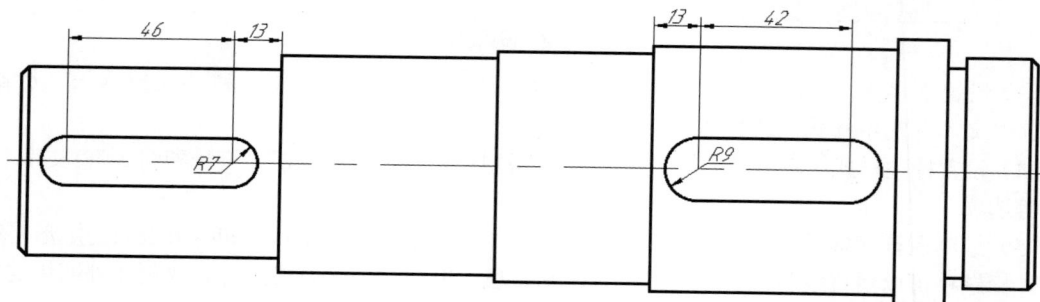

图 10-5　绘制键槽轮廓线

10.1.4　绘制传动轴断面图

传动轴断面图绘制步骤如下。

（1）将"中心线"图层置为当前图层，在传动轴左端上方适当位置，绘图长为 60 的水平辅助线和竖直辅助线各 1 条。

（2）将"轮廓线"图层置为当前图层，利用"圆"命令，捕捉中心线交点作为圆心，绘制直径为 54 的圆，如图 10-6 所示。

（3）利用"偏移"命令，将中心线按键槽尺寸进行偏移，再利用"修剪"命令修剪掉多余的线条，结果如图 10-7 所示。

（4）将"剖面线"图层置为当前图层，利用"图案填充"命令，采用"ANS131"图案，填充传动轴断面图，结果如图 10-8 所示。

（5）采用同样的方法，绘制传动轴右端的断面图，结果如图 10-9 所示。

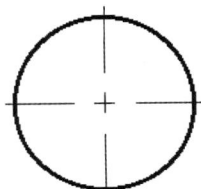 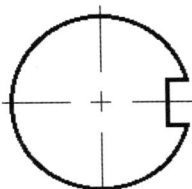 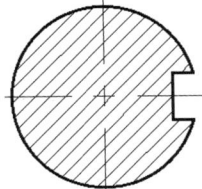 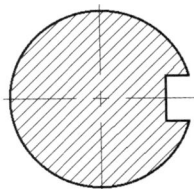

图 10-6　绘制断面　　　图 10-7　绘制键槽断面　　　图 10-8　传动轴左端　　　图 10-9　传动轴右端
　　　中心线和圆　　　　　　　轮廓线　　　　　　　　断面图　　　　　　　　断面图

10.1.5　绘制局部放大图

（1）选择"其他层"图层，利用"圆"命令，在主视图上的适当位置圈出需局部放大的部分。

（2）复制主视图上需要局部放大部分的图形，利用"样条曲线"命令画出断裂线，结果如图 10-10 所示。

（3）利用"缩放"命令放大图形；利用"圆角"命令绘制过渡圆角；然后利用"修剪"命令，修剪多余线条，结果如图 10-11 所示。

 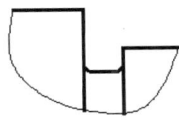

图 10-10　复制图形及绘制样条曲线　　　　图 10-11　局部放大图

10.1.6　标注尺寸和形位公差

（1）将"尺寸标注层"图层置为当前图层，利用"线性标注"命令，标注主视图上各轴段的径向尺寸。下面以标注左端∅54 的带有公差的尺寸为例介绍标注方法。

① 单击"注释"选项卡"标注"面板中的"线性标注"按钮┝┥，命令行提示与操作如下。

```
命令: _dimlinear
指定第一个尺寸界线原点或 <选择对象>: （捕捉轮廓线上端点）
指定第二条尺寸界线原点: （捕捉轮廓线下端点）
指定尺寸线位置或[多行文字(M)/文字(T)/角度(A)/水平(H)/垂直(V)/旋转(R)]: M ↙
```

② 弹出"文字编辑器"选项卡，输入"%%C54+0.025^+0.007"，然后选中"+0.025^+0.007"，再单击"堆叠"按钮 ，最后单击"关闭文字编辑器"按钮，把尺寸线放置在适当位置即完成标注。

（2）利用"线性标注""连续标注""基线标注"等命令，标注主视图轴向尺寸。

（3）利用"线性标注""半径标注"等命令，标注断面图、局部放大图尺寸。

（4）利用"直线""偏移"等命令，绘制表面结构属性块，并标注好有关表面结构要求。

（5）利用"直线""图案填充"及"多行文字"命令，绘制基准符号并标注。

（6）结合快速引线标注命令 QLEADER，标注形位公差。下面以标注传动轴左端轴段的形位公差为例，介绍具体的标注方法。

① 在命令行输入快速引线标注命令并按 Enter 键，命令行提示与操作如下。

命令: qleader ↙
指定第一个引线点或 [设置(S)] <设置>: S ↙

② 弹出"引线设置"对话框，在"注释"选项卡中选择"公差"注释类型，如图 10-12 所示；在"引线和箭头"选项卡中的设置如图 10-13 所示。

③ 单击"确定"按钮，系统将快速引线标注命令设置成标注形位公差模式，根据命令行提示指定引线的三点位置，命令行提示与操作如下。

指定第一个引线点或 [设置(S)] <设置>: （指定箭头起点）
指定第一个引线点或 [设置(S)] <设置>: （指定引线第二点）
指定下一点: （指定引线第三点）

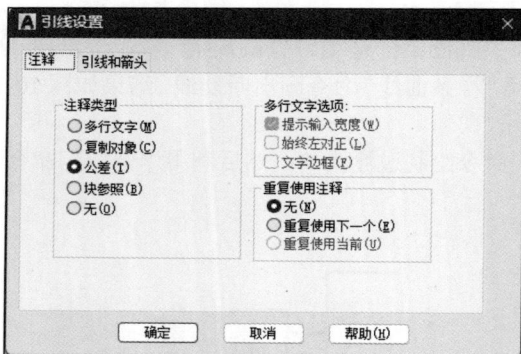

图 10-12 设置"注释"选项卡

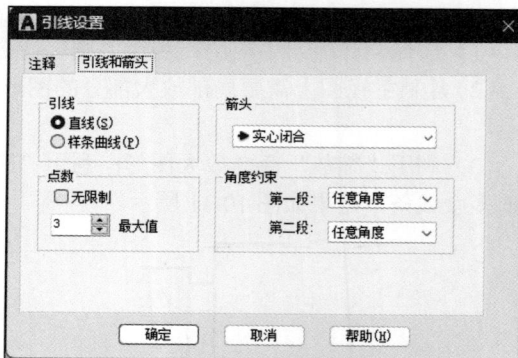

图 10-13 设置"引线和箭头"选项卡

④ 指定引线的三点位置后，系统将弹出"形位公差"对话框，设置好相关符号、公差及基准即可。

10.1.7 填写技术要求和标题栏

零件图的技术要求，主要包括表面结构要求、尺寸误差要求、形状位置误差要求及材料硬度要求等。标题栏也是零件图中非常重要的一部分，它能够清晰地反映出图纸的基本信息，方便用户快速了解图纸的内容和属性。标题栏应包括单位名称、文件名称、图纸编号、签名栏、日期等信息。

将"文本层"图层置为当前图层，利用"多行文字"命令书写技术要求和标注标题栏信息。完成零件图的绘制后，将图形保存。

10.2　绘制齿轮泵装配图

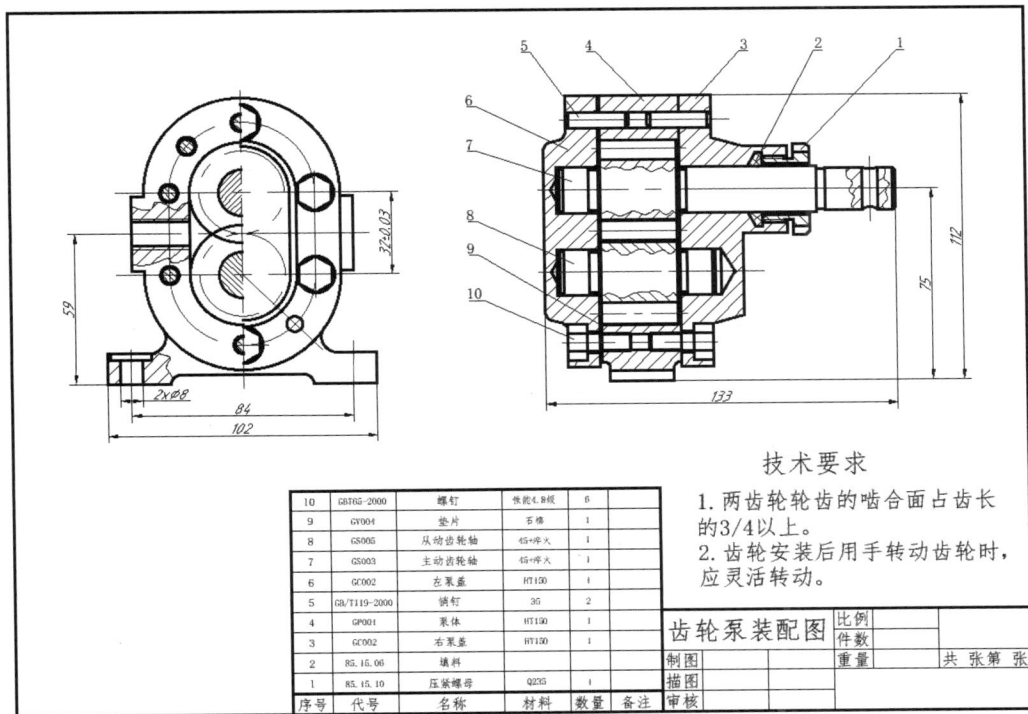

本案例绘制如图 10-14 所示的齿轮泵装配图，绘制思路如下：先将已绘制图形中的零件图生成块，再将这些块插入装配图中，然后补全装配图中的其他零件，最后标注尺寸、填写技术要求、标题栏等，完成绘制。

技术要求

1. 两齿轮轮齿的啮合面占齿长的3/4以上。
2. 齿轮安装后用手转动齿轮时，应灵活转动。

10	GBT65-2000	螺钉	性能4.8级	6
9	GY004	垫片	石棉	1
8	GS005	从动齿轮轴	45+淬火	1
7	GS003	主动齿轮轴	45+淬火	1
6	GC002	左泵盖	HT150	1
5	GB/T119-2000	销钉	3G	2
4	GP001	泵体	HT150	1
3	GC002	右泵盖	HT150	1
2	85.15.06	填料		
1	85.15.10	压紧螺母	Q235	1
序号	代号	名称	材料	数量　备注

齿轮泵装配图		比例		
		件数		
		重量		共　张第　张
制图				
描图				
审核				

图 10-14　齿轮泵装配图

10.2.1　装配图概述

装配图是表达机器或部件的工作原理、运动方式、零件连接关系和装配关系的图样，是机器或部件进行装配、调整、使用和维修时的依据。一张完整的装配图至少应具有四方面的内容：用于表达机器或部件的工作原理、零件间的装配关系和主要零件的结构、形状等信息的一组视图；用于反映安装情况、零件间的相对位置、配合要求和大小等信息的必要的尺寸标注；用于装配及使用等方面信息的技术要求；零部件的序号、明细表和标题栏等信息。

在 AutoCAD 中，装配图的绘制主要有两种方法：一种是直接利用绘图及图形编辑命令，按手工绘图的步骤，结合使用对象捕捉、极轴追踪等辅助绘图工具绘制装配图；另一种方法是"拼装法"，也就是先绘出各零件的零件图，再将各零件以块的形式，或运用"复制""粘贴"和设计中心内的工具灵活地将各零件"拼装"在一起，构成装配图。

绘制装配图时，需注意以下几点。

（1）在装配图中，零件间的接触表面和配合表面（如轴与轴承孔的配合面等）均只画一条线；不接触或不配合的表面，即使间隙很小，也应画成两条线。

（2）为了区别不同的零件，相邻两金属零件的剖面线的倾斜方向应相反；当三个零件相邻时，其中的两个零件的剖面线的倾斜方向可一致，但间隔应不相等，或各自的剖面线相互错开；同一装配图中，同一零件的剖面线的倾斜方向和间隔应一致。

（3）窄剖面区域可全部涂黑，使用涂黑表示的两个相邻窄剖面区域之间，必须留有不小于 0.7mm 的间隙。

10.2.2　建立零件图图库

在装配之前，可先建立相应的零件图库，再根据装配关系，直接调用对应零件图库中的零件进行装配，具体操作步骤如下。

（1）配置绘图环境。打开随书配套资源中已制作的"源文件\初始文件\第 10 章\A3 样板图.dwt"文件，将其另存为"齿轮泵装配图.dwg"。

（2）绘制零件图形。打开随书配套资源中已绘制的"源文件\初始文件\第 10 章\泵体.dwg"文件，关闭"尺寸标注层"，将"泵体"图形复制粘贴到"齿轮泵装配图.dwg"文件中。采用同样方法，复制"从动齿轮轴""主动齿轮轴""销钉""螺钉""压紧螺母""左泵盖""右泵盖"图形，如图 10-15 所示。

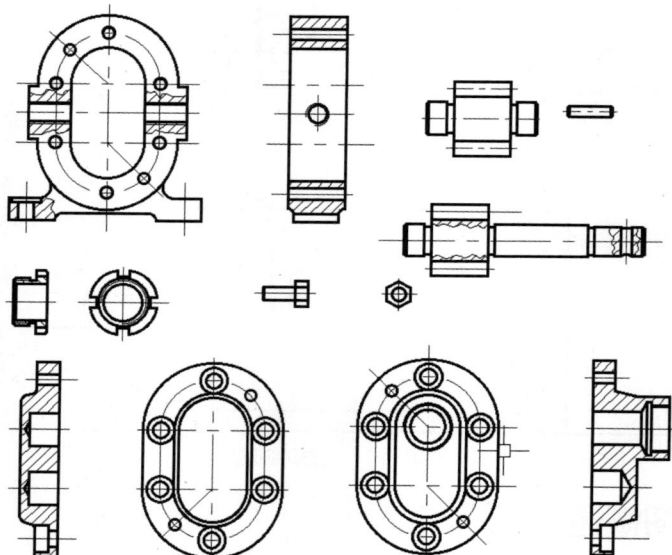

图 10-15　绘制零件图形

（3）创建块。首先创建"泵体"块，调用"创建内部块"命令后设置块名称为"泵体"，通过拾取点选项选取点 A 作为基点，选择泵体图形作为块对象，如图 10-16 所示，创建完成后再将所选择的对象删除。采用同样的方法，分别创建"从动齿轮轴"块、"主动齿轮轴"块、"销钉"块、"螺钉"块、"压紧螺母"块、"左泵盖"块、"右泵盖"块。

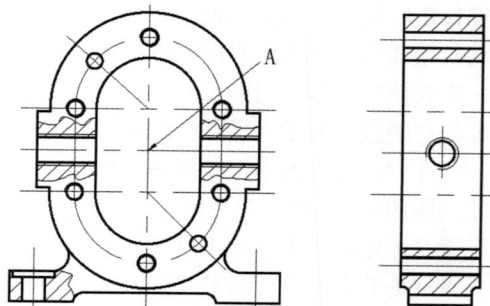

图 10-16　创建"泵体"块

10.2.3　插入编辑零件图块

零件图库创建完成后，利用插入块命令，将零件图库中的块插入到图形中，并通过"移动""旋转"等命令进行编辑、修改。

　　（1）插入"泵体"块。单击"默认"选项卡的"块"面板中的"插入"下拉菜单中的"最近使用图形"选项，选择"泵体"块，在适当位置插入"泵体"块，删除多余的线条，再利用"偏移""延伸"命令绘制垫片。

　　（2）插入"左泵盖"块。单击"默认"选项卡的"块"面板中的"插入"下拉菜单中的"最近使用的块"选项，选择"左泵盖"块，并插入至泵体左边，删除多余部分的图形，结果如图 10-17 所示。

　　（3）插入"右泵盖"块。单击"默认"选项卡的"块"面板中的"插入"下拉菜单中的"最近使用的块"选项，选择"右泵盖"块，并插入至泵体右边，删除多余部分的图形。

　　（4）插入"从动齿轮轴"块、"主动齿轮轴"块。单击"默认"选项卡的"块"面板中的"插入"下拉菜单中的"最近使用的块"选项，选择"从动齿轮轴"块、"主动齿轮轴"块，插入至泵体中，结果如图 10-18 所示。

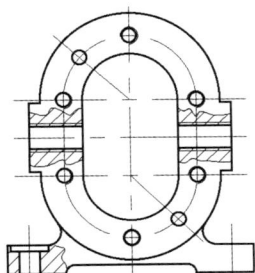

图 10-17　插入"泵体"块、"左泵盖"块　　　　图 10-18　插入"右泵盖"块、"从动齿轮轴"块、"主动齿轮轴"块

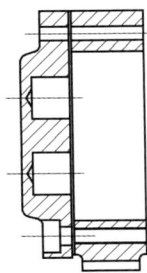

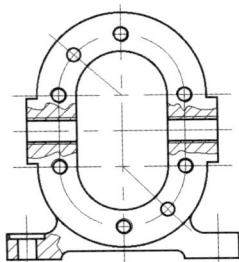

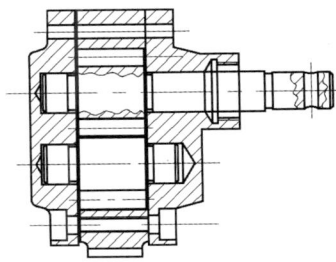

　　（5）插入"销钉"块、"螺钉"块和"压紧螺母"块。利用"移动""旋转"等命令将插入的"销钉"块、"螺钉"块和"压紧螺母"块置于合适的位置，并利用"修剪"命令，修剪掉多余线条，结果如图 10-19 所示。

　　（6）利用"图案填充"命令，对填充填料和垫片，即完成了齿轮泵装配图左视图的绘制，结果如图 10-20 所示。

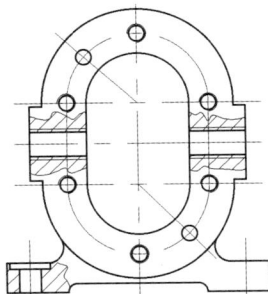

图 10-19　插入"销钉"块、"螺钉"块和"压紧螺母"块　　　　图 10-20　齿轮泵装配图左视图

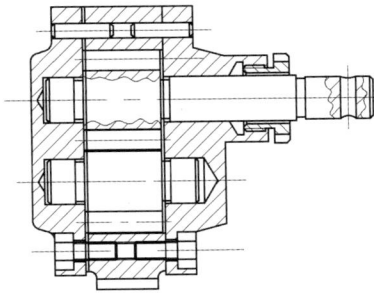

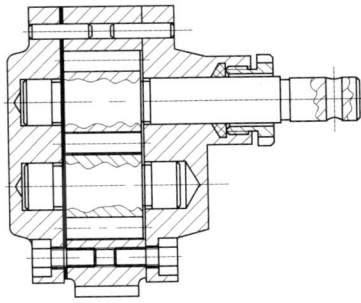

　　（7）将泵体主视图的右半部分的剖视图形删除，结果如图 10-21 所示。

　　（8）将左泵盖图形的左半部分删除掉，并把螺钉填充进去，然后将左泵盖右半部分图形移动到泵体的主视图上，结果如图 10-22 所示。

　　（9）利用"圆"和"图案填充"命令，绘制插入泵体的齿轮轴的主视图，即完成齿轮泵装配图主视图的绘制，结果如图 10-23 所示。

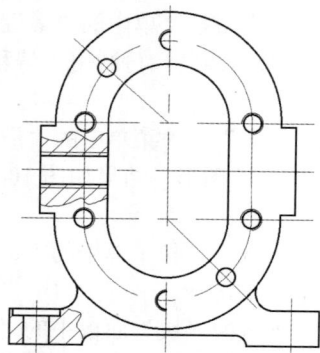

图 10-21 删除泵体部分图形　　　图 10-22 插入左泵盖右半部分图形　　　图 10-23 齿轮泵装配图主视图

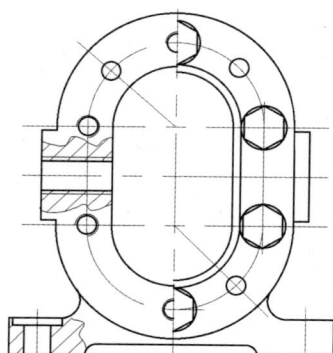

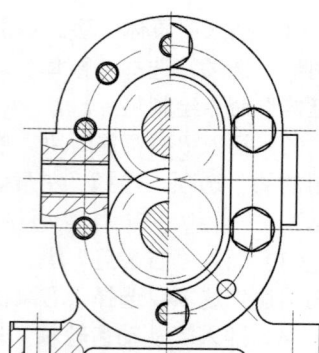

10.2.4 标注尺寸

齿轮泵装配图绘制完成后，需要标注必要的尺寸，操作步骤如下。

（1）设置"尺寸标注层"为当前图层，单击"默认"选项卡的"注释"面板中的"标注样式"按钮，将"机械制图标注"样式设置为当前使用的标注样式。

（2）单击"默认"选项卡的"注释"面板中的"线性"命令，对主视图和左视图进行尺寸标注，结果如图 10-24 所示。

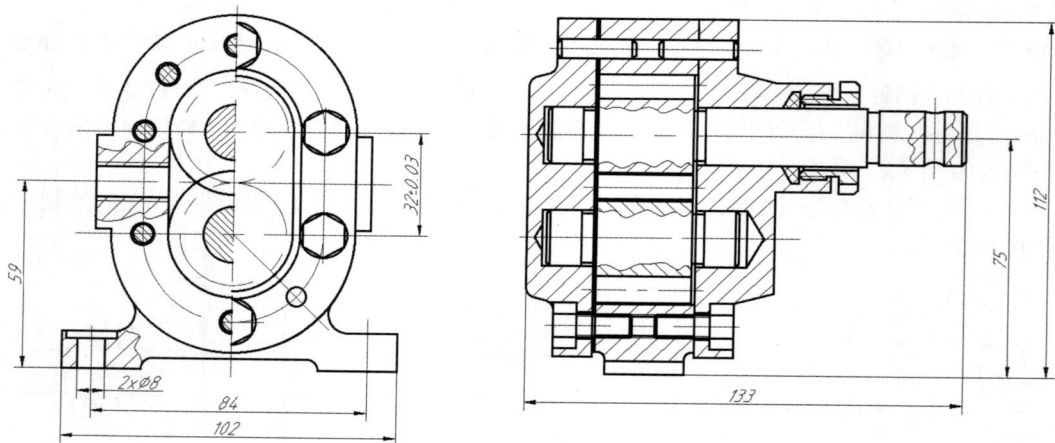

图 10-24 标注尺寸

10.2.5 标注序号及明细表

相对于一张完整的装配图，目前还需要标注零件序号、添加明细表、填写技术要求及标题栏等。

（1）设置多重引线样式，单击"默认"选项卡的"注释"面板中的"引线"按钮，添加零件序号，再将多重引线对齐，结果如图 10-25 所示。

（2）绘制明细表，输入各零件名称等信息，填写完成明细表，结果如图 10-26 所示。

（3）利用"多行文字"命令和"单行文字"命令，为装配图添加技术要求并填写标题栏。至此完成齿轮泵装配图的设计，最终效果如图 10-15 所示。

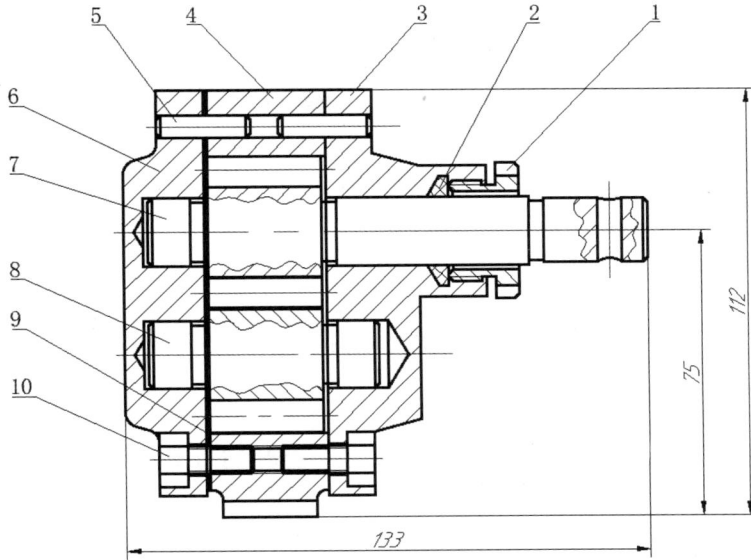

图 10-25　标注零件序号

10	GBT65-2000	螺钉	性能4.8级	6	
9	GV004	垫片	石棉	1	
8	GS005	从动齿轮轴	45+淬火	1	
7	GS003	主动齿轮轴	45+淬火	1	
6	GC002	左泵盖	HT150	1	
5	GB/T119-2000	销钉	35	2	
4	GP001	泵体	HT150	1	
3	GC002	右泵盖	HT150	1	
2	85.15.06	填料			
1	85.15.10	压紧螺母	Q235	1	
序号	代号	名称	材料	数量	备注

图 10-26　添加明细表

第**11**章

电气工程绘图案例

AutoCAD在电气工程中有着广泛的应用，主要用于电路设计、线路布局、电气设备布置以及三维电气实体的构建等多个方面。AutoCAD软件能够大幅提高电气工程师的设计效率和设计质量，使电气工程中的设计、施工和调试过程更加便捷和高效。

11.1 电气图概述

电气图是一种以电气图形符号、简化外形或带注释的围框等表示电气系统或设备中各组成部分之间的相互关系的一种图，其主要功能包括：阐述电路中各设备及其组成部分的电气工作原理；方便电气工作人员在进行设备安装、维护及测试等操作时获取有用信息；为电气工作人员进一步制作接线图提供依据。

11.1.1 电气图分类

根据电气图所描述的具体对象、工作内容及表达形式的不同，电气图可作多种分类，如表 11-1 所示。

表 11-1 电气图分类表

类别	名称	说明
功能性文件	电路图	电气技术领域中使用最广、特性最典型的一种电气简图
	功能图	表示系统、分系统、成套装置、设备、软件等理论的或理想的电路的功能特性，但不考虑这些功能是如何实现的
	概略图	表示系统、分系统、成套装置、设备、软件等项目的概貌、并显示出各主要功能件之间和（或）各主要部件之间的主要关系
	表图	包括功能表图、顺序表图、时序图
	端子功能图	表示功能单元的各外接端子和内部功能的一种简图
	程序图	详细表示程序单元、模块的输入输出及其互连关系的简图，各程序单元的布局应能清晰地反映其相互关系
位置文件	总平面图	表示建筑工地服务网络、道路工程、相对于测定点的位置、地表资料、进入方式和工区总体布局的平面图
	安装图	表示各项目安装位置的图

续表

类别	名称	说明
位置文件	安装简图	表示各项目之间连接关系的安装图
	装配图	按比例表示一组装配部件的空间位置和形状的图
	布置图	经简化或补充以给出基于某种特定目的所需信息的装配图
接线文件	接线图（表）	表示或列出装置或设备的连接关系的简图（表格）。包括单元接线图（表格）、互连接线图（表格）、端子接线图（表格）等
	电缆图（表）	提供有关电缆信息（如导线的识别标记、两端位置以及特性、路径和功能等）的简图（表格）
项目表	元件表、设备表	表示构成一个组件或分组件的项目（如零件、元件、软件、设备等）和参考文件的表格
	备用元件表	表示用于防护和维修的项目（零件、元件、软件、散装材料等）的表格
说明文件	安装说明文件	给出系统、装置、设备或元件的安装条件以及供货、交付、卸货、安装和测试的说明或相关信息的文件
	试运转说明文件	给出系统、装置、设备或元件在试运转和启动时的初始调节、模拟方式、推荐的设定值以及对为了实现开发和正常运行所必须采取的措施的说明或相关信息的文件
说明文件	使用说明文件	给出系统、装置、设备或元件的使用说明和相关信息的文件
	可靠性和可维修性说明文件	给出系统、装置、设备或元件的可靠性和可维修性方面的说明和相关信息的文件
其他文件	手册，指南、样本、图样和文件清单等	

11.1.2　电气图形符号

电气图形符号是用于表示电气设备和电气系统中各种设备、元件、线路等相互关系的图形化符号。这些符号是电气工程领域中通用的语言，可以用来绘制电气图、电路图、接线图等。常见的电气元件图形符号及文字符号见表 11-2。

表 11-2　常见电气元件图形符号、文字符号一览表

类别	名称	图形符号	文字符号	类别	名称	图形符号	文字符号
开关	单极控制开关		SA	开关	三极负荷开关		QS
	手动开关一般符号		SA		组合旋钮开关		QS
	三极控制开关		QS		低压断路器		QF
	三极隔离开关		QS		控制器或操作开关		SA

续表

类别	名称	图形符号	文字符号	类别	名称	图形符号	文字符号
位置开关	常开触头		SQ	时间继电器	瞬时闭合的常开触头		KT
	常闭触头		SQ		瞬时断开的常闭触头		KT
	复合触头		SQ		延时闭合的常开触头	或	KT
按钮	常开按钮		SB		延时断开的常闭触头	或	KT
	常闭按钮		SB		延时闭合的常闭触头	或	KT
	复合按钮		SB		延时断开的常开触头	或	KT
	急停按钮		SB	热继电器	热元件		FR
	钥匙操作式按钮		SB		常闭触头		FR
接触器	线圈操作器件		KM	中间继电器	线圈		KA
	常开主触头		KM		常开触头		KA
	常开辅助触头		KM		常闭触头		KA
	常闭辅助触头		KM	电流继电器	过电流线圈	$I>$	KA
时间继电器	通电延时（缓吸）线圈		KT		欠电流线圈	$I<$	KA
	断电延时（缓放）线圈		KT		常开触头		KA

续表

类别	名称	图形符号	文字符号	类别	名称	图形符号	文字符号
电流继电器	常闭触头		KA	发电机	直流测速发电机		TG
电压继电器	过电压线圈	$U>$	KV	灯	信号灯（指示灯）		HL
	欠电压线圈	$U<$	KV		照明灯		EL
	常开触头		KV	接插器	插头和插座	或	X 插头 XP 插座 XS
	常闭触头		KV	电动机	三相笼型异步电动机	M 3~	M
电磁操作器	电磁铁的一般符号	或	YA		三相绕线转子异步电动机	M 3~	M
	电磁吸盘		YH		他励直流电动机	M	M
	电磁离合器		YC		并励直流电动机	M	M
	电磁制动器		YB		串励直流电动机	M	M
	电磁阀		YV	熔断器	熔断器		FU
非电量控制的继电器	速度继电器常开触头	n	KS	变压器	单相变压器		TC
	压力继电器常开触头	P	KP		三相变压器		TM
发电机	发电机	G	G	互感器	电压互感器		TV

类别	名称	图形符号	文字符号	类别	名称	图形符号	文字符号
互感器	电流互感器		TA	电抗器	电抗器		L

11.2 绘制三相电动机电气图

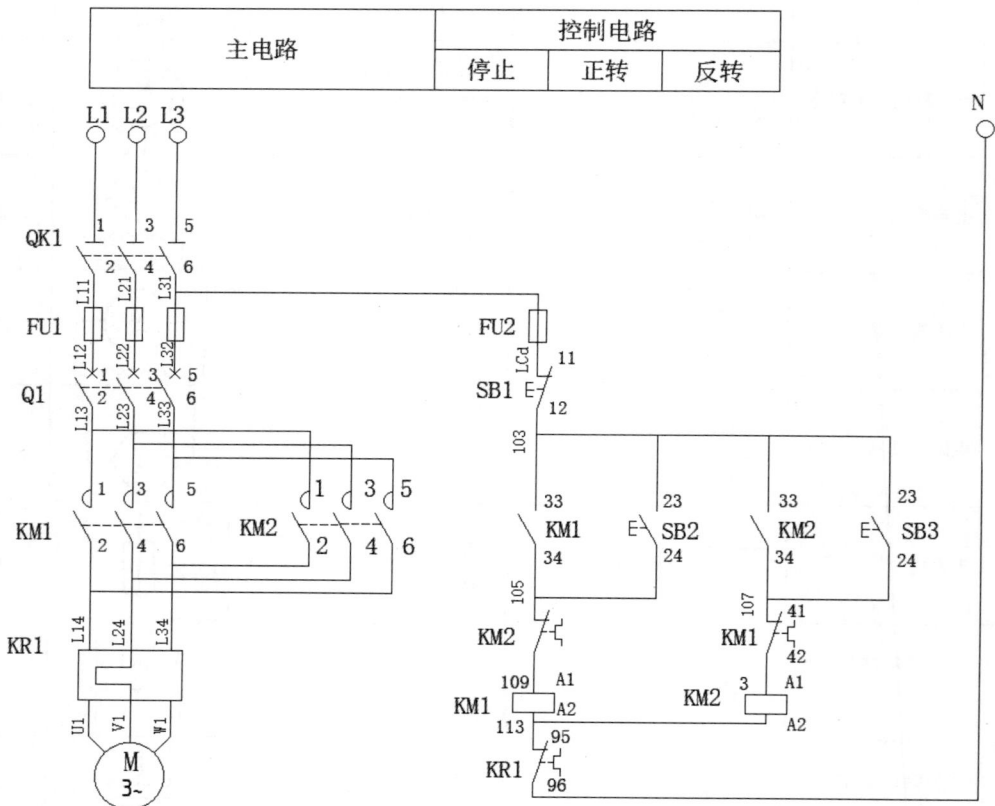

　　三相电动机具有转矩大、能效高、结构简单、使用方便等特点，广泛应用于各种机械设备（如风扇、水泵、搅拌机、升降机等）中。通过改变其中任意两相的相序即可改变电动机的旋转方向，从而满足生产机械要求——实现对电动机的正反转控制。

　　本案例介绍如图 11-1 所示的三相电动机电气图的绘制，其绘制思路是，先绘制单相主电路，再绘制三相主电路，然后绘制正反转控制电路，最后添加文字和注释。

扫码看视频

绘制三相电动机
电气图

图 11-1　三相电动机电气图

11.2.1　设置绘图环境

在绘图之前，应先对绘图环境进行设置，包括文件的创建、保存、图形界限的设定及图层的管理等，用户应根据不同绘图的需要，选择相应的操作。在本案例中，对绘图环境的设置的操作步骤如下。

（1）启动 AutoCAD 应用程序，打开随书资源中已制作的文件"源文件\初始文件\第 11 章\A3 样板图.dwt"，将其另存为"三相电动机电气图.dwg"。

（2）单击"默认"选项卡的"图层"面板中的"图层特性"按钮，在弹出的"图层特性管理器"选项板中，新建"实线层""虚线层"和"文字层"3 个图层，各图层的属性设置如图 11-2 所示。

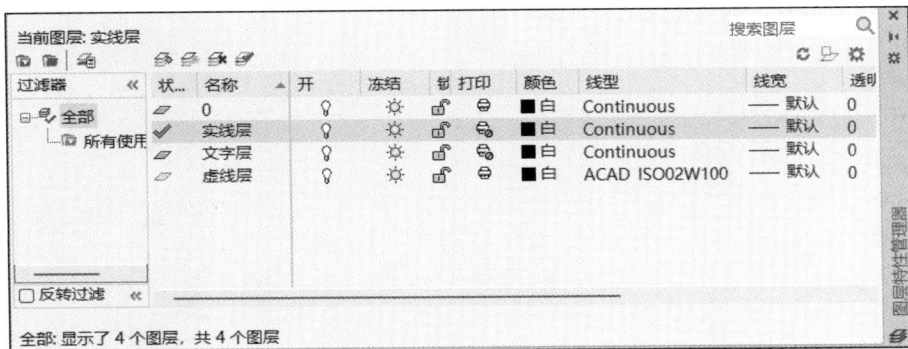

图 11-2　设置图层

11.2.2　绘制单相主电路

具体操作步骤如下。

（1）将"实线层"图层置为当前图层，利用"圆""直线"命令，配合"对象捕捉"工具，绘制一个半径为 2.5 的圆和长度为 30 的直线，如图 11-3 所示。

（2）利用"直线"命令，在图 11-2 中直线的下端点，依次绘制长度为 10 和 30 的两条直线，再利用"旋转"命令，将长度为 10 的直线逆时针旋转 30°，得到隔离开关符号，结果如图 11-4 所示。

（3）利用"直线"命令，绘制一条长度为 5 的直线，即完成隔离开关触点的绘制，结果如图 11-5 所示。

（4）利用"矩形"命令，绘制尺寸为 5×10 的矩形作为熔断器符号，再利用"移动"命令，把矩形移到其下边中点与隔离开关符号的直线下端点距离为 10 的位置，结果如图 11-6 所示。

图 11-3　绘制圆和直线　图 11-4　绘制隔离开关符号　图 11-5　绘制触点　图 11-6　绘制熔断器符号

（5）利用"复制"命令，把图 11-7 所示选取的图形（高亮显示）依次向下复制两份，复制距离分别为 40 和 80，结果如图 11-8 所示。

（6）利用"直线""旋转"命令，绘制单相断路器触点，结果如图 11-9 所示。

（7）利用"复制"命令，把半径为 2.5 的小圆向下复制，再利用"修剪"命令，修剪掉左边半圆，得到接触器触点，结果如图 11-10 所示。

图 11-7　选取图形　　　　图 11-8　复制图形　　　　图 11-9　绘制断路器触点　　图 11-10　绘制接触器触点

（8）利用"矩形"命令，绘制尺寸为 30×15 的矩形，利用"移动"命令，将矩形移到其上边中点与接触器符号的直线下端点距离为 7.5 的位置，结果如图 11-11 所示。

（9）利用"直线"命令，向下绘制长度为 30 的直线，再利用"矩形"命令，绘制尺寸为 10×5 的矩形并移到适当位置，然后利用"修剪"命令将多余线条修剪掉，结果如图 11-12 所示。

（10）利用"圆""移动"命令，绘制一半径为 10 的圆，圆的上端象限点与热元件符号的直线下端点重合，结果如图 11-13 所示。

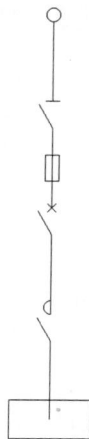

图 11-11　绘制矩形　　　　图 11-12　绘制热元件符号　　　　图 11-13　绘制圆

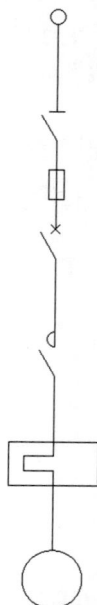

11.2.3 绘制三相主电路

具体操作步骤如下。

（1）利用"复制"命令，选取图 11-14 所示的高亮显示图形部分并分别在左侧、右侧各复制一份，复制距离均为 12。修剪掉多余线条，结果如图 11-15 所示。

（2）利用"直线""镜像""修剪"命令，绘制电动机符号，结果如图 11-16 所示。

图 11-14 选取图形   图 11-15 复制图形   图 11-16 绘制电动机符号

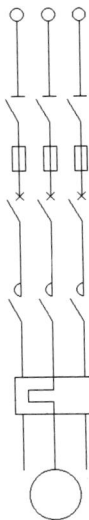

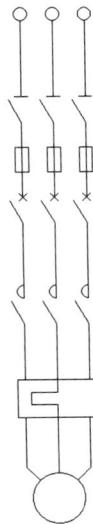

（3）利用"复制"命令，将接触器向右复制一份并移动到适当位置，结果如图 11-17 所示。

（4）利用"直线""偏移""修剪"命令，绘制左边主回路与右边接触器之间的连线，结果如图 11-18 所示。

（5）将"虚线层"图层设置为当前图层，利用"直线"命令，绘制隔离开关、三相断路器、接触器的开关线。即完成了三相主电路的绘制，结果如图 11-19 所示。

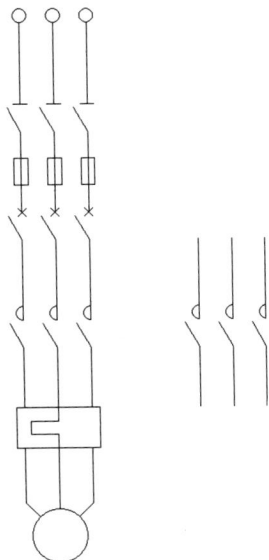

图 11-17 复制接触器   图 11-18 绘制连线   图 11-19 三相主电路

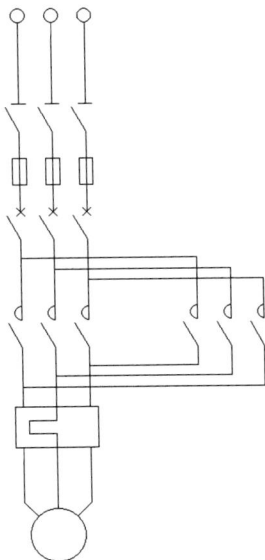

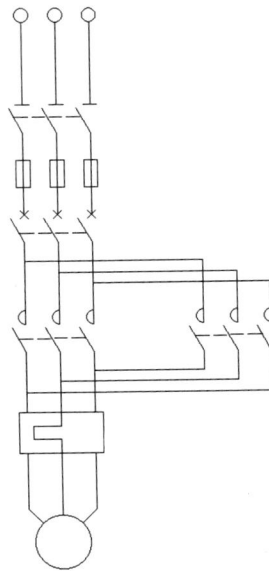

11.2.4　绘制正反转控制电路

绘制好三相电动机主电路后，接下来绘制三相电动机正反转控制电路图，具体步骤如下。

（1）将"实线层"图层置为当前图层，利用"复制"命令，将三相主电路中的一条电路向右复制，结果如图 11-20 所示。

（2）利用"直线""镜像""修剪"等命令，修改完善电路，并绘制按钮控制启动/停止部分，结果如图 11-21 所示。

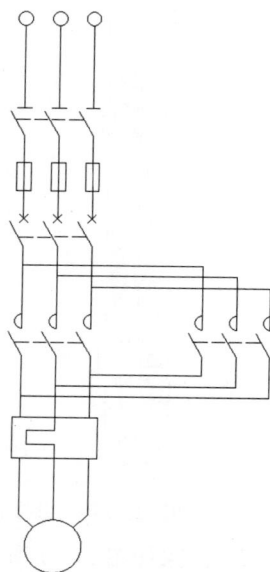

图 11-20　复制电路

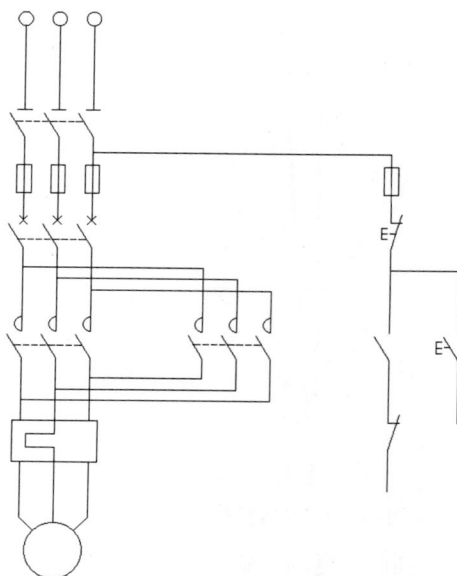

图 11-21　绘制按钮

（3）利用"直线""镜像"命令，绘制热继电器辅助触点部分，结果如图 11-22 所示。

（4）利用"矩形""移动"命令，绘制接触器线圈，结果如图 11-23 所示。

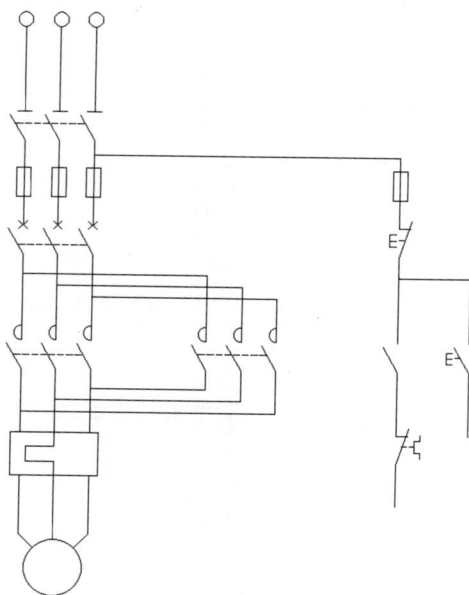

图 11-22　绘制热继电器辅助触点

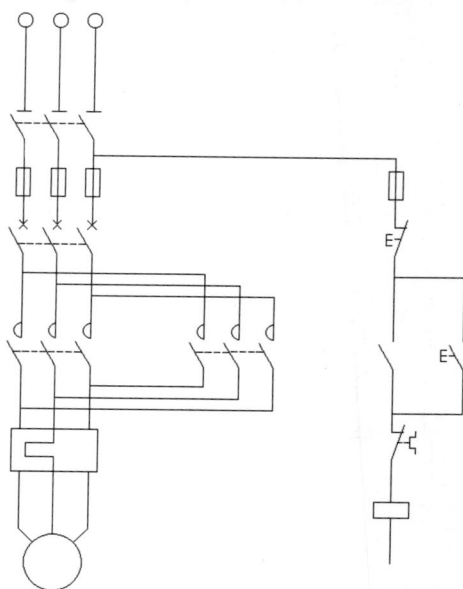

图 11-23　绘制接触器线圈

（5）利用"直线"命令，绘制中性线，利用"复制"命令，复制一份动断辅助触点，结果如图 11-24 所示。

（6）利用"复制"命令，把图 11-25 所示选取的虚线图形部分向右复制到适当位置，并绘制和修改控制回路之间的连线，即完成了三相电动机正反转控制电路的绘制。

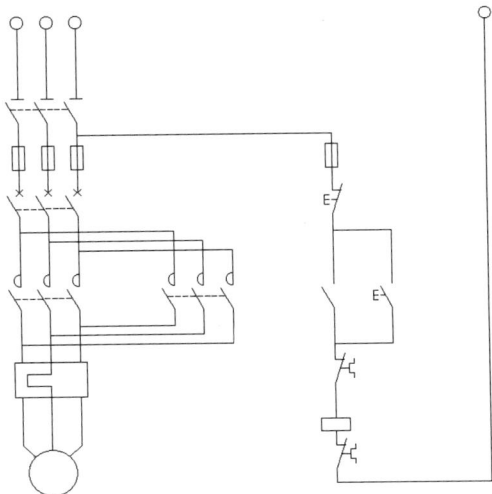

图 11-24 绘制中性线和动断辅助触点

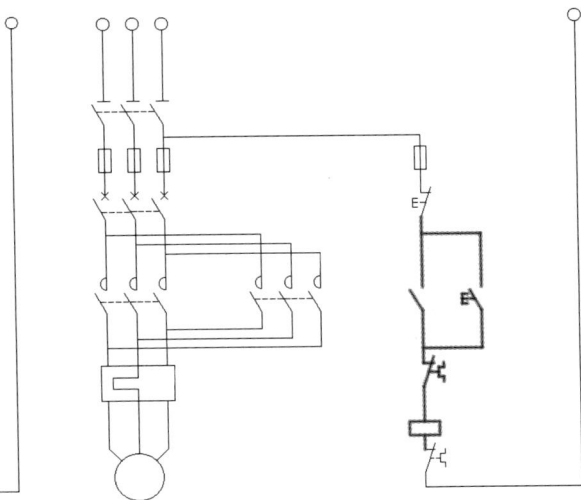

图 11-25 选择并复制部分图形

11.2.5 添加文字和注释

为方便电气工作人员快速读懂图纸，需对元件代号和线号逐一注释。

（1）利用"直线"等命令，绘制表格。

（2）单击"默认"选项卡的"注释"面板中的"文字样式"按钮，系统将弹出"文字样式"对话框；再单击"新建"按钮，新建"注释"文字样式，"字体名"选择宋体，"高度"设置为 5，其余采用默认设置。

（3）利用"默认"选项卡的"注释"面板中的"多行文字"命令及"复制"命令，在需要注释的位置一一标注元件代号和线号。至此完成了三相电动机电气图的绘制和标注，效果如图 11-1 所示。

第 12 章

园林设计绘图案例

AutoCAD所具有的精确的绘图和测量功能及丰富的设计工具等优势，使其成为园林设计师的重要绘图工具之一。用户可以使用AutoCAD绘制各种园林要素，如建筑小品、园路、植物等，也可以通过绘制二维绘图和三维实体的相关命令来创建和编辑园林设计方案。

12.1 园林设计绘图概述

绘图是园林设计的重要一环，对于规划和设计一座园林而言至关重要。园林设计绘图是把园林设计师的构思通过图纸或电子文件的形式表现出来的过程。园林设计绘图包括绘制平面图、立面图、剖面图、各种细部图，以及其他辅助材料，如色彩表、标注表、图例等。

园林景观的设计图纸涵盖了山水地形、植物配置、建筑小品、道路与广场、照明与灯具、雕塑与装饰、家具与设施以及文化与历史等多个方面要素。这些要素相互关联、相互作用，共同构成了一个完整的园林系统。园林景观的主要要素的表示方法如下。

（1）建筑小品：对于园林建筑物或构筑物，一般要求用粗实线画出其断面轮廓，用中实线画出其可见轮廓。对于屋顶平面图（仅适用于坡屋顶和曲面屋顶），用粗实线画出外轮廓，用细实线画出屋面。对于花架等建筑小品用细实线画出投影轮廓即可。

（2）水体：水体一般用两条线表示，外侧的线用特粗实线绘制，表示水体的驳岸线；内侧的线用细实线绘制，表示水面线。

（3）山石：山石用平面轮廓线概括表示，用粗实线绘制其边缘轮廓，用细实线绘制其高低起伏以及大致纹理走向。

（4）地形：地形的分布情况以及高低起伏变化通常是用等高线表示的，设计地形的等高线用细实线绘制，原地形等高线用细虚线绘制。在园林设计总平面图中，等高线可以不标注高程。

（5）园路：园路起到分割空间的作用，结合地形先将其道路的中心线绘制出来，再根据道路的用途和车流及人流量确定道路的宽度，对道路中心线进行两侧偏移来绘制道路系统网络，然后根据设计需要在道路交会处绘制圆角，以保证道路的适用性、流畅性和美观性。

（6）植物：在园林设计总平面图中，植物一般只进行针叶、阔叶；常绿、落叶；乔木、灌木、绿篱草坪、水生植物等大的分类，不要求表示出具体的种类。绘制园林植物图例时要注意曲线的自然过渡，图形应形象、概括。树冠的投影，要按植物最佳观赏期的树冠大小绘制，常绿植物在图例中用等间距的与水平线呈 45°的细实线表示。在绘制植物种植设计图的时候需要先将植物按照生活型进行分类，然后按照先高后低、先大后小、先远后近的原则进行配置。

扫码看视频

绘制屋顶花园
平面图

12.2　绘制屋顶花园平面图

　　人们利用各种建筑物的屋顶开辟园林绿地，营造屋顶花园已成为各国城市建设中的一项重要内容。屋顶花园与城市中其他园林绿地一样为人们的生活环境赋予了绿色的情趣享受。本案例介绍一幢建筑的屋顶花园平面图的绘制，如图 12-1 所示。其绘制思路为，先进行绘图前的准备与设置工作，再绘制园路、溪涧等，最后绘制园林小品、植物及引线标注等。本章随后的小节将分别予以介绍。

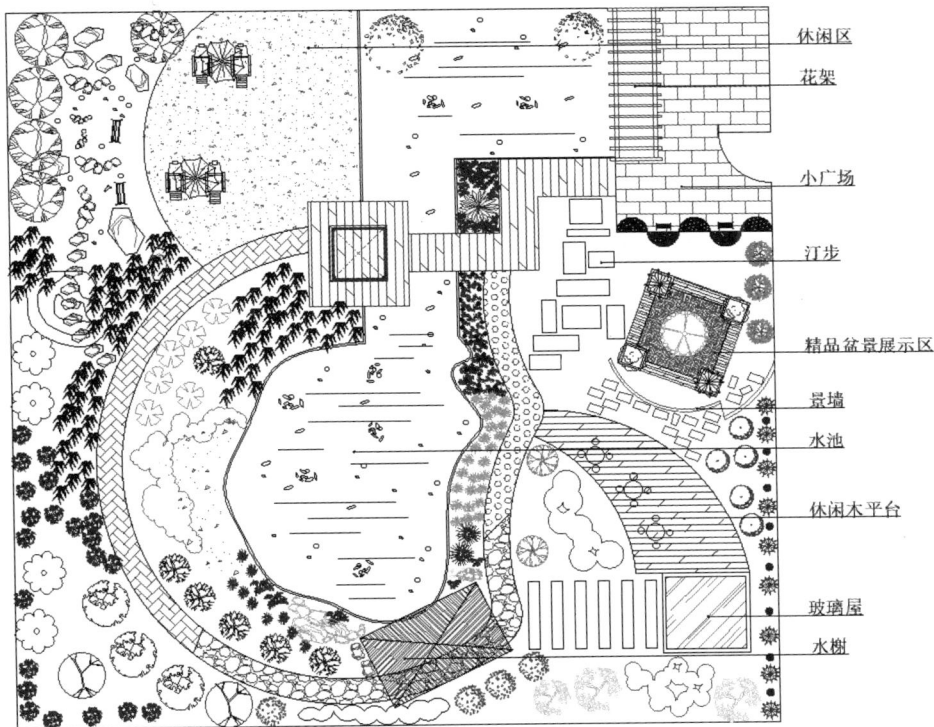

休闲区
花架
小广场
汀步
精品盆景展示区
景墙
水池
休闲木平台
玻璃屋
水榭

图 12-1　屋顶花园平面图

12.2.1　绘图前的准备与设置

　　具体操作步骤如下。

　　（1）调用"图形单位"命令，设置图形的长度单位为"小数"，精度为 0.0；角度单位为"十进制度数"，精度为 0.0。

　　（2）单击"默认"选项卡的"图层"面板中的"图层特性"按钮 ，弹出"图层特性管理器"选项板，新建"细实线""轮廓线""文字"及"园林小品"等图层，如图 12-2 所示。

　　（3）选择"轮廓线"图层，利用"矩形"命令绘制尺寸为 58750×57000 的屋顶轮廓线，利用"矩形""圆""修剪"命令，绘制门。

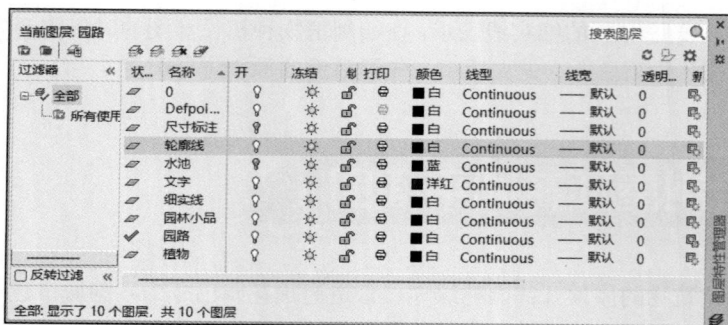

图 12-2　图层设置

12.2.2　绘制园路和溪涧

具体操作步骤如下。

（1）将"园路"图层置为当前图层，利用"直线"命令，绘制小广场轮廓线，然后用"AR-B816"图案进行填充，完成小广场的绘制，结果如图 12-3 所示。

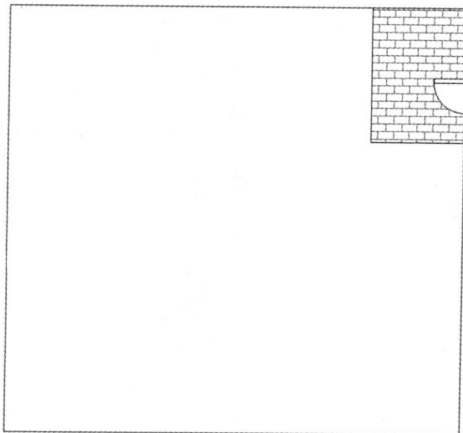

图 12-3　绘制小广场

（2）利用"多段线""矩形""偏移"命令，绘制木桥轮廓线，然后用"DOLMIT"图案进行填充，完成木桥的绘制，结果如图 12-4 所示。

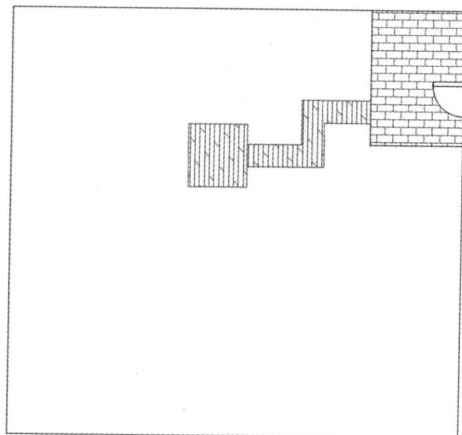

图 12-4　绘制木桥

（3）利用"圆""偏移"命令绘制多个同心圆，再利用"修剪"命令修剪掉多余的线条，完成园路轮廓线的绘制。

（4）将园路分割为 3 段，利用"图案填充"命令，分别采用"AR-HBO""GRAVEL"和"HEX"的图案对园路进行填充，结果如图 12-5 所示。

（5）利用"直线""样条曲线"命令，绘制水池。

（6）利用"矩形"命令，绘制汀步，结果如图 12-6 所示。

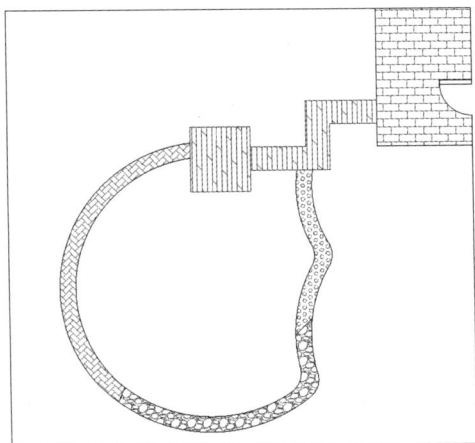

图 12-5　填充园路

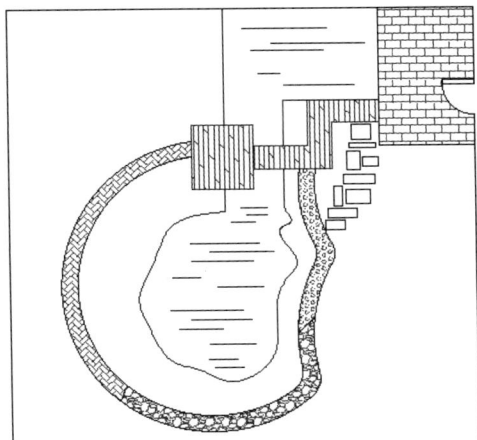

图 12-6　绘制水池和汀步

12.2.3　绘制园林小品

具体操作步骤如下。

（1）将"园林小品"图层置为当前图层，利用"圆""修剪"命令绘制休闲木平台轮廓线，然后利用"图案填充"命令，对其填充"DOLMIT"图案，最后插入"四人桌"块，完成了休闲木平台的绘制，结果如图 12-7 所示。

（2）利用"矩形""偏移""图案填充"命令，绘制玻璃屋及连接玻璃屋与园林小路之间的木板，结果如图 12-8 所示。

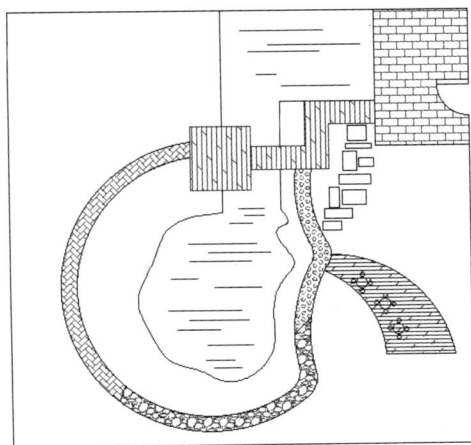

图 12-7　绘制休闲木平台

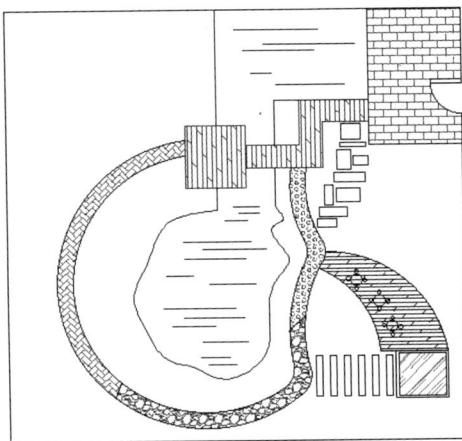

图 12-8　绘制玻璃屋

（3）绘制尺寸为 10000×6000 的矩形，利用"移动""旋转"命令，调整矩形到合适位置，用直线连接矩形的对角线，用"STEEL"图案对其进行填充，填充角度分别为 0°和 90°，即完成水榭的绘制，结果如图 12-9 所示。

（4）利用"圆弧""图案填充"命令，绘制休闲亭平台，插入"休闲椅"块，即完成休闲区的绘制，结果如图 12-10 所示。

（5）绘制尺寸分别为 300×12000 和 4000×200 的矩形，再利用"阵列"命令，完成花架的绘制。然后在小广场区域绘制秋千，结果如图 12-11 所示。

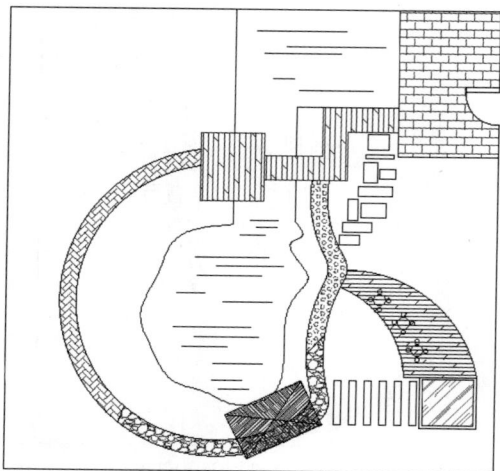

图 12-9　绘制水榭

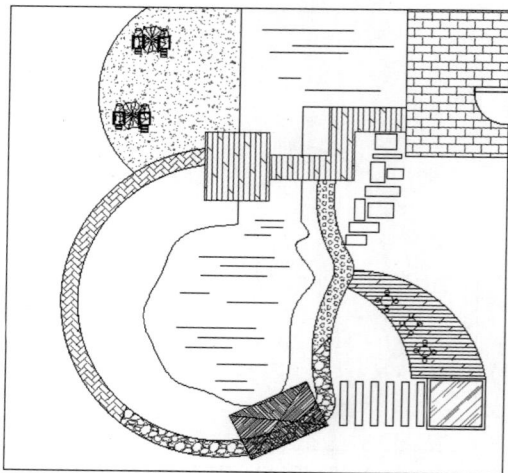

图 12-10　绘制休闲区

（6）绘制半径为 1900 的圆，以及尺寸为 8000×8000 矩形，使矩形中心与圆心重合并将矩形旋转−20°；利用"矩形""偏移"命令，绘制盆景展示区 4 个角的盆景的放置区域，利用"图案填充"命令，对盆景展示区进行图案填充，即完成精品盆景展示区的绘制，结果如图 12-12 所示。

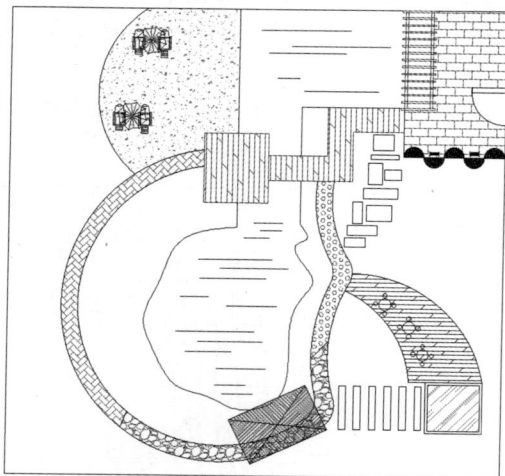

图 12-11　绘制花架和秋千

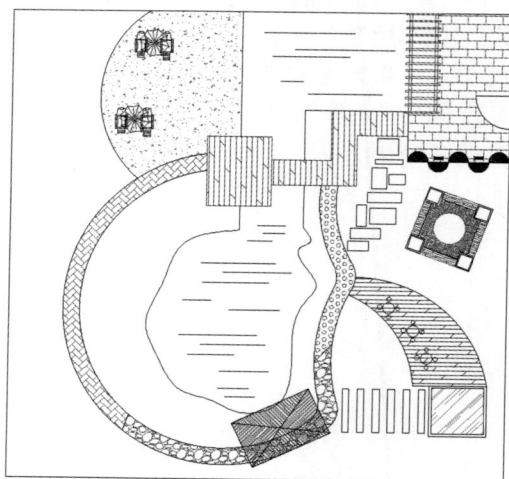

图 12-12　绘制精品盆景展示区

（7）绘制圆心在盆景展示区中心，半径分别为 6000、6250、7000 和 7250 的四个圆，然后利用"直线""修剪"命令，编辑图形，完成景墙的绘制，然后绘制景墙旁边的汀步，结果如图 12-13 所示。

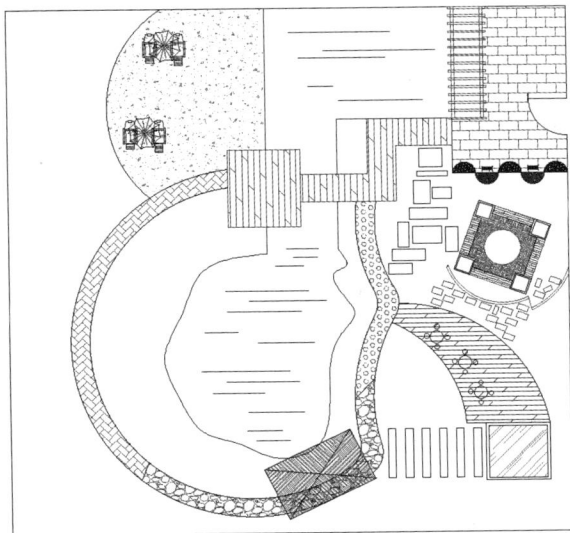

图 12-13　绘制景墙

12.2.4　绘制植物与标注

具体操作步骤如下。

（1）单击"视图"选项卡的"选项板"面板中的"设计中心"按钮📖，进入"设计中心"选项板，在左侧文件夹列表中选择已经绘制好的"图库"文件夹，在右侧内容列表中选中所需的植物图例并单击鼠标右键后，选择"插入为块（I）"选项，系统将打开"插入"对话框，然后设置里面的选项，按"确定"按钮，即可插入所需的植物。还可以利用"复制"命令，在所需位置重复插入对应的植物，结果如图 12-14 所示。

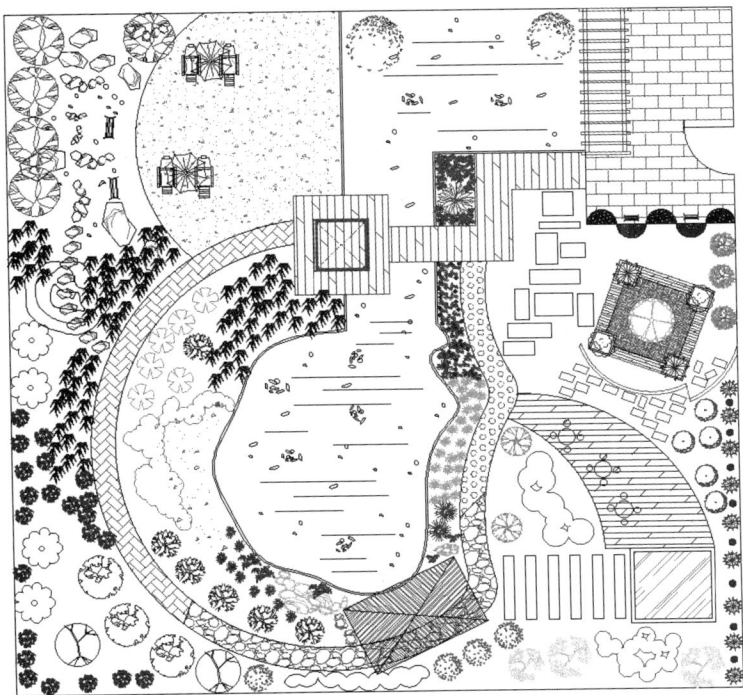

图 12-14　绘制植物

（2）利用"直线""偏移"命令，绘制表格；在表格对应的单元格内输入文字并插入各类植物块，即完成苗木表的绘制。也可直接将已绘制好的苗木表图块插入。结果如图 12-15 所示。

（3）利用"快速引线"命令，添加引线标注，即完成了屋顶花园平面图的绘制，结果如图 12-1 所示。

序号	图例	名称	规格	备注
1		樱花	H120cm	春节开花
2		大叶紫薇	D110cm	花期 5～9 月
3		垂枝碧桃	H100-120cm	观赏桃花类
4		凤尾竹	H40-60cm	叶色丰富
5		红枫	H120-150cm	叶色火红
6		蜡梅	H40-90cm	冬天开花
7		桂花	D100cm,H120cm	秋天开花，花香
8		花石榴	H80cm	花色艳丽
9		罗汉松	H120-180cm	耐寒耐阴
10		牡丹	H60cm	冬春开花
11		杨梅	D30cm,H120cm	果期 6～7 月
12		苏铁	D50cm,H60cm	观姿树种
13		茶花	H50cm	
14		金银花	D40cm,H60cm	三月开花
15		杜鹃		花期 4～5 月
16		珊瑚树		常绿灌木
17		芭蕉	H30cm,20×20cm	

图 12-15 绘制苗木表